ABITUR-TRAINING BIOLOGIE

Brigitte Meinhard

Biologie 1

STARK

Bildnachweis
Umschlagbild: © Monika Wisniewska/iStockphoto

ISBN 978-3-86668-172-9

www.stark-verlag.de
1. Auflage 2010

Inhalt

Fortsetzung siehe nächste Seite

Autorin: Brigitte Meinhard

Vorwort

Liebe Schülerin, lieber Schüler,

Sie halten ein **prägnantes Trainingsmaterial** in den Händen, das den gesamten für das G8-Abitur relevanten Lehrstoff der **Jahrgangsstufe 11** umfasst. Durch die leicht verständliche, systematische Aufbereitung aller wichtigen Fakten unterstützt Sie dieser Band optimal bei der Vorbereitung auf den Unterricht, auf Klausuren sowie auf die Abiturprüfung. Der übersichtliche Aufbau des Bandes erleichtert Ihnen die Arbeit zusätzlich:

- Zunächst wird der gesamte Lehrstoff leicht nachvollziehbar vermittelt und anhand von **Beispielen** und **Abbildungen** veranschaulicht.
- Am Ende jedes Kapitels finden Sie eine **Zusammenfassung** der wichtigsten Fakten und zahlreiche **Übungsaufgaben**, mit deren Hilfe Sie das erworbene Wissen direkt anwenden können.
- Der **Lösungsteil** am Schluss des Bandes gibt Ihnen die Möglichkeit, schnell und einfach die Richtigkeit Ihrer Antworten zu überprüfen.
- Im **Glossar** können Sie Definitionen aller wichtigen Fachbegriffe gezielt nachschlagen.
- Abgerundet wird der Band durch ein ausführliches **Stichwortverzeichnis.**

Farbige Balken am Seitenrand markieren Passagen, durch die Sie ein noch umfassenderes Fachwissen und vertieftes Verständnis der Lehrplaninhalte erwerben.

Viel Erfolg bei der Arbeit mit diesem Band und im Abitur wünscht Ihnen

Brigitte Meinhard

Brigitte Meinhard

Strukturelle und energetische Grundlagen des Lebens

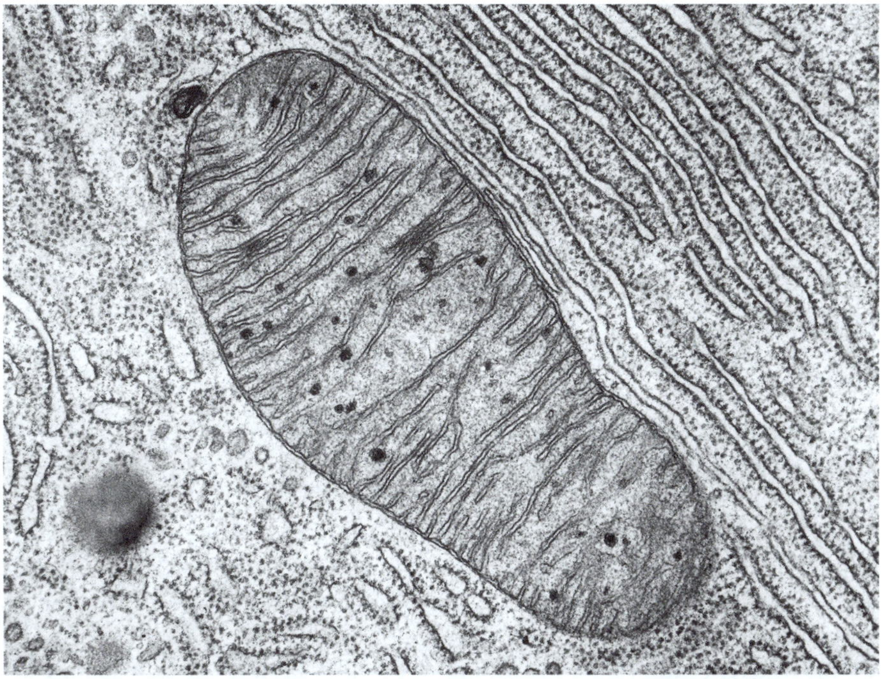

In elektronenmikroskopischen Aufnahmen von Eukaryotenzellen sind die Mitochondrien leicht an ihrer Form und den charakteristischen Membran-Einstülpungen zu erkennen. Sie besitzen sowohl ein eigenes Genom als auch eine Doppelmembran, vermehren sich durch Wachstum und Sprossung und stellen als „Kraftwerke" der Zelle Adenosintriphosphat (ATP) her. In Gewebe mit besonders hohem Energiebedarf, wie in Herzmuskelzellen, erreichen die Mitochondrien sogar einen Volumenanteil von 36 %.

1 Organisation und Funktion der Zelle

Alle Lebewesen sind aus **Zellen** aufgebaut. Die Zelle ist die kleinste Einheit, die alle Kennzeichen des Lebendigen gemeinsam aufweist: Stoffwechsel, Bewegung, Reizbarkeit, Wachstum und Vermehrung. Im einfachsten Fall besteht ein Lebewesen aus einer einzigen Zelle (z. B. Bakterien, Hefepilze, Grünalgen, tierische Einzeller). Bei den sog. höheren Pflanzen und Tieren bildet eine sehr große Anzahl z. T. stark spezialisierter Zellen einen komplexen Organismus.
Anhand grundlegender Baumerkmale ihrer Zellen lassen sich alle Organismen in zwei Gruppen unterteilen, die **Prokaryoten und Eukaryoten**.

	Prokaryoten	Eukaryoten
Zelltyp	Protozyte	Euzyte
Kennzeichen	ohne Zellkern, Organellen ohne Membranhülle	mit Zellkern und membranumhüllten Organellen
Beispiele	Bakterien, Cyanobakterien, Archaeen	Pflanzen, Pilze, Tiere

Tab. 1: Einteilung: Pro- und Eukaryoten

1.1 Eukaryotische und prokaryotische Zellen im Elektronenmikroskop

Wegen ihrer geringen Größe (Protozyten ca. 0,2–10 µm, Euzyten ca. 2–20 µm) sind zur Betrachtung und Untersuchung von Zellen Mikroskope erforderlich. Zur Untersuchung mit dem Elektronenmikroskop muss das Objekt vorbehandelt werden:
Da im Inneren eines Elektronenmikroskops ein Vakuum herrscht (damit die Gase der Luft die Elektronenstrahlen nicht bremsen), darf das Präparat kein Wasser enthalten; es würde im Vakuum sofort verdampfen. Das Objekt wird deshalb entwässert, chemisch fixiert und mit Schwermetallsalzen behandelt, um den Kontrast der Zellstrukturen zu erhöhen. Anschließend erfolgt die Einbettung in Kunstharz. Im Elektronenmikroskop lassen sich nur sehr dünne Objekte betrachten, die von Elektronenstrahlen durchdrungen werden können. Es ist also notwendig, das zu untersuchende Material in sehr dünne Scheiben (10–100 nm) zu schneiden.

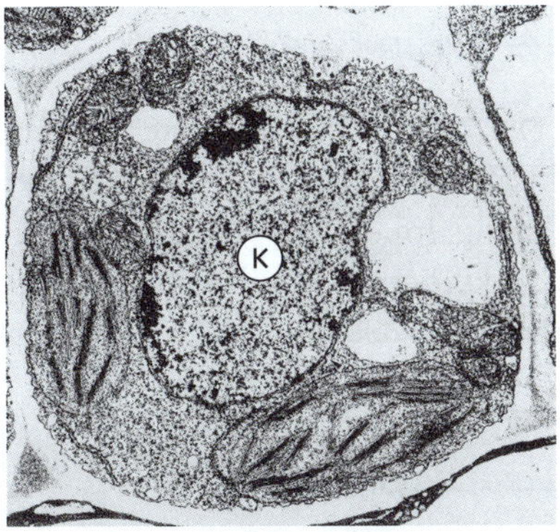

Abb. 1a: Junge Pflanzenzelle unter dem Elektronenmikroskop (K: Zellkern)

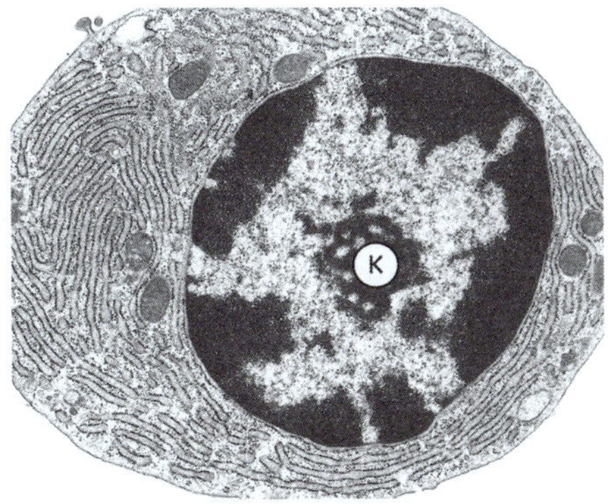

Abb. 1b: Tierische Knochenmark-Plasmazelle unter dem Elektronenmikroskop (K: Zellkern)

Der Vorteil des Elektronenmikroskops gegenüber dem Lichtmikroskop liegt im wesentlich höheren Auflösungsvermögen (= Abstand, den zwei Punkte haben dürfen, um sie getrennt wahrnehmen zu können) von 0,1 nm (gegenüber 0,2 µm beim Lichtmikroskop), d. h. es ist ca. 2 000-mal höher. Im elektronenmikroskopischen Bild lassen sich also viel mehr Einzelheiten erkennen.

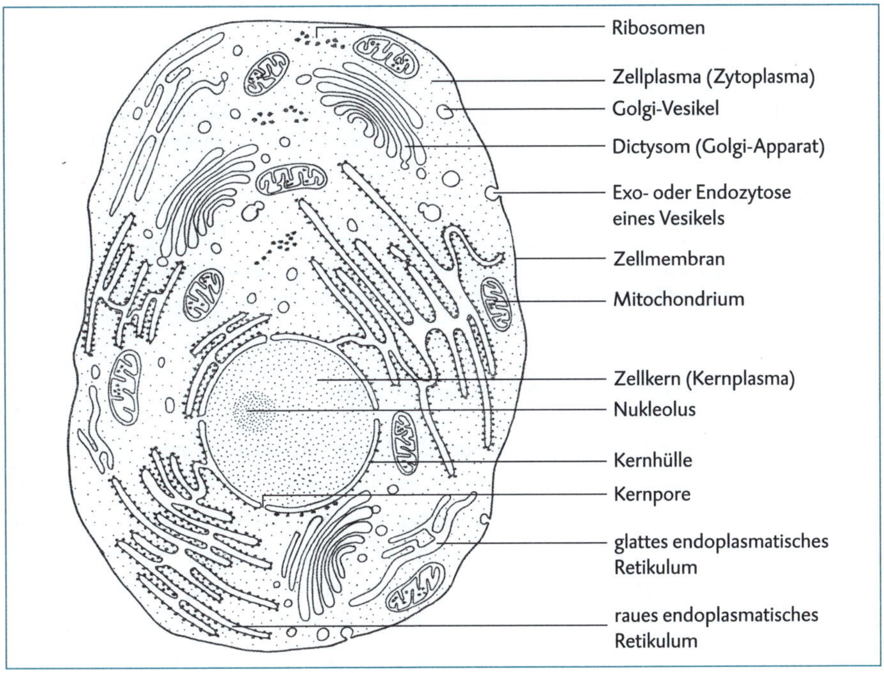

Abb. 2: Schema einer tierischen Euzyte (nach elektronenmikroskopischen Bildern)

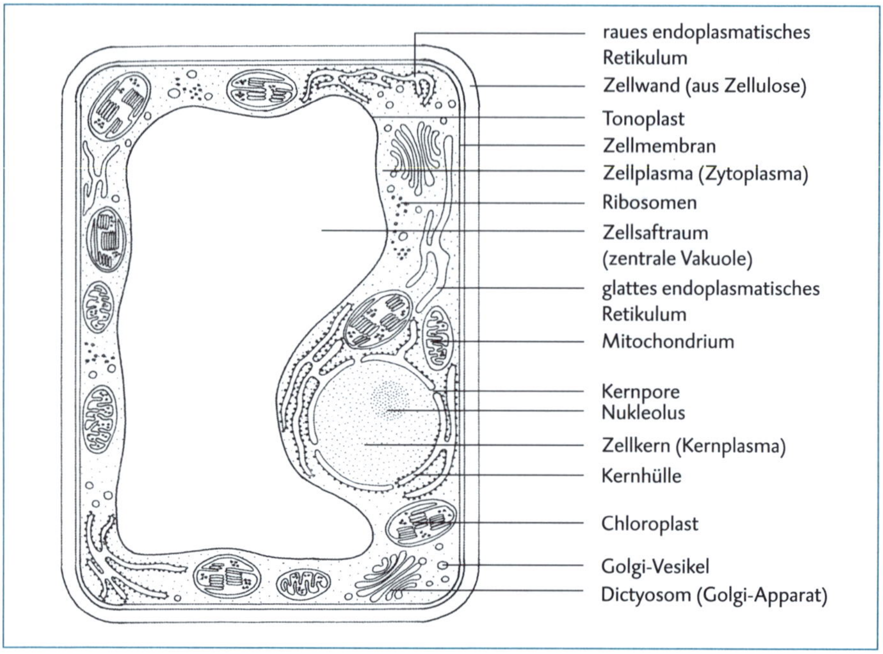

Abb. 3: Schema einer pflanzlichen Euzyte (nach elektronenmikroskopischen Bildern)

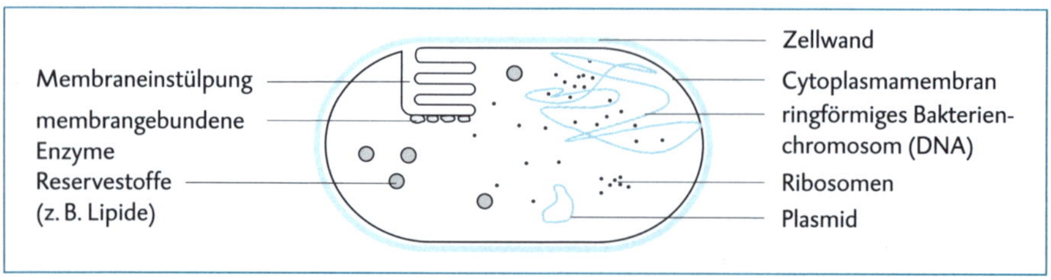

Abb. 4: Schema einer Protozyte (nach elektronenmikroskopischen Bildern)

1.2 Bau und Funktion der Biomembranen

Membranen gehören zu den wichtigsten Grundstrukturen aller Zellen. Sie grenzen die Zelle nach außen hin ab als Zellmembran (auch Plasmamembran oder Plasmalemma genannt) und unterteilen bei Euzyten das Zellplasma in verschiedene Räume, sog. Kompartimente. Alle Membranen haben die gleiche Grundstruktur, weshalb man auch von einer Einheits- oder Elementarmembran spricht: Im elektronenmikroskopischen Bild sind zwei parallel verlaufende dunkle Linien (2,5 nm dick) zu erkennen, die durch einen 3 nm breiten hellen Bereich getrennt sind.

Bau einer Biomembran

Chemische Analysen von Biomembranen ergaben, dass sie vor allem aus Lipiden und Proteinen bestehen. Der größte Teil der **Membranlipide** gehört zu den Phospholipiden, die einen „zwittrigen" Molekülbau aufweisen: einen hydrophilen (Wasser anziehenden), polaren Kopfteil und einen lipophilen (Fett anziehenden), unpolaren Schwanzteil. Dadurch bilden sie in wässriger Umgebung schnell Doppelschichten aus, deren lipophile Enden einander zugekehrt sind und deren hydrophile Seiten nach außen zeigen.

Eine Biomembran besteht aus einer Lipid-Doppelschicht, die im Inneren lipophil (hydrophob) und an ihren Außenseiten hydrophil (lipophob) ist.

Die **Membranproteine** sind unregelmäßig auf und in der Lipid-Doppelschicht verteilt. **Periphere Proteine** sind nur lose außen an die Kopfteile der Lipidmoleküle gebunden. **Integrale Proteine** dagegen reichen weit in die Lipidschicht hinein oder erstrecken sich quer durch die ganze Lipid-Doppelschicht. Mehrere dieser Proteine können zu Komplexen zusammentreten und eine **Membranpore** bilden.
Lipide und Proteine auf der Außenseite der Zellmembran können Kohlenhydratketten tragen **(Glycolipide, Glycoproteine)**.

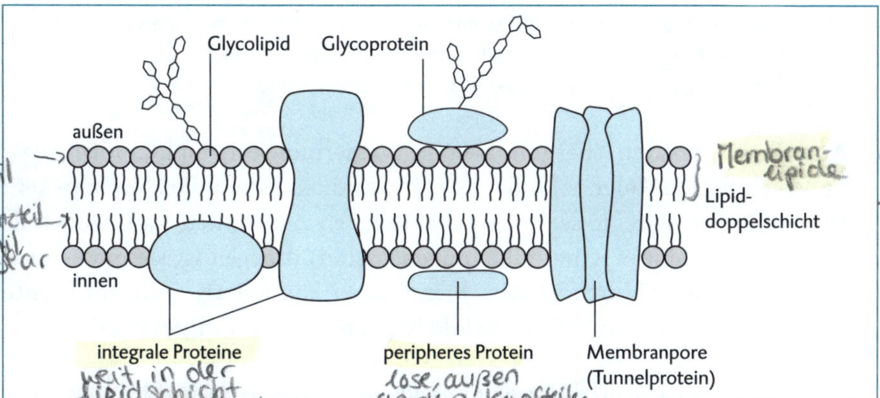

Abb. 5: Bau der Biomembran (stark schematisiert)

Singer und Nicolson entwickelten 1972 das **Flüssig-Mosaik-Modell** der Biomembran *(fluid mosaic model)*, nach dem in einer zähflüssigen Lipid-Doppelschicht zahlreiche Proteine „schwimmen" (wie Eisschollen oder Eisberge im Wasser).

Funktionen der Biomembranen

Eine Zelle ist ein offenes System, d. h. sie steht im dauernden Austausch von Stoffen und Energie mit ihrer Umgebung. Die Membran stellt deshalb zugleich die Begrenzung einer Zelle (oder eines Zellorganells) als auch die Pforte für den Ein- und Austritt von Stoffen und Signalen dar.

- **Kompartimentierung** (siehe S. 9)
  Durch die Kompartimentierung entstehen Reaktionsräume mit relativ konstantem chemischem Milieu, in denen unterschiedliche, auch gegenläufige Stoffwechselreaktionen unabhängig voneinander gleichzeitig ablaufen können.

Beispiele

Der Tonoplast trennt das proteinreiche Zytoplasma vom Zellsaft der Vakuole (wässrige Lösung von Zuckern, Salzen, Säuren, Farbstoffen).
In den Chloroplasten (siehe S. 11) läuft die Fotosynthese ab. Durch die Thylakoidmembranen wird ein Chloroplast in den Thylakoidinnenraum für die Lichtreaktionen (siehe S. 34) und den Matrixraum für die Dunkelreaktionen (siehe S. 39) gegliedert.

- **Stofftransport durch Biomembranen**
  Durch die lipophile, hydrophobe Lipid-Doppelschicht einer Biomembran können lipophile Stoffe gut diffundieren.

Diffusion ist die gleichmäßige Verteilung von Teilchen im zur Verfügung stehenden Raum, bis ein Konzentrationsausgleich für diesen Stoff erreicht ist. Sie wird durch die Eigenbewegung der Teilchen bewirkt (physikalischer Vorgang).

Auch für die polaren, aber sehr kleinen Wassermoleküle und unpolare kleine Moleküle wie Sauerstoff oder Kohlenstoffdioxid stellt die Membran kein Hindernis dar. Für große hydrophile Teilchen oder Ionen (geladene Teilchen, die von einer Hydrathülle umgeben sind) dagegen ist sie nur schwer oder gar nicht zu durchdringen. Membranen können also nur bestimmte Stoffe passieren lassen, sie sind **selektiv permeabel (semipermeabel)**.

Die eingeschränkte Diffusion durch eine selektiv permeable (semipermeable) Membran wird als **Osmose** bezeichnet.

Ionen und große wasserlösliche Moleküle benötigen spezielle Schleusen in der Membran, die von integralen Proteinen gebildet werden. Diese Proteine bilden Tunnel oder Poren, deren Innenwände mit polaren Gruppen ausgekleidet sind, sodass hydrophile Teilchen und Ionen die hydrophoben Lipidschichten durchqueren können. Beispielsweise ermöglichen Kaliumionenkanäle in der Membran der Nervenzellen den Aufbau des Ruhepotenzials (siehe S. 175).

Manche Poren- oder Tunnelproteine können über elektrische oder chemische Signale gesteuert werden, z. B. die spannungsgesteuerten Natriumionenkanäle beim Aufbau eines Aktionspotenzials (siehe S. 179).

Carrier- oder Transportproteine in der Biomembran weisen nicht nur einen Kanal auf, sondern besitzen auch Bindestellen für einen bestimmten Stoff. Dieses sog. Substrat wird an der einen Membranseite gebunden, durch die Membran geschleust und auf der anderen Seite freigesetzt. Ein Beispiel für einen solchen Transport durch Carrier ist die Aufnahme von Glucose in die roten Blutkörperchen.

> Die Diffusion über Tunnelproteine wird als erleichterte Diffusion bezeichnet. Wie die einfache Diffusion und die Osmose erfolgt sie in Richtung eines Konzentrationsgefälles und erfordert keine Zufuhr von Stoffwechselenergie **(= Passiver Transport)**.

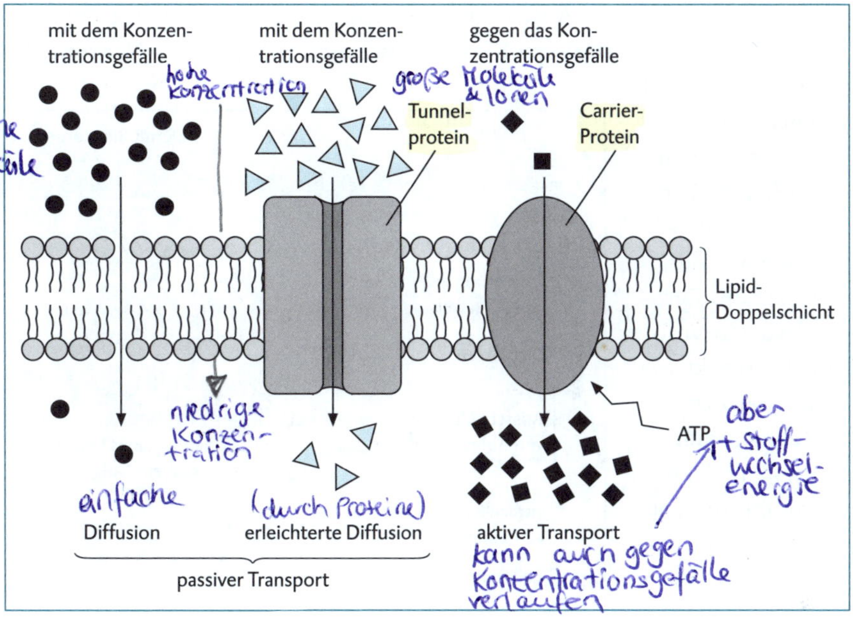

Abb. 6: Passiver und aktiver Transport (schematische Darstellung)

Zellen können auch Stoffe in ihrem Inneren anreichern (z. B. Zucker, Aminosäuren, Nukleotide) oder müssen Konzentrationsunterschiede aufrechterhalten (z. B. Konzentration von Kalium- und Natriumionen beim Ruhepotenzial, siehe S. 176). Das ist nur durch einen Transport gegen das Konzentrationsgefälle möglich. Er erfolgt mit speziellen Carrierproteinen, die dabei Stoffwechselenergie ATP (siehe S. 13) verbrauchen.

Aktiver Transport durch Carrierproteine erfolgt gegen ein Konzentrationsgefälle und ist von Stoffwechselenergie abhängig.

- **Exozytose und Endozytose**

  Die Aufnahme oder Abgabe flüssiger/gelöster Stoffe in Form von Tröpfchen bzw. die Aufnahme größerer Partikel durch die Membran ist mit den bisher dargestellten Mechanismen nicht möglich.

  Bei der Endozytose stülpt sich die Zellmembran nach innen ein und schnürt ein Bläschen **(Vesikel)** mit dem aufzunehmenden Stoff nach innen ins Zellplasma ab. Wenn ein Feststoff in ein Vesikel verpackt wird, spricht man von Phagozytose, die Aufnahme einer flüssiger Substanz heißt Pinozytose. Pantoffeltierchen (tierische Einzeller) nehmen Bakterien als Nahrung durch Phagozytose auf.

  Bei der Exozytose werden Stoffe, die von der Zelle abgegeben werden sollen, im Zytoplasma in Vesikel verpackt. Sie wandern zur Zellmembran, verschmelzen mit ihr und entleeren ihren Inhalt nach außen. Drüsenzellen geben auf diese Weise ihre Sekrete ab.

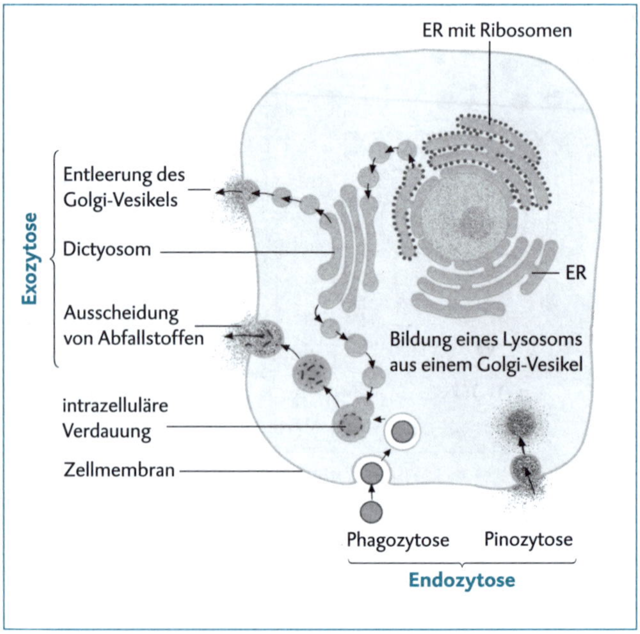

Abb. 7: Schematische Darstellung der Exo- und Endozytose

- **Signalübertragung**
  Membranproteine sind auch an der Aufnahme von Signalen beteiligt, die sie ins Zellinnere weiterleiten. An solche Rezeptorproteine binden z. B. Hormone oder Neurotransmitter.

Beispiele

Das Hormon Adrenalin wird von Rezeptoren an der Oberfläche von Leberzellen gebunden und leitet den Abbau von Glykogen in Glucose ein.
Der Neurotransmitter Acetylcholin besetzt Rezeptoren der Muskelfasermembran und löst dadurch eine Muskelkontraktion aus.

Die Membranproteine und die Kohlenhydratketten der Glycolipide und Glycoproteine an der Membranaußenseite dienen als **Kontakt- und Erkennungsbereiche**. Auf diese Weise können körpereigene Zellen oder Stoffe von körperfremden unterschieden werden.

Beispiele

Makrophagen (weiße Blutkörperchen, Fresszellen) erkennen eingedrungene Bakterien und phagozytieren sie.
Rote Blutkörperchen verschiedener Blutgruppen tragen unterschiedliche Kohlenhydratketten auf ihrer Oberfläche (Antigene, siehe S. 128).

Die Membranen der Nervenzellen ermöglichen Aufbau, Erhalt und Änderung von **elektrischen Potenzialen** (Ruhe-, Aktionspotenzial, siehe S. 175 /179).

1.3 Die Organellen der eukaryotischen Zelle

Bereiche des Zytoplasmas, die eine spezielle Struktur aufweisen und eine bestimmte Funktion erfüllen, werden als **Organellen** bezeichnet. Die meisten Organellen sind durch eine einfache oder doppelte Membran von ihrer unmittelbaren Umgebung abgegrenzt (Kompartimentierung).

- **Zellkern**
  Bau: Das größte Organell der Euzyte ist von einer **Doppelmembran** umgeben, die von zahlreichen **Kernporen** durchbrochen ist. Im Inneren des Kerns liegen das **Chromatin** und meist zwei **Nukleoli**. Das Chromatin besteht aus DNA (Desoxyribonukleinsäure) und Protein (Feinbau, siehe S. 96), ein Nukleolus aus RNA (Ribonukleinsäure) und Protein.

  Aufgaben: Die DNA enthält die genetische Information für den Bau der Zellkomponenten, für die Steuerung der Stoffwechselvorgänge, des Wachstums und der Entwicklung. Dazu werden von den jeweils dafür erforderlichen DNA-Abschnitten (Genen) Kopien angefertigt (Transkription, sie-

he S. 71), die über die Kernporen den Kern verlassen. Der relativ große Durchmesser dieser Poren ermöglicht den Durchtritt von Makromolekülen vom Kern ins Endoplasmatische Retikulum und umgekehrt. Die DNA wird vor der Zellteilung (Mitose, siehe S. 97) verdoppelt, damit die neuen Zellen mit der identischen genetischen Information ausgestattet werden können. Bei der Bildung der Keimzellen (Meiose, siehe S. 101) wird der DNA-Bestand halbiert (reduziert) und dabei neu kombiniert.
Die Nukleoli sind an der Bildung der Ribosomen beteiligt.

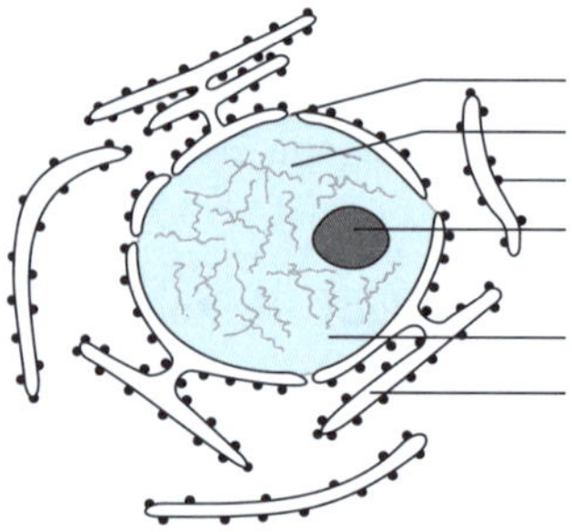

Abb. 8: Zellkern mit Verbindung zum Endoplasmatischen Retikulum

Die Bedeutung des Zellkerns liegt in der Steuerung aller Zellfunktionen – er ist die **Kommandozentrale** der Zelle.

- **Mitochondrien**

  Bau: Wie der Zellkern ist ein Mitochondrium von einer **Doppelmembran** umhüllt. Die Oberfläche der inneren Membran ist durch viele faltenartige **Einstülpungen** (Cristae, Tubuli) stark vergrößert. In dem von der inneren Membran und den Einstülpungen umgebenen Raum, der **Matrix**, sind ringförmige DNA-Stücke (mitochondriale DNA, mtDNA) und kleine **Ribosomen** enthalten. Der Raum zwischen äußerer und innerer Membran, der sich auch in die Einstülpungen erstreckt, wird als **Intermembranraum** bezeichnet (siehe S. 1).

  Aufgaben: In den Mitochondrien läuft die **Zellatmung** ab (genauer: der Zitronensäurezyklus im Matrixraum und die Atmungskette an der gefalteten inneren Membran, siehe S. 55). Dabei wird energiereiche Glucose aerob abgebaut (oxidiert) und die freiwerdende Energie zur Bildung von ATP verwendet. ATP (Adenosintriphosphat) ist der Energiespeicher und Energieüberträger der Zellen (siehe S. 13).

Das Vorhandensein von mtDNA und Ribosomen zur Eiweißsynthese ermöglicht den Mitochondrien eine begrenzte Eigenständigkeit. Das erklärt auch ihre Vermehrung durch **Teilung**.

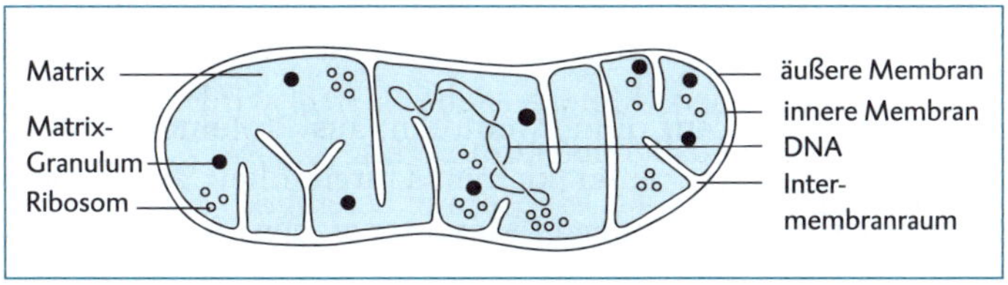

Abb. 9: Mitochondrium

Die Bedeutung der Mitochondrien liegt in der Versorgung der Zelle mit Stoffwechselenergie ATP – sie sind die **Kraftwerke** der Zelle.

- **Chloroplasten**

  Bau: Die Chloroplastenhülle besteht ebenfalls aus einer **Doppelmembran**. Die innere Membran bildet Einstülpungen ins Chloroplasteninnere, die **Thylakoide** ($\Rightarrow$ Oberflächenvergrößerung). Mehrere wie Geldrollen aufeinander gestapelte Doppelmembranen bilden ein Granum. Die Grana-Thylakoide enthalten die Blattfarbstoffe. Die Grana sind durch schlauchartige Stroma-Thylakoide verbunden. Im **Stroma** (Chloroplastenmatrix) befinden sich ringförmige DNA-Moleküle (Plastiden-DNA, **ptDNA**), Stärkekörner, kleine **Ribosomen** und Lipidtropfen.

  Aufgabe: Die nur in Pflanzenzellen vorkommenden Chloroplasten sind die Orte der **Fotosynthese**: in den Thylakoiden erfolgt die Umwandlung der Energie des Sonnenlichts in chemische Energie, mit der im Stroma energiereiche Glucose aus Kohlenstoffdioxid aufgebaut wird. Wie die Mitochondrien können sich Chloroplasten eigenständig durch **Teilung** vermehren.

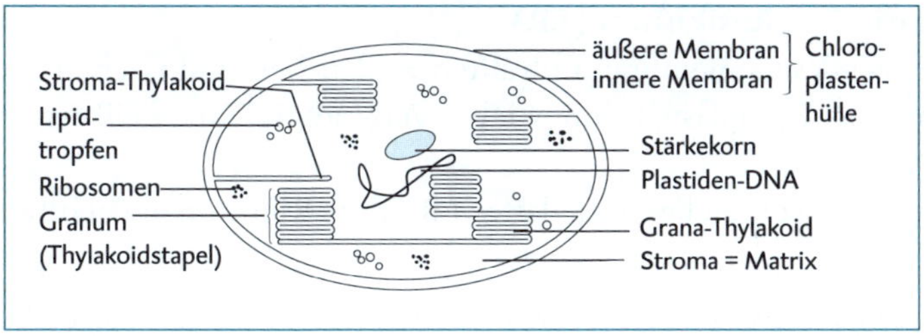

Abb. 10: Chloroplast

Durch die Chloroplasten ist eine Pflanzenzelle in der Lage, das Licht als Energiequelle zum Aufbau energiereicher organischer Stoffe zu nutzen – Chloroplasten sind die **Sonnenkollektoren** der Pflanzenzelle.

- **Ribosomen**

  Bau: sehr kleine Zellorganellen, ohne Membran, aus Proteinen und RNA (rRNA); aus einer großen und einer kleinen Untereinheit zusammengesetzt; frei im Zytoplasma liegend oder an Membranen des ER (raues ER) gebunden

  Aufgabe: Produktionsorte der Proteine (Proteinbiosynthese siehe S. 70)

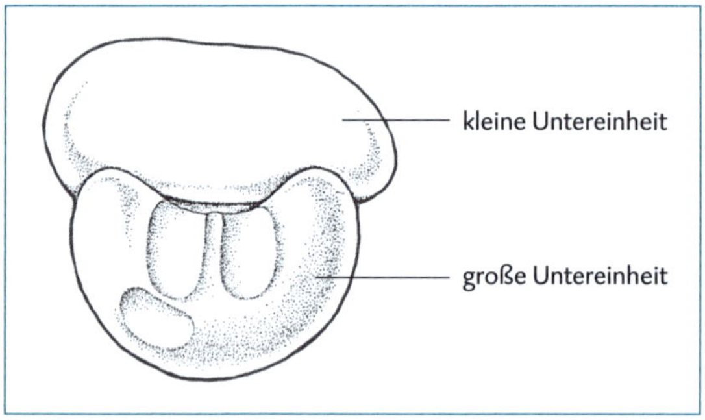

Abb. 11: Schematische Darstellung eines Ribosoms

- **Golgi-Apparat (Gesamtheit der Dictyosomen einer Zelle)**

  Bau: Flache, scheibenförmige Reaktionsräume, die von einer Membran umgeben sind und an den Rändern Vesikel abschnüren bzw. eingliedern können (siehe auch Abb. 7, S. 8)

  Aufgaben: Sammeln, Bearbeiten, Lagern, Sortieren, Verpacken und Abgabe verschiedenster Stoffe („Zentralpostamt“)

- **Endoplasmatisches Retikulum (ER)**

  Bau: Ein Netzwerk aus membranumhüllten Schläuchen und flachen Säckchen, welches das Zytoplasma durchzieht; Verbindung zum Zellkern und den Dictyosomen

  Raues ER: mit Ribosomen besetzt; glattes ER: ohne Ribosomen (siehe auch Abb. 7, S. 8)

  Aufgaben: Transportsystem der Zelle, Bildung vom Membranmaterial

1.4 Grundlagen des Stoffwechsels

Unter dem Begriff „Stoffwechsel“ werden **alle chemischen Veränderungen** der Stoffe in einem Organismus zusammengefasst. Die Stoffwechselvorgänge laufen in den Zellen ab und sind immer mit Energieaufnahme oder Energieabgabe verbunden **(Energiewechsel)**. Im aufbauenden Stoffwechsel **(Anabolismus)** werden komplexe organische, energiereiche Verbindungen, z. B. Kohlenhydrate, aus einfachen anorganischen, energiearmen Stoffen, z. B. Kohlenstoffdioxid und Wasser, hergestellt. Diese Reaktionen verbrauchen Energie, sie sind **endergonisch**. Der wichtigste anabolische Prozess ist die **Fotosynthese** der grünen Pflanzen. Nur sie sind in der Lage, die (nahezu) unerschöpfliche Energiequelle Sonnenlicht zu nutzen.

Der abbauende Stoffwechsel **(Katabolismus)** verläuft im Wesentlichen umgekehrt: Umwandlung von energiereichen organischen Stoffen in energiearme anorganische Stoffe unter Energiefreisetzung (**exergonische** Reaktionen). Die wichtigsten katabolischen Prozesse sind Zellatmung und Gärungen. Die gewonnene Energie dient zur Aufrechterhaltung der Lebensprozesse.

Verwenden Organismen als Energiequelle das Sonnenlicht, wie grüne Pflanzen, Algen und Cyanobakterien (Blaualgen), werden sie als **(foto-)autotroph** bezeichnet. Die autotrophen Lebewesen schaffen die Nahrungsgrundlage für alle anderen Organismen (Tiere, Pilze, die meisten Bakterien), die energiereiche organische Stoffe nicht selbst herstellen können. Diese **heterotrophen** Organismen müssen energiereiche Verbindungen aus der Umgebung aufnehmen und zur Energiegewinnung abbauen.

Viele Reaktionen des Stoffwechsels sind endergonisch und beziehen die nötige Energie aus exergonischen Stoffwechselvorgängen. Als Vermittlermolekül fungiert in den Organismen **Adenosintriphosphat (ATP)**. Die bei einer exergonischen Reaktion frei werdende Energie wird verwendet, um aus Adenosindiphosphat (ADP) und Phosphat ATP aufzubauen. Die Spaltung von ATP in ADP und Phosphat liefert wiederum die Energie, um eine endergonische Reaktion zu ermöglichen. Eine exergonische und eine endergonische Reaktion sind so **energetisch gekoppelt**.

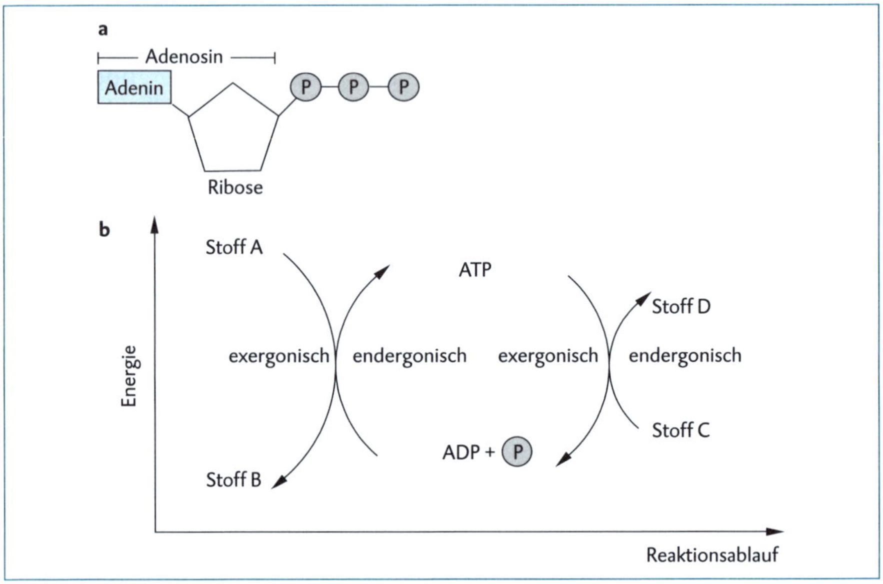

Abb. 12: Aufbau von ATP (a) und Schema der energetischen Kopplung von Reaktionen (b)

ATP ist der **universelle Energieüberträger** einer Zelle. Energie aus exergonischen Reaktionen kann kurzfristig gespeichert und für endergonische Prozesse zur Verfügung gestellt werden.

1.5 Enzyme als Biokatalysatoren

Viele Stoffwechselreaktionen in lebenden Systemen würden nur sehr langsam ablaufen. Die Umsetzung von Edukten in die entsprechenden Produkte wird daher in den Zellen durch Enzyme beschleunigt. Diese **Biokatalysatoren**

- setzen die Aktivierungsenergie, die erforderlich ist, um eine Reaktion in Gang zu bringen, herab und beschleunigen dadurch die Reaktion,
- werden bei der Reaktion nicht verbraucht und
- werden bereits in geringen Konzentrationen wirksam.

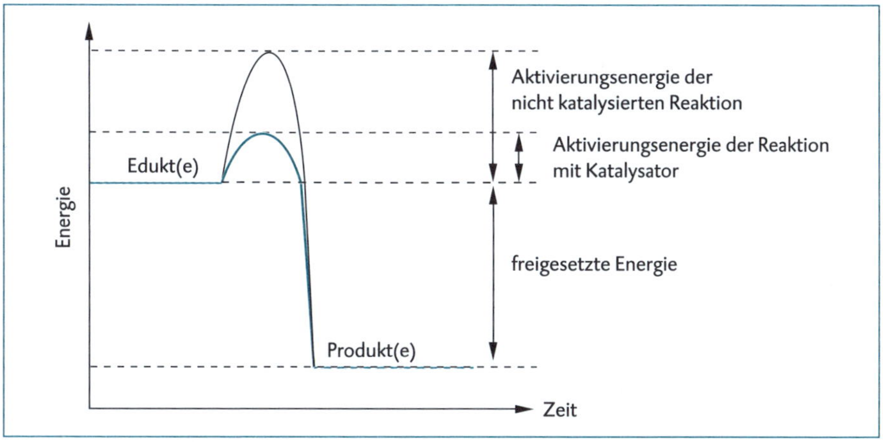

Abb. 13: Energiediagramm für eine katalysierte und eine nicht katalysierte exergonische Reaktion

Die meisten Enzyme sind reine Proteine, z. B. Urease, Pepsin, Trypsin. Die restlichen Enzyme haben Proteidcharakter: An einen Eiweißanteil **(Apoenzym)** ist ein Molekülteil ohne Eiweißcharakter **(Cofaktor)** gebunden. Organische Cofaktoren werden als Coenzyme bezeichnet, als anorganische Cofaktoren fungieren Metallionen. Fest mit dem Apoenzym verbundene Cofaktoren sind sog. prosthetische Gruppen. Wenn ein Coenzym nicht fest mit dem Apoenzym verknüpft ist und auch auf andere Apoenzyme übertragen werden kann, spricht man häufig von **Cosubstrat**. Besonders wichtige Cosubstrate sind ATP bzw. ADP (Übertragung von Phosphatgruppen) und $NAD(P)H/H^+$ bzw. $NAD(P)^+$ (Wasserstoff übertragend) (siehe S. 13 und 32).
Alle Enzyme setzen nur ganz bestimmte Verbindungen katalytisch um, ihre Substrate **(Substratspezifität)**. Manche Enzyme sind **gruppenspezifisch**, d. h. sie setzen ähnliche Verbindungen mit gleichen funktionellen Gruppen um. Jedes Enzym katalysiert nur eine bestimmte Reaktion seines Substrats bzw. seiner Substrate **(Reaktions- oder Wirkungsspezifität)**.

eispiele

Urease reagiert nur mit Harnstoff, nicht aber mit Thioharnstoff, bei dem das Sauerstoffatom durch ein Schwefelatom ersetzt ist. Urease spaltet den Harnstoff hydrolytisch, wirkt auf ihn aber nicht reduzierend.

Alkoholdehydrogenase reagiert mit verschiedenen Alkoholen, z. B. Ethanol und Methanol (jedoch unterschiedlich gut).

Enzyme sind Proteine, die biochemische Reaktionen **katalysieren**. Durch die Herabsetzung der **Aktivierungsenergie** beschleunigen sie die immer gleiche Umsetzung ihrer Substrate: Enzyme sind **substrat- und wirkungsspezifisch**.

Auf der Substrat- und Wirkungsspezifität basiert die systematische Benennung der Enzyme.

Beispiel

Substrat:	Aminosäure
Wirkung:	oxid(ieren)
Kennsilbe:	-ase
Name des Enzyms:	Aminosäureoxidase

Molekularer Mechanismus der Enzymwirkung

Aufgrund ihrer Forschungen kamen MICHAELIS und MENTEN 1913 zur Annahme, dass sich aus Enzym und Substrat eine kurzlebige Verbindung bildet, der Enzym-Substrat-Komplex. Seine Existenz ist mittlerweile erwiesen.
Da ein Enzym-Substrat-Komplex rasch wieder zerfällt, können zwischen Enzym und Substrat nur schwache Bindungskräfte mit geringer Reichweite auftreten, z. B. Wasserstoffbrückenbindungen. Die Ausbildung solcher Bindungen setzt voraus, dass sich Enzym und Substrat stark annähern. Enzym und Substrat müssen also in ihrer Molekülform aufeinander abgestimmt sein, ähnlich wie bei einem Schlüssel, der nur zu einem ganz bestimmten Schloss passt und es aufsperren kann.

Nach der Modellvorstellung des **Schlüssel-Schloss-Prinzips** bindet das Substrat an das aktive Zentrum eines Enzyms. Der entstehende **Enzym-Substrat-Komplex** ist Voraussetzung für die Katalyse.

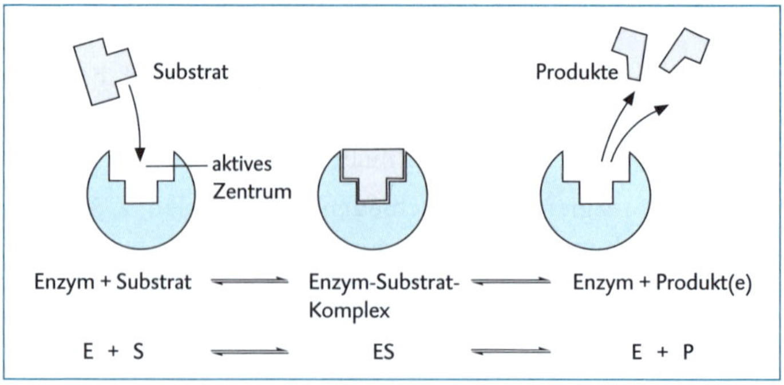

Abb. 14: Modell zum Mechanismus der Enzymwirkung

Tatsächlich ließen sich bei einigen Enzymen spalten- oder taschenförmige Einbuchtungen zur Substrataufnahme nachweisen. Darin befindet sich das **aktive Zentrum**, das die katalytisch wirksamen Atomgruppen enthält. Bei der Bindung des Substrats treten die Atomgruppen des aktiven Zentrums mit den Teilen des Substratmoleküls, die bei der Reaktion verändert werden, in Wechselwirkung. Dies führt zu geringfügigen Veränderungen in der Tertiärstruktur von Enzym und Substrat. Der Enzym-Substrat-Komplex befindet sich sozusagen in einem „gespannten Zustand", was den Ablauf der eigentlichen Reaktion erleichtert.

Bei Proteid-Enzymen ist neben der Substratbindung auch die (meist vorher erfolgende) Bindung des Cofaktors notwendig. Die fest mit dem Eiweißanteil verbundene prosthetische Gruppe ist Träger der reaktiven Atomgruppen. Diese werden durch die Enzymreaktion chemisch verändert und müssen in einer Folgereaktion wieder in den ursprünglichen Zustand gebracht werden, bevor die erste Reaktion erneut erfolgen kann.
Bei Enzymen mit leicht abspaltbaren **Cosubstraten** wird dieses wie ein zweites Substrat zusammen mit dem eigentlichen Substrat umgesetzt und daher in der gleichen Menge verbraucht. Das veränderte Cosubstrat ist meistens ebenfalls Cosubstrat eines anderen Enzyms und kann so wieder in den ursprünglichen Zustand überführt werden.

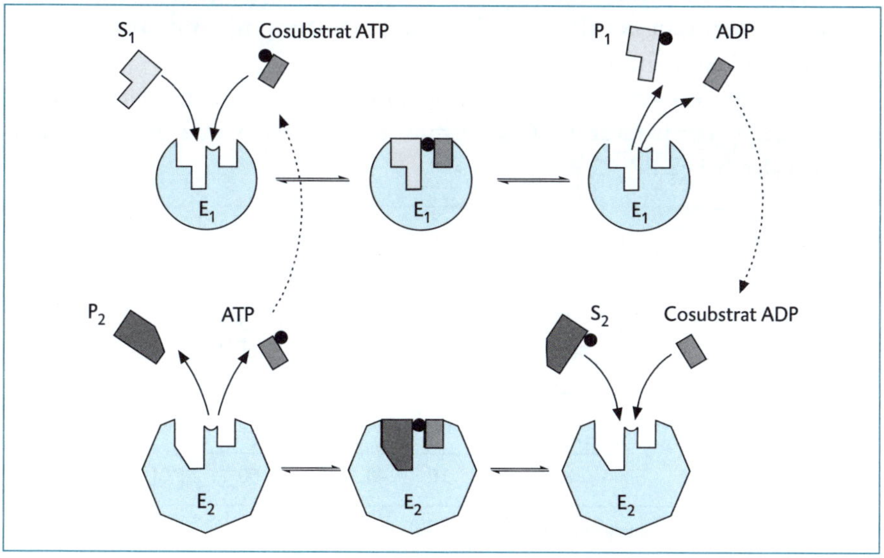

Abb. 15: Modellvorstellung zur Wirkungsweise von Enzymen mit einem Cosubstrat

Abhängigkeit der Enzymaktivität von Außenfaktoren

Die von einem Enzym pro Zeiteinheit umgesetzte Stoffmenge an Substrat ergibt die Reaktionsgeschwindigkeit v einer Enzymreaktion und stellt ein Maß für die Enzymaktivität dar. Diese ist jedoch nicht konstant, sondern von verschiedenen Außenbedingungen abhängig.

> Die **Enzymaktivität**, d. h. die von einem Enzym pro Zeiteinheit umgesetzte Substratmenge, ist abhängig von der **Temperatur** und dem **pH-Wert**. **Schwermetallionen** können die Enzymaktivität hemmen.

- **Temperatur:** Die Temperaturabhängigkeit der Enzymaktivität ist das Ergebnis zweier sich überlagernder Funktionen. Nach der **RGT-Regel** (**R**eaktions**g**eschwindigkeits-**T**emperatur-Regel) erhöht sich bei einem Temperaturanstieg um 10 °C die Reaktionsgeschwindigkeit aller chemischen Reaktionen auf das Zwei- bis Dreifache.
  Ab einer gewissen Temperatur wird diese Funktion bei biochemischen Reaktionen aber durch die **Inaktivierungsfunktion** überlagert. Ursache dafür ist die **Hitzedenaturierung** der Enzymproteine. Durch die zugeführte Wärmeenergie werden die Bindungen zwischen den Aminosäureresten, die die Tertiärstruktur stabilisieren, gelöst. Eine Rückkehr in den geordneten Zustand ist aus energetischen Gründen nicht mehr möglich. Die Veränderung der Struktur betrifft auch das aktive Zentrum; die Bindung des Substrats ist nicht mehr möglich.
  Die meisten Enzyme haben ihr Temperaturoptimum bei der Umgebungs- oder Körpertemperatur des Organismus, in denen sie vorliegen, beim Menschen also bei ca. 37 °C.

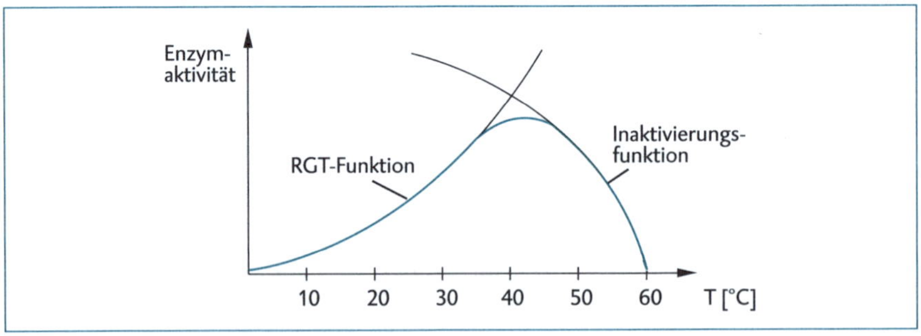

Abb. 16: Temperaturabhängigkeit der Enzymaktivität

- **pH-Wert:** Jedes Enzym zeigt bei einem bestimmten pH-Wert ein Maximum an Aktivität. Die unterschiedliche Lage der pH-Optima ist auf die sauren bzw. basischen Aminosäurereste im Protein zurückzuführen. Da solche Aminosäurereste Ladungen tragen, sind Proteine stets geladene Teilchen und ziehen Wassermoleküle (Dipole!) an, die die **Hydrathülle** des Proteins bilden. Die Zugabe von Säure oder Lauge bewirkt den Entzug der Hydrathülle und eine Änderung des Ladungszustands. Die Folge ist eine Veränderung der Tertiärstruktur und damit der Verlust der Substratbindefähigkeit.

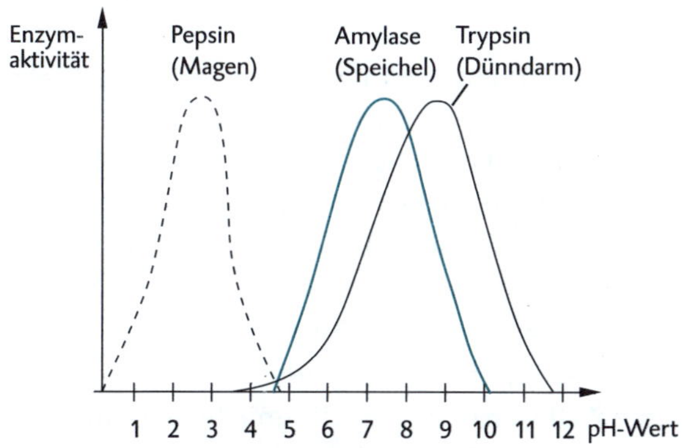

Abb. 17: Abhängigkeit der Enzymaktivität vom pH-Wert

- **Schwermetallionen:** Quecksilber-, Blei-, Kupfer- und Cadmiumionen in höheren Konzentrationen führen zu einer schnellen und irreversiblen Hemmung der Enzymaktivität („Vergiftung" des Enzyms). Diese Ionen gehen mit den Aminosäureketten stabile Bindungen ein und deformieren dadurch die Tertiärstruktur.

Einfluss der Substratkonzentration auf die Enzymaktivität

Die Geschwindigkeit einer Reaktion mit oder ohne Katalysator ist außer von den Außenfaktoren auch von der Konzentration der Ausgangsstoffe abhängig. Die Reaktionsgeschwindigkeit nicht katalysierter Reaktionen ist zu der Konzentration der Edukte direkt proportional. Da Enzyme die Reaktionsgeschwindigkeit erhöhen, kann die erreichte Geschwindigkeit einer Reaktion als Maß für die Enzymaktivität angesehen werden. Bei enzymkatalysierten Reaktionen findet man folgende Abhängigkeit:

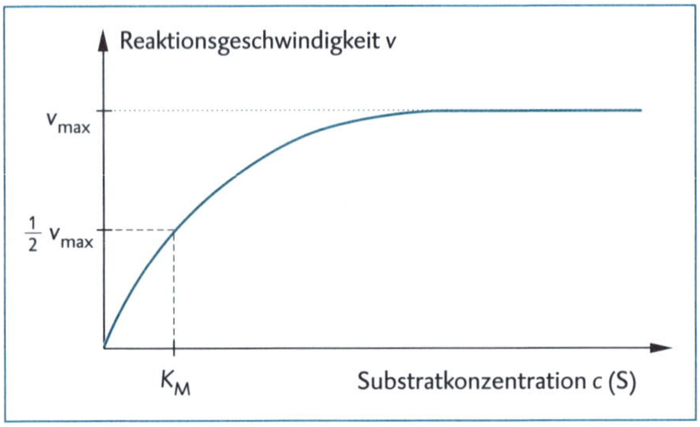

Abb. 18: Michaelis-Menten-Diagramm

Nur bei geringen Substratkonzentrationen zeigt sich eine direkte Proportionalität zur Reaktionsgeschwindigkeit. Bei hohen Substratkonzentrationen nimmt die Reaktionsgeschwindigkeit langsamer zu und erreicht schließlich einen konstanten Wert, die Maximalgeschwindigkeit v_{max}. Dieser charakteristische Kurvenverlauf lässt sich mithilfe des **Schlüssel-Schloss-Modells** erklären: Bei geringen Substratkonzentrationen können die Substratmoleküle sofort mit den Enzymmolekülen zu Enzym-Substrat-Komplexen reagieren; es nehmen nicht alle Enzymmoleküle an der Reaktion teil. Ab einer bestimmten Substratkonzentration sind alle Enzymmoleküle mit Substratmolekülen besetzt; die **Substratsättigung** ist erreicht. Wird nun noch mehr Substrat angeboten, bleibt dies ohne Wirkung, da freie Substratbindestellen fehlen.
Da sich die Kurve asymptotisch der Geraden v_{max} nähert, ist die Substratkonzentration, ab der keine Erhöhung der Reaktionsgeschwindigkeit mehr möglich ist (Sättigungskonzentration c(S)), nur schwer ermittelbar. Deshalb wurde die **Michaelis-Konstante** K_M eingeführt.

Die **Michaelis-Konstante K_M** bezeichnet die Substratkonzentration, bei der die Hälfte der Maximalgeschwindigkeit ($\frac{1}{2} v_{max}$) erreicht ist.

Bei der durch den K_M-Wert angegebenen Substratkonzentration liegt die Hälfte der Enzymmoleküle als Enzym-Substrat-Komplexe vor. Bei einem kleinen K_M-Wert ist nur wenig Substrat zur Halbsättigung nötig. Das Enzym weist eine hohe Affinität (Bindefähigkeit) zu seinem Substrat auf und damit auch eine hohe Aktivität. Der Anstieg der Substratsättigungskurve ist steil.
Ein großer K_M-Wert deutet auf eine geringere Affinität und Aktivität des Enzyms hin. Solche Substratsättigungskurven verlaufen flach.

Reversible Enzymhemmung

Die Regulation vieler Stoffwechselreaktionen erfolgt mithilfe spezieller Enzyminhibitoren. Die **reversible Hemmung** von Enzymaktivitäten kann durch verschiedene Mechanismen ablaufen.

Besitzt ein Hemmstoff eine **ähnliche Molekülstruktur** wie das Substrat, konkurriert er mit dem Substrat um die Bindung an das Enzym. Der Hemmstoff kann sich an das aktive Zentrum des Enzyms binden, wird aber nicht umgesetzt. Dadurch blockiert er für kurze Zeit die Anlagerung und Umsetzung des Substrats. Es handelt sich um eine **kompetitive Hemmung** (Verdrängungshemmung).

Die Stärke der hemmenden Wirkung hängt vom Mengenverhältnis von Substrat und Hemmstoff ab. Ist die Konzentration des Hemmstoffs hoch im Verhältnis zum Substrat, ist die Hemmwirkung stark. Wird die Substratkonzentration sehr stark erhöht (bei gleich bleibender Hemmstoffkonzentration), verschwindet die Hemmwirkung, da nun der Hemmstoff vom aktiven Zentrum der Enzymmoleküle verdrängt werden kann.

Das Michaelis-Menten-Diagramm eines kompetitiv gehemmten Enzyms zeigt einen flacheren Anstieg der Kurve als ohne Hemmstoff. Die Maximalgeschwindigkeit wird zwar erreicht, aber erst bei einer höheren Substratkonzentration. Die **Michaelis-Konstante** der gehemmten Reaktion ist **größer**: Die Affinität des gehemmten Enzyms zu seinem Substrat ist scheinbar geringer, da neben den Enzym-Substrat-Komplexen auch Enzym-Hemmstoff-Komplexe gebildet werden.

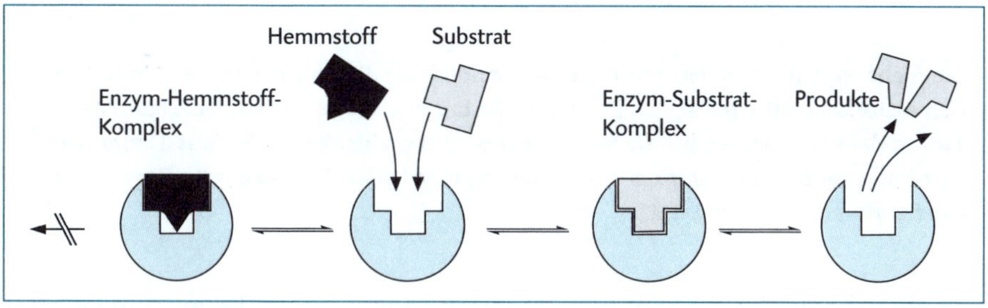

Abb. 19: Kompetitive Hemmung eines Enzyms

Bei der **kompetitiven Hemmung** verdrängt ein ähnliches Molekül das Substrat aus dem **aktiven Zentrum**. Dies kann durch Erhöhung der Substratkonzentration rückgängig gemacht werden.

Bei der **nicht-kompetitiven oder allosterischen** Hemmung weisen Substrat und Hemmstoff keine Ähnlichkeiten in der Molekülstruktur auf. Der Hemmstoff wird nicht am aktiven Zentrum des Enzymmoleküls gebunden, sondern an einer zweiten Bindestelle, dem **allosterischen Zentrum**. Durch die Bindung verändert sich die räumliche Struktur des Enzyms so, dass Anlagerung und Umsetzung des Substrats im aktiven Zentrum verhindert werden.
Die Stärke der hemmenden Wirkung ist durch die Substratkonzentration nicht beeinflussbar. Durch den Hemmstoff wird eine bestimmte Menge des Enzyms inaktiviert, sodass der Anteil aktiver Enzymmoleküle sinkt.
Im Michaelis-Menten-Diagramm unterscheidet sich eine allosterisch gehemmte Enzymreaktion von der ungehemmten Reaktion durch eine **geringere Maximalgeschwindigkeit**. Die Michaelis-Konstanten der beiden Reaktionen sind gleich.

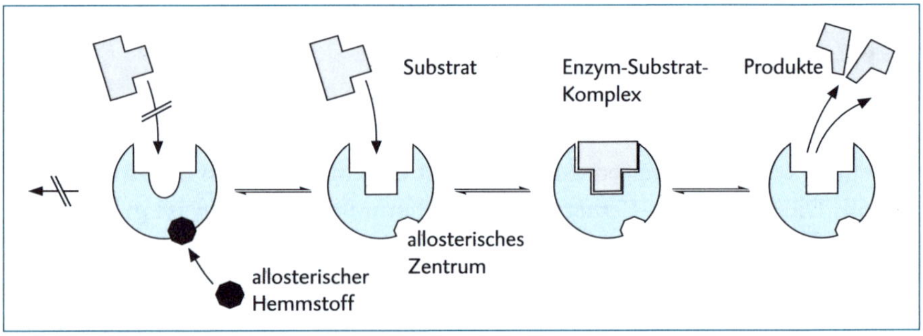

Abb. 20: Nicht-kompetitive Hemmung eines Enzyms

Die **nicht-kompetitive Hemmung** entsteht durch die Bindung eines allosterischen Hemmstoffs am **allosterischen Zentrum** des Enzyms. Da sich dadurch die Form des aktiven Zentrums ändert, hat die Substratkonzentration hier keinen Einfluss. Dieser Mechanismus zur Beeinflussung der Enzymaktivität wird in der Zelle häufig zur **Regulation des Stoffwechsels** benutzt.

Die nicht-kompetitive Hemmung ist insbesondere bei der Regulation längerer Stoffwechselketten zu finden. Dabei hemmt das Endprodukt oder ein spät in der Kette entstehendes Zwischenprodukt eines der ersten Enzyme in der Stoffwechselkette allosterisch **(Endprodukt- oder Rückkopplungshemmung)**.

Beispiel

Beim Glucoseabbau (siehe S. 50) katalysiert das Enzym Phosphofructokinase einen der ersten Schritte. Die Zitronensäure ist ein Zwischenprodukt eines späteren Abbauabschnitts. Erhöht sich die Konzentration der Zitronensäure durch raschen Abbau der Glucose zu stark, wird die Menge der aktiven Phosphofructokinase-Moleküle durch den allosterischen Hemmstoff Zitronensäure verringert. Nimmt die Konzentration der Zitronensäure durch Weiterverarbeitung ab, wird die Bindung der Zitronensäure am Enzym gelöst und das Enzym wieder aktiv.

Zusammenfassung

- Den Zellen der Prokaryoten fehlt ein Zellkern; eukaryotische Zellen haben einen Zellkern und Zellorganellen.
- Biomembranen haben einen einheitlichen Aufbau: eine Lipid-Doppelschicht mit auf- und eingelagerten Proteinen.
- Die Biomembran grenzt eine Zelle nach außen ab.
- Bei Euzyten schaffen Biomembranen abgegrenzte Kompartimente (Reaktionsräume).
- Der Stofftransport durch Biomembranen erfolgt als passiver Transport entlang eines Konzentrationsgefälles durch Diffusion, Osmose und erleichterte Diffusion (Tunnel- und Carrier-Proteine).
- Ein Stofftransport gegen ein Konzentrationsgefälle ist nur mit speziellen Carriern und unter Verbrauch von Stoffwechselenergie möglich.
- Proteine und Kohlenhydratketten an der Membranaußenseite dienen als Erkennungsstrukturen.
- Im Chromatin des Zellkerns ist die genetische Information der Zelle gespeichert.
- In den Mitochondrien erfolgt die Zellatmung. Energiereiche Glucose wird zu Kohlenstoffdioxid und Wasser abgebaut und die freigesetzte Energie in ATP gespeichert.
- Die Fotosynthese erfolgt in den Chloroplasten: Lichtenergie wird in chemische Energie umgewandelt, die in Glucose gespeichert ist.
- Das ATP/ADP-System dient der Zelle als Energieüberträger und Energiespeicher.
- Exergonische und endergonische Prozesse können in der Zelle über das ADP/ATP-System miteinander gekoppelt werden.
- Enzyme sind Proteine oder Proteide. Sie wirken als Katalysatoren bei fast allen Stoffwechselreaktionen mit.
- Enzyme sind substrat- und wirkungsspezifisch.

- Voraussetzung für eine Enzymkatalyse ist die Bildung eines Enzym-Substrat-Komplexes. Nach dem Schlüssel-Schloss-Prinzip bindet das Substrat an das aktive Zentrum eines passenden Enzyms und wird dort umgesetzt.
- Die Michaelis-Konstante gibt die Substratkonzentration an, bei der eine enzymatisch katalysierte Reaktion die Hälfte der Maximalgeschwindigkeit erreicht.
- Enzymatisch katalysierte Reaktionen lassen sich reversibel durch kompetitive oder nicht-kompetitive Hemmung steuern. Schwermetallionen können Enzyme irreversibel hemmen.

Aufgaben

1 Nennen Sie die Zellorganellen einer Euzyte, die umgeben sind von
- einer einfachen Membran,
- einer Doppelmembran,
- keiner Membran.

2 Das Antibiotikum Penicillin wird in die Zellwand sich teilender Bakterienzellen eingebaut. Es bewirkt jedoch, dass die Zellwand löchrig wird.
Erklären Sie, welche Auswirkung dies auf die Bakterienzellen hat und warum die Zellen eines Menschen, der mit Penicillin behandelt wird, nicht geschädigt werden.

3 Werden rote Blutkörperchen in destilliertes Wasser gegeben, nehmen sie Wasser auf und platzen schließlich.
Beschreiben und erklären Sie die Vorgänge, die diesen Beobachtungen zugrunde liegen.

4 Pantoffeltierchen (tierische Einzeller) werden mit rot gefärbten Hefezellen gefüttert. Zuerst erkennt man unter dem Mikroskop mit roten Partikeln gefüllte Bläschen im hinteren Bereich des länglichen Einzellers. Die Bläschen wandern im Zellkörper nach vorn und ihre rote Farbe wird blasser. Schließlich verschwinden die Bläschen.
Erläutern Sie, durch welche Vorgänge die Bläschen im Körper des Einzellers entstehen und verschwinden. Beschreiben Sie diese Vorgänge.

5 Vergleichen Sie den Bau von Chloroplasten und Mitochondrien.
Ermitteln Sie einen Zusammenhang zwischen den Stoffwechselvorgängen, die in den beiden Organellen ablaufen.

6 Begründen Sie, warum es von Vorteil ist, dass exergonische und endergonische Reaktionen im Organismus nicht direkt miteinander gekoppelt sind.

7 Nennen Sie die wesentlichen Charakteristika eines Biokatalysators.

8 Manche modernen Waschmittel entfalten ihre optimale Waschwirkung nur bei mittleren Temperaturen, für Kochwäsche sind sie weniger geeignet. Die Verbraucherinformation führt als Inhaltsstoffe unter anderem Enzyme auf.
Erklären Sie die beschriebene Eigenschaft der Waschmittel unter Mitverwendung einer grafischen Darstellung.

9 Substanzen, die von einem Enzym nicht als Substrat umgesetzt werden, können dessen Aktivität erniedrigen.
Stellen Sie Gemeinsamkeiten und Unterschiede der kompetitiven und nicht-kompetitiven (allosterischen) Hemmung zusammen.

10 Amylase ist ein Enzym, das im Speichel vorkommt und den Abbau der Amylose in Maltose katalysiert.
In einer Versuchsreihe werden zu unterschiedlich konzentrierten Amylose-Lösungen jeweils gleiche Mengen einer Enzymlösung bestimmter Konzentration gegeben und die Reaktionsgeschwindigkeiten bestimmt.
Beschreiben und erklären Sie anhand des genannten Beispiels die zu erwartenden Messergebnisse.

11 In der Medizin werden Sulfonamide zur Bekämpfung krankheitserregender Bakterien verwendet. Sulfonamide ähneln in ihrer Struktur der para-Aminobenzoesäure, die diese Bakterien zur enzymgesteuerten Synthese einer lebenswichtigen Substanz verwenden.
Erläutern Sie die Wirkung der Sulfonamide unter Mitverwendung einer modellhaften Schemazeichnung.

12 Die Hexokinase überträgt Phosphatgruppen auf Hexosen, wie Glucose und Fructose.
Die Michaelis-Konstante für die Hexokinasereaktion mit Glucose beträgt $K_M = 0{,}15 \cdot 10^{-2}$ mol/L, mit Fructose dagegen $K_M = 1{,}5 \cdot 10^{-2}$ mol/L.
- a Geben Sie an, was der K_M-Wert bedeutet.
- b Ziehen Sie eine Folgerung aus dem Vergleich der K_M-Werte.
- c Erklären Sie an dem gegebenen Beispiel den Begriff Substratspezifität.

13 Nennen Sie drei experimentell leicht überprüfbare Bedingungen für die Enzymaktivität, die zeigen, dass Enzyme Proteincharakter haben, und begründen Sie jeweils kurz.

14 Der erste Reaktionsschritt der Glykolyse (siehe S. 50) ist die Phosphorylierung von Hexosen durch ATP am C6-Atom. Das Enzym Hexokinase katalysiert diesen Schritt und ermöglicht damit die Einschleusung verschiedener Monosaccharide in den abbauenden Stoffwechsel.

In einem Experiment mit einer aus Hefe isolierten Hexokinase erhielt man mit den drei verschiedenen Zuckern bei gleichen Reaktionsbedingungen folgende relative Umsatzgeschwindigkeiten:

Zucker	relative Umsatzgeschwindigkeit bezogen auf Glucose
Glucose	1,00
Glucosamin	0,95
Galaktose	0,01

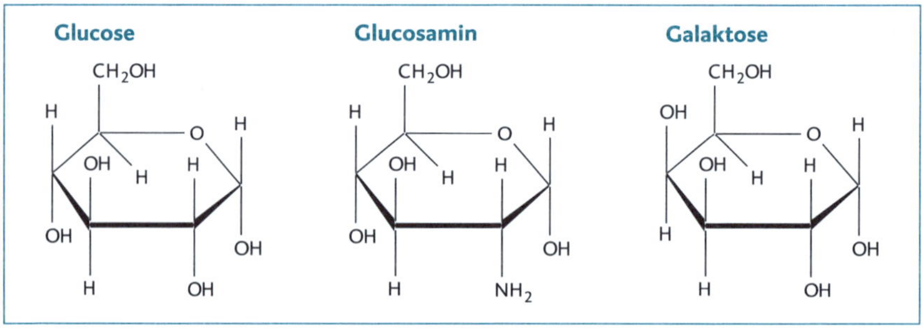

a Deuten Sie die unterschiedlichen Umsatzgeschwindigkeiten von Glucose, Glucosamin und Galaktose unter Verwendung der entsprechenden Fachbegriffe.

b Erklären Sie, welche Teile der Zuckermoleküle in diesem Zusammenhang besonders diskutiert werden müssen.

2 Energiebindung und Stoffaufbau durch Fotosynthese

2.1 Die Bedeutung der Fotosynthese im Stoffkreislauf der Natur

Die Fotosynthese stellt den wichtigsten biochemischen Vorgang auf der Erde dar. Alle heterotrophen Lebewesen (die meisten Bakterien, die Pilze und die Tiere einschließlich des Menschen) sind auf die folgenden Leistungen der autotrophen grünen Pflanzen angewiesen:

- Energiebindung: Die Sonnenenergie wird von den grünen Pflanzen genutzt, um primär energiereiche Stoffe (Energieträger ATP und Reduktionsmittel $NADPH/H^+$) aufzubauen.
- Stoffaufbau: Mit diesen energiereichen Stoffen werden aus Kohlenstoffdioxid und Wasser Kohlenhydrate (Zucker, Stärke) aufgebaut, stabile, energiereiche Verbindungen.
- Freisetzung von Sauerstoff: Das „Abfallprodukt" Sauerstoff aus der Spaltung des Wassers ist Voraussetzung für die Atmung von Pflanzen und Tieren.
- Fixierung von Kohlenstoffdioxid: Das durch Atmung und Gärung entstandene Gas wird aus der Atmosphäre entfernt. Es entsteht ein Stoffkreislauf.

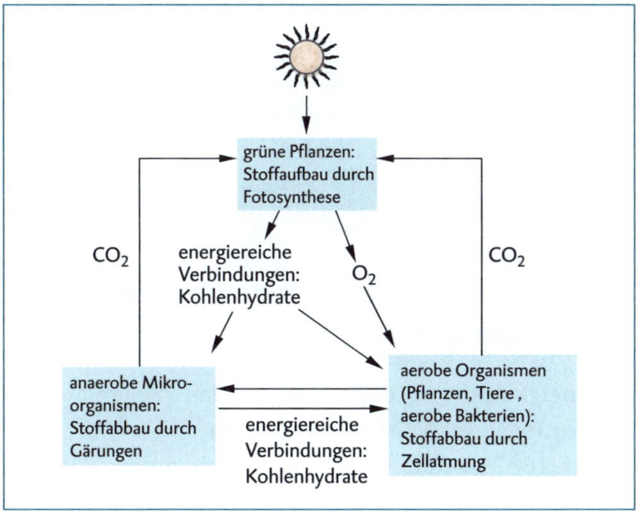

Abb. 21: Vereinfachter Kohlenstoffkreislauf

Den Umfang der Syntheseleistung der Pflanzen verdeutlicht eine quantitative Betrachtung. Durch Fotosynthese werden jährlich ca. 160 Mrd. Tonnen Biomasse (Trockensubstanz) produziert. Biomasse ist die Masse an organischen Verbindungen in lebenden und abgestorbenen Organismen. Die darin gespeicherte Energie entspricht $3 \cdot 10^{18}$ kJ. Gleichzeitig geben die Pflanzen ca. 200 Mrd. Tonnen Sauerstoff ab.

Um seinen stetig wachsenden Energiebedarf zu decken, greift der Mensch auf die in fossilen Brennstoffen gebundene Energie zurück. Die fossilen Brennstoffe **Kohle, Erdöl** und **Erdgas** entstanden aus toter Biomasse, die vor Jahrmillionen (Karbonzeitalter) dem Stoffkreislauf entzogen wurde. Riesige Mengen abgestorbener Mikroorganismen wurden von Sedimenten bedeckt. Unter Sauerstoffabschluss, hohem Druck und hoher Temperatur wandelten sich ihre organischen Verbindungen in die Kohlenstoffverbindungen der fossilen Brennstoffe um.
Diese Kohlenstoffverbindungen werden im Haushalt und in der Industrie zur Energiegewinnung verbrannt, wobei Kohlenstoffdioxid an die Atmosphäre abgegeben wird. Somit hat die Verbrennung fossiler Brennstoffe einen wesentlichen Anteil am Anstieg der Kohlenstoffdioxidkonzentration in der Luft auf heute 0,038 % und am anthropogenen Treibhauseffekt.
Da einerseits die Vorräte an fossilen Energieträgern begrenzt sind und andererseits die Kohlenstoffdioxid-Emissionen nicht ungebremst zunehmen dürfen, werden alternative Methoden der Energieerzeugung entwickelt und erprobt. **Regenerative Energieträger** (Biomasse) setzen bei der Verbrennung die gleiche Menge an Kohlenstoffdioxid frei, die die Pflanze für die Fotosynthese aufgenommen und mithilfe der Sonnenenergie in organische Verbindungen umgewandelt hat. Die Kohlenstoffdioxidabgabe durch die Verbrennung und die Kohlenstoffdioxidaufnahme durch die Fotosynthese stehen im Gleichgewicht (ausgeglichene CO_2-Bilanz). Mit Holz, Stroh und landwirtschaftlichen Abfällen lassen sich Kraftwerke und Heizanlagen betreiben; aus Stärke, Zucker und Ölen können Bioalkohol und Biodiesel als Motorentreibstoff gewonnen werden.

2.2 Experimente zur Aufklärung wesentlicher Fotosyntheseschritte

Abhängigkeit der Fotosynthese von den Wellenlängen des Lichts

Absorptions- und Wirkungsspektrum

Bereits 1882 konnte ENGELMANN nachweisen, dass Grünalgen nicht nur bei Bestrahlung mit weißem Licht, sondern auch mit Licht bestimmter Wellenlängen Sauerstoff produzieren. Die Blattpigmente, die die Lichtabsorption ermöglichen, enthalten vor allem die grünen Chlorophylle a und b und das orange β-Carotin. Werden die Blattfarbstoffe aus Algen oder grünen Blättern extrahiert und aufgetrennt (z. B. durch Chromatografie), lässt sich die Lichtabsorption jedes einzelnen Farbstoffs messen. Im **Absorptionsspektrum** der Chlorophylle ergeben sich zwei eindeutige Maxima: eines im roten Spektralbereich bei etwa 650–680 nm, ein weiteres im blauen bei etwa 410–470 nm. Ob die Energie der absorbierten Wellenlängen auch wirksam ist, d. h. Fotosynthese-Aktivität in lebenden Pflanzenzellen vorhanden ist, geht aus einem **Wirkungs- oder Aktionsspektrum** hervor.

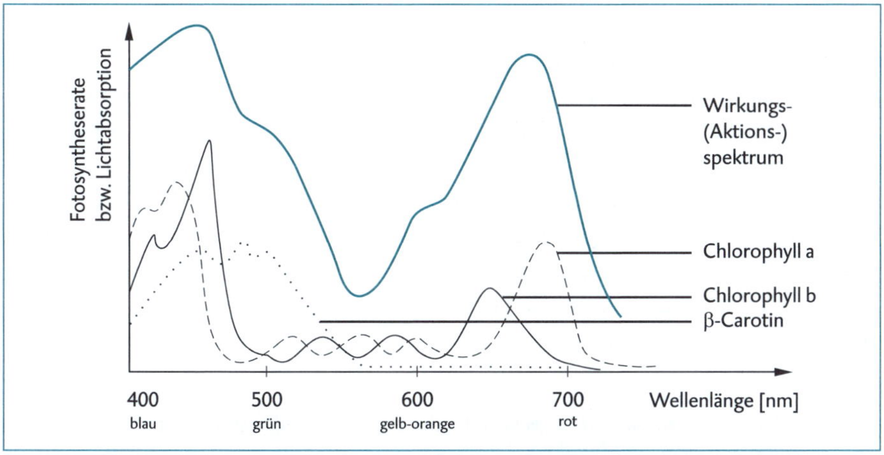

Abb. 22: Abhängigkeit der Fotosynthese von den Wellenlängen des Lichts

Auffällig bei diesen Kurven ist die ungefähre Übereinstimmung der Maxima der Fotosyntheserate im Wirkungsspektrum mit den beiden Maxima des Absorptionsspektrums des Chlorophylls (siehe Abb. 22). Im Bereich von 500–550 nm, wo das Absorptionsspektrum des Chlorophylls ein Minimum erreicht, ist jedoch noch Fotosynthese festzustellen. Im Grünbereich um 500 nm hat die Lichtabsorption von β-Carotin ihr Maximum.

Die von den Chlorophyllen hauptsächlich absorbierten roten und blauen Wellenlängen des Lichts liefern die Energie für die Fotosynthese.

Experimente zur Temperatur- und Lichtabhängigkeit der Fotosynthese

BLACKMAN stellte 1905 fest, dass der Einfluss der Temperatur auf die Fotosyntheserate stark von der verwendeten Lichtstärke abhängt. Daher ergeben sich im Starklicht und im Schwachlicht zwei unterschiedliche Kurven (siehe Abb. 23, S. 30).

Im **Starklicht** steigt die Fotosynthese-Kurve bis zum Maximum bei etwa 35 °C steil an. Danach fällt sie noch steiler wieder ab und erreicht bei ca. 40 °C den Nullpunkt. Diese Kurve ähnelt der Kurve der Temperaturabhängigkeits-Kurve der Enzymwirkung (siehe Abb. 16, S. 18). Bis ca. 30 °C folgt der Kurvenlauf der **RGT-Regel** (**R**eaktions-**g**eschwindigkeits-**T**emperatur-Regel). Dabei verdoppelt sich jeweils die Reaktionsgeschwindigkeit bei einer Temperaturerhöhung von etwa 10 °C. Oberhalb von 40 °C werden die Enzymproteine denaturiert, was zum steilen Abfall der Kurve führt. Die Temperatur erweist sich hier als begrenzender Faktor der Fotosynthese.
Bei **Schwachlicht** verläuft die Kurve zunächst gerade und nimmt dann oberhalb von 35 °C ab. In diesem Fall ist das Licht der begrenzende Faktor der Fotosyntheseleistung. Da fotochemische Reaktionen nicht temperaturabhängig sind (z. B. auch das Belichten eines fotografischen Films), hat die Temperaturzunahme keine Steigerung der Fotosyntheserate zur Folge.
Aus dem unterschiedlichen Kurvenverlauf bei Stark- und Schwachlicht zog BLACKMAN den Schluss, dass die Fotosynthese aus zwei unterschiedlichen Reaktionssystemen besteht.

Die Fotosynthese setzt sich aus zwei verschiedenen, voneinander abhängigen Teilprozessen zusammen:
- den Lichtreaktionen, die lichtabhängig, aber kaum temperaturabhängig sind,
- den Dunkelreaktionen, in denen enzymatisch gesteuerte Prozesse ablaufen, die stark von der Temperatur abhängen.

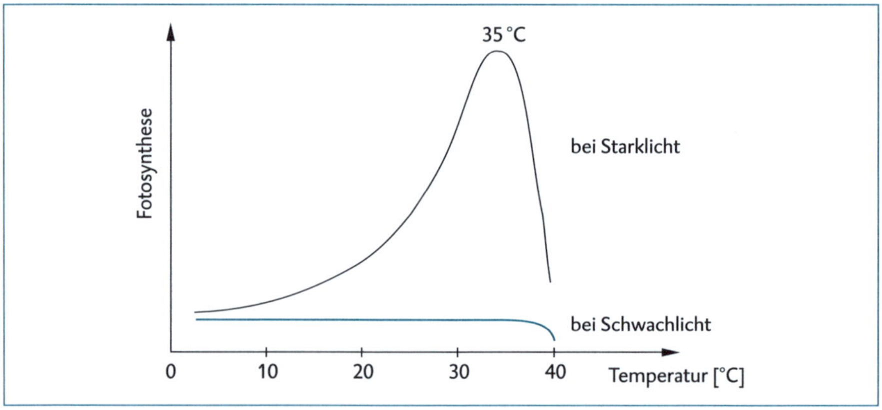

Abb. 23: Abhängigkeit der Fotosynthese von der Temperatur

HILL-Reaktion

HILL gelang es 1940, Chloroplasten aus pflanzlichen Zellen zu isolieren und *in vitro* funktionsfähig zu halten. Die Chloroplasten entwickelten in wässriger Lösung auch dann Sauerstoff, wenn ihnen statt Kohlenstoffdioxid andere reduzierbare Stoffe, z. B. Eisen(III)-Ionen, unter Belichtung zugesetzt wurden.

$$4\,Fe^{3+} + 2\,H_2O \longrightarrow 4\,Fe^{2+} + 4\,H^+ + O_2$$

Daraus konnte geschlossen werden, dass
- der bei der Fotosynthese entstehende Sauerstoff aus dem Wasser stammt,
- die Fotosynthese aus zwei Teilprozessen besteht, da die Sauerstoffbildung von der Reduktion (des Kohlenstoffdioxids) abtrennbar ist,
- durch Licht ein Elektronenübergang ausgelöst wird: die Reduktion der Eisenionen ist eine Umwandlung von Lichtenergie in chemische Energie.

Markierungsexperimente mit Isotopen

KAMEN und RUBEN (1941) verwendeten als Ausgangsstoff für die Fotosynthese in einem Versuch Wasser, in einem anderen Kohlenstoffdioxid, wobei beide jeweils statt des normalen Sauerstoffisotops ^{16}O das schwere Sauerstoffisotop ^{18}O als **Tracer bzw. Marker** enthielten. Es wurde untersucht, in welchen Endprodukten das schwere Isotop auftritt.

$$6\,C^{18}O_2 + 12\,H_2O \longrightarrow C_6H_{12}{}^{18}O_6 + 6\,O_2 + 6\,H_2{}^{18}O$$

$$6\,CO_2 + 12\,H_2{}^{18}O \longrightarrow C_6H_{12}O_6 + 6\,{}^{18}O_2 + 6\,H_2O$$

Ist Kohlenstoffdioxid markiert, tritt das schwere Sauerstoffisotop sowohl in der Glucose als auch im Wasser auf. Bei Markierung des Wassers findet man schwere Sauerstoffisotope ausschließlich im Sauerstoff.

Damit konnte bewiesen werden, dass der freigesetzte Sauerstoff der Fotosynthese zweifelsfrei aus dem Wasser stammt.

Die Summengleichung der Fotosynthese muss auf beiden Seiten um sechs Moleküle Wasser erweitert werden:

$$6\,CO_2 + 12\,H_2O \longrightarrow C_6H_{12}O_6 + 6\,O_2 + 6\,H_2O$$

2.3 Überblick über den Ablauf der Fotosynthese

In der Fotosynthese werden aus den energiearmen Ausgangsstoffen Kohlenstoffdioxid und Wasser mithilfe der Sonnenenergie Sauerstoff und energiereiche Glucose ($C_6H_{12}O_6$) gebildet. Die Abläufe können in folgender Gleichung zusammengefasst werden:

erweiterte Summengleichung der Fotosynthese:

$$6\,CO_2 + 12\,H_2O \xrightarrow{\text{Sonnenenergie}} C_6H_{12}O_6 + 6\,O_2 + 6\,H_2O$$

Redoxreaktionen in der Fotosynthese

Die Fotosynthese stellt chemisch gesehen eine Redoxreaktion dar: Bei einer Oxidation erfolgt eine Elektronenabgabe, während bei einer Reduktion eine Elektronenaufnahme stattfindet. Einen Stoff, der Elektronen abgeben kann, bezeichnet man als Elektronendonator (Reduktionsmittel). Er wird durch die Oxidation zum Elektronenakzeptor (Oxidationsmittel), der Elektronen aufnehmen kann. Ein Elektronendonator und der aus ihm durch Elektronenabgabe entstehende Elektronenakzeptor bilden ein Redoxsystem (bzw. korrespondierendes Redoxpaar).

$$\text{Elektronendonator (Reduktionsmittel)} \underset{\text{Reduktion}}{\overset{\text{Oxidation}}{\rightleftharpoons}} \text{Elektronenakzeptor (Oxidationsmittel)} + \text{Elektronen}$$

Oxidation

In der Fotosynthese wird Wasser zu Sauerstoff oxidiert (Nachweis siehe S. 31). Elektronendonator (Reduktionsmittel) ist das Wasser: Es wird in Sauerstoff und Wasserstoff (gebildet aus Elektronen und Wasserstoffionen) zerlegt. Dieser Schritt der Fotosynthese entspricht einer Elektrolyse des Wassers, die Rolle des elektrischen Stroms übernimmt hier das Sonnenlicht **(Fotolyse)**:

$$12\,H_2O \longrightarrow 24\,H^+ + 24\,e^- + 6\,O_2 \text{ (pro mol Glucose)}$$

Die frei werdenden Elektronen und Wasserstoffionen werden nicht direkt von dem zu reduzierenden Stoff, dem Kohlenstoffdioxid, aufgenommen, sondern an das Wasserstoff übertragende Redoxsystem $NADP^+$ – $NADPH/H^+$ weitergegeben. Der Elektronenakzeptor $NADP^+$ geht dadurch in die energiereichere reduzierte Form $NADPH/H^+$ über:

$$12\,NADP^+ + 24\,H^+ + 24\,e^- \longrightarrow 12\,NADPH/H^+$$

$NADPH/H^+$ wird als **Reduktionsmittel** bezeichnet, da es die Reduktion des Kohlenstoffdioxids ermöglicht. Es stellt also einen Überträger von reduktionsbereitem Wasserstoff dar. Die Reduktion von Kohlenstoffdioxid ist ein Energie verbrauchender, endergonischer Vorgang. Ein Teil der Sonnenenergie, den die Elektronen bei der Spaltung des Wassers aufgenommen haben, wird deshalb zum Aufbau von ATP (Energieträger) aus ADP und einem anorganischen Phosphatrest verwendet.

$$ADP + (P) \xrightarrow{\text{Sonnenenergie}} ATP$$

Da diese Reaktionen nur bei ausreichender Belichtung stattfinden können, werden sie als **Lichtreaktionen** bezeichnet. Sie laufen an den Thylakoidmembranen, in denen die Blattfarbstoffe lokalisiert sind, und im Thylakoidinnenraum der Chloroplasten (siehe S. 11) ab.

Reduktionsreaktion der Fotosynthese: Dunkelreaktionen

Der vollständig oxidierte Kohlenstoff im energiearmen Kohlenstoffdioxid wird durch Elektronenaufnahme in einen energiereicheren reduzierten Zustand (Glucose) überführt. Das Reduktionsmittel $NADPH/H^+$ gibt dazu Wasserstoff in Form von Elektronen und Wasserstoffionen ab:

$$12\,NADPH/H^+ \longrightarrow 12\,NADP^+ + 24H^+ + 24\,e^-$$

$$6\,CO_2 + 24\,e^- + 24H^+ \longrightarrow C_6H_{12}O_6 + 6\,H_2O$$

Die notwendige Energie wird durch Spaltung von ATP-Molekülen aus den Lichtreaktionen bereitgestellt:

$$ATP \longrightarrow ADP + (P) + \text{Energie}$$

Diese Reaktionen sind vom Licht unabhängig und werden deshalb als Dunkelreaktionen bezeichnet. Sie laufen im Stroma der Chloroplasten ab.

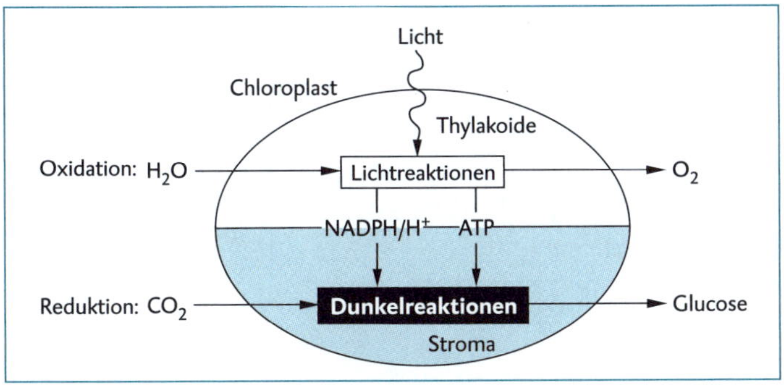

Abb. 24: Übersicht über das Zusammenspiel von Licht- und Dunkelreaktionen

2.4 Die Lichtreaktionen

Fotosynthesepigmente

Ein Farbstoff oder Pigment erscheint farbig, weil er bestimmte Wellenlängen des sichtbaren Lichts absorbieren kann. Die Energie wird von Elektronen des Farbstoffmoleküls aufgenommen. Die nicht absorbierten Wellenlängen werden reflektiert oder durchgelassen und ergeben die Eigenfarbe des Pigments.

Bei der Absorption von Lichtenergie durch Farbstoffe werden **Elektronen** angeregt, d. h., sie gehen in einen höheren Energiezustand über. Besonders leicht anregbar ist ein System von **konjugierten Doppelbindungen** (siehe Abb. 26, S. 35).

Das aus grünen Blättern extrahierte Gemisch der Blattpigmente lässt sich durch Chromatografie in verschiedene Farbstoffe auftrennen: blaugrüne und gelbgrüne Chlorophylle und gelbe bis orange Carotine und Xanthophylle (zusammengefasst auch als Carotinoide bezeichnet).

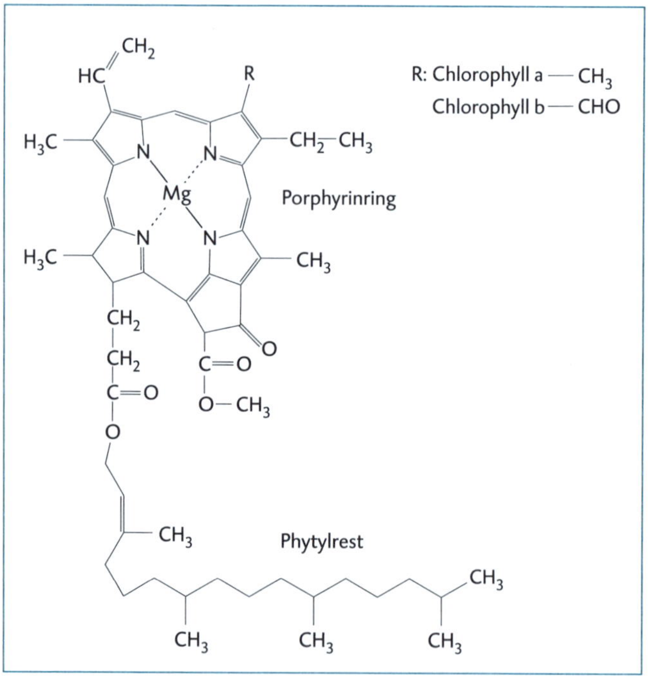

Abb. 25: Molekülstruktur des Chlorophylls

Die Grundstruktur der **Chlorophyll**-Moleküle bildet ein Porphyrin-Ringsystem aus vier aromatischen, heterozyklischen Fünfringen (Pyrrolringen), das insgesamt elf konjugierte Doppelbindungen aufweist. Im Zentrum des Ringsystems ist ein Magnesium-Ionkomplex gebunden. Am Ring IV hängt in Esterbindung der Alkohol Phytol aus 20 C-Atomen (Phytylrest) (siehe Abb. 25, S. 34). Chlorophyll a und b unterscheiden sich nur in einer Seitengruppe an Ring II.
Chlorophyll-Moleküle zeigen einen polaren Bau, ähnlich wie die Phospholipide in den Biomembranen (siehe S. 5): Der Phytylrest verleiht lipophile Eigenschaften, der Porphyrinring dagegen hydrophile. Der Porphyrinring ist deshalb den Proteinschichten der Membran zugewandt; die Phytylreste lagern sich in die Lipiddoppelschicht ein.

Carotinoide (sauerstofffreie Carotine und sauerstoffhaltige Xanthophylle) sind als akzessorische Blattfarbstoffe ebenfalls an der Lichtabsorption beteiligt. Carotinoide sind langkettige Kohlenwasserstoffe mit zahlreichen konjugierten Doppelbindungen und lipophilem Charakter (siehe Abb. 26).

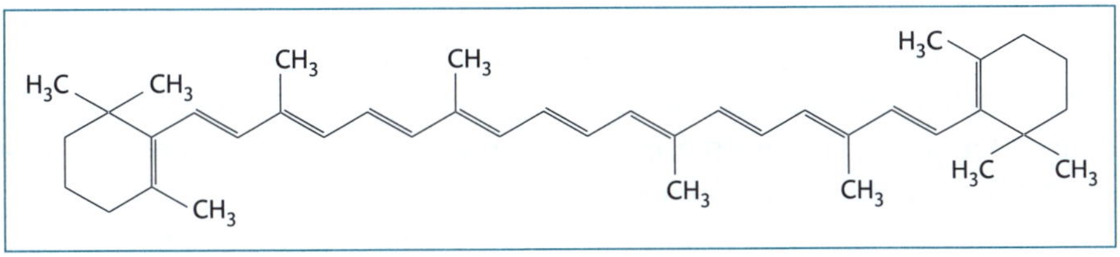

Abb. 26: Molekülstruktur des β-Carotins

Aufbau eines Fotosystems

Bis zu 300 Farbstoffmoleküle bilden, mit Proteinen verbunden, ein Fotosystem in den Grana-Thylakoidmembranen der Chloroplasten. Es besteht aus der **Lichtsammelfalle** (Chlorophylle und Carotinoide) und einem zentralen **Reaktionszentrum** aus einem bestimmten Chlorophyll-a-Molekül und einem Protein.

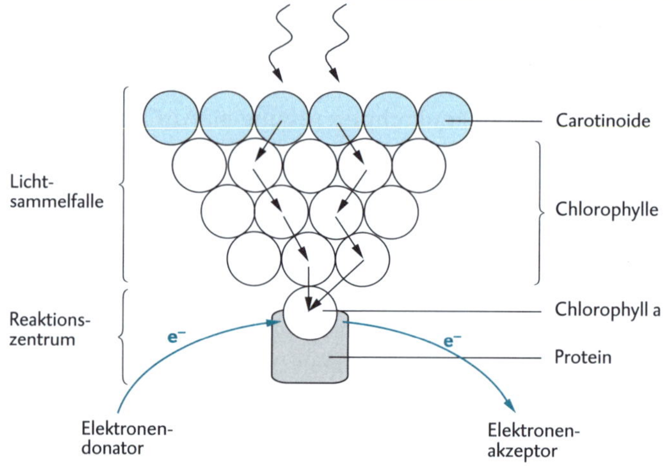

Abb. 27: Schematische Darstellung eines Fotosystems

Die Pigmente am oberen Rand der Lichtsammelfalle absorbieren das einfallende Licht. Sie werden als **Antennenpigmente** bezeichnet. Die Absorption der roten und blauen Wellenlängenbereiche durch die Chlorophylle wird ergänzt durch die Absorption der gelben und grünen Anteile durch die Carotinoide. Dabei werden die leicht anregbaren Elektronen der konjugierten Doppelbindungen kurzzeitig vom energiearmen Grundzustand in einen angeregten Zustand gehoben. Bei der Rückkehr in den Grundzustand wird die Anregungsenergie nicht als Licht frei, sondern regt ein benachbartes Farbstoffmolekül an, dessen Anregungsenergie etwas niedriger ist. Da die Anregungsenergien der Farbstoffmoleküle in der Lichtsammelfalle von oben nach unten abnehmen, ist die **Energieübertragung** nur in einer Richtung, zum zentralen Reaktionszentrum, möglich. Wird das zentrale Chlorophyll-a-Molekül im Reaktionszentrum angeregt, erfolgt eine **Elektronenabgabe** an den Elektronenakzeptor eines Redoxsystems, der dadurch reduziert wird. Das oxidierte Chlorophyll a entzieht einem benachbarten Elektronendonator (z. B. von einem Redoxsystem oder Wasser, das dabei gespalten wird) ein Elektron und erreicht wieder den neutralen Ladungszustand.

Innerhalb der **Lichtsammelfalle** wird die von den Antennenpigmenten absorbierte Lichtenergie entlang eines **Energiegefälles** zum Reaktionszentrum hin transportiert. Vom angeregten Chlorophyll a im **Reaktionszentrum** wird ein **Elektron** auf einen **Elektronenakzeptor** übertragen. Das Chlorophyll a übernimmt das fehlende Elektron von einem Elektronendonator.

Lichtreaktion II

Die Belichtung des **Fotosystems II** führt zur Anregung des zentralen Chlorophyll-a-Moleküls **P_{680}** (seine Anregungsenergie entspricht der Lichtenergie bei der Wellenlänge 680 nm) und zur Abgabe eines Elektrons. Das Elektron wird über eine Kette von Redoxsystemen zum Fotosystem I weitergeleitet. Jedes Redoxsystem besteht aus einem Elektronenakzeptor (Oxidationsmittel), der ein Elektron aufnimmt und dadurch zum Elektronendonator (Reduktionsmittel) wird. Dieser Elektronendonator gibt das Elektron an ein Redoxsystem mit geringerem Energiegehalt ab. Diese Redoxreaktion wiederholt sich mehrmals; es entsteht eine **Elektronentransportkette**. Alle diese Reaktionen sind exergonisch und setzen Energie frei, die zum Teil zum Aufbau von ATP genutzt wird.
Das P_{680}-Molekül wurde durch Elektronenabgabe zu einem starken Oxidationsmittel. Es entzieht das fehlende Elektron einem Wassermolekül, das dabei in Sauerstoff und H^+-Ionen gespalten wird (**Fotolyse** des Wassers).

Lichtreaktion I

Das über die Elektronentransportkette weitergeleitete Elektron vom Fotosystem II schließt die Elektronenlücke im **Fotosystem I**, wenn dieses durch Licht angeregt wurde und das Chlorophyll-a-Molekül **P_{700}** ein Elektron an ein Redoxsystem abgegeben hat **(Lichtreaktion I)**. Das letzte Glied dieser Elektronentransportkette ist das Cosubstrat $NADP^+$ als Elektronenakzeptor. Durch Aufnahme von zwei Elektronen und zwei Wasserstoffionen (aus der Wasserspaltung) wird es zum Reduktionsmittel **$NADPH/H^+$**.

Bruttogleichung der Lichtreaktionen:
$$12\,H_2O + 12\,NADP^+ + 18\,ADP + 18\,Ⓟ \longrightarrow 6\,O_2 + 12\,NADPH/H^+ + 18\,ATP$$

Außer dem beschriebenen, nicht zyklischen Elektronentransport von der Fotolyse des Wassers über die Fotosysteme II und I ist auch ein zyklischer Elektronentransport möglich. Die im Fotosystem I freigesetzten Elektronen werden auf eines der Redoxsysteme in der Elektronentransportkette zwischen Fotosystem II und I übertragen und schließlich wieder an P_{700} abgegeben. Auf diese Weise ist eine ATP-Bildung ohne gleichzeitige Bildung von $NADPH/H^+$ und Sauerstoff möglich.

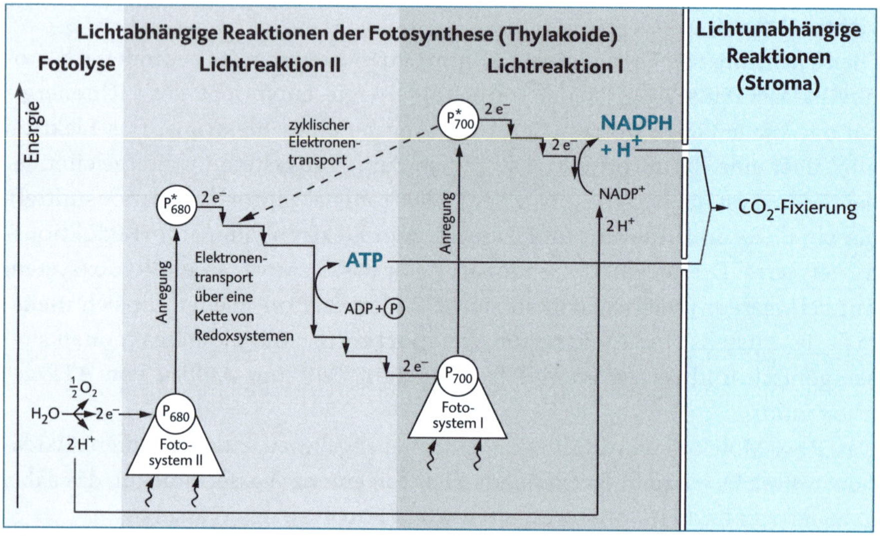

Abb. 28: Schema der Lichtreaktionen

Chemiosmotische Theorie zur ATP-Bildung

Eines der Redoxsysteme der Elektronentransportkette reicht durch die Thylakoidmembran und transportiert Wasserstoffionen aus dem Stroma in den Thylakoidinnenraum. Im Stroma nimmt die Wasserstoffionenkonzentration ab, der pH-Wert steigt. Im Thylakoidinnenraum dagegen steigt die Wasserstoffionenkonzentration, der pH-Wert sinkt (Protonengradient). Es entsteht ein Konzentrationsgefälle **(chemisches Potenzial)**, das einem Unterschied von mehr als zwei pH-Einheiten entspricht.

Durch den Transport geladener Wasserstoffionen durch die Membran entsteht gleichzeitig ein Spannungsunterschied **(elektrisches Potenzial)**. Die Thylakoidmembran ist auf der Stromaseite negativ und zum Thylakoidinnenraum hin positiv geladen. Der Ausgleich dieser beiden Potenziale erfolgt über einen Enzymkomplex, die **ATP-Synthase**, der in der Thylakoidmembran eingelagert ist. Der Wasserstoffionenstrom aus dem Thylakoidinnenraum ins Stroma wird zum Aufbau von ATP aus ADP und Phosphat genutzt. Die Energie des Konzentrationsgefälles und des elektrischen Potenzials ist damit in ATP gespeichert.

Die beim Elektronentransport frei werdende Energie wird zum Aufbau eines **Protonengradienten** über der Thylakoidmembran genutzt. Der Rückstrom der Protonen in das Stroma treibt die lichtabhängige ATP-Synthese an.

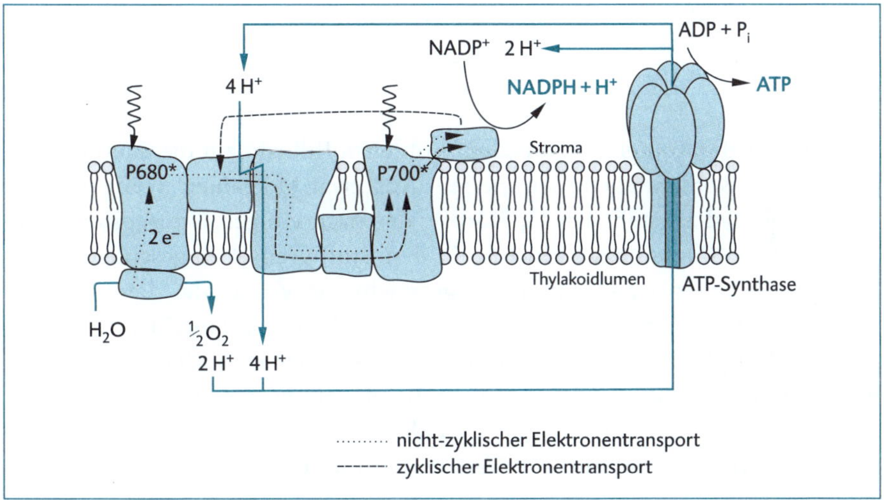

Abb. 29: ATP-Bildung an der Thylakoidmembran (Schema)

2.5 Die Dunkelreaktionen

Die lichtunabhängigen, aber temperaturabhängigen Dunkelreaktionen der Fotosynthese können in drei Phasen untergliedert werden: Fixierungs-, Reduktions- und Regenerationsphase. Diese Reaktionen ergeben einen Kreislauf, der nach seinem Entdecker CALVIN als **Calvin-Zyklus** bezeichnet wird.

- **Fixierungsphase:** Das Kohlenstoffdioxid wird enzymatisch an ein spezifisches Akzeptormolekül, den C_5-Zucker Ribulose-1,5-bisphosphat (RubP), gebunden. Der entstandene C_6-Körper (organisches Molekül mit 6 Kohlenstoffatomen) ist instabil und zerfällt sofort in zwei C_3-Körper 3-Phosphoglycerinsäure (PGS).
- **Reduktionsphase:** Die PGS wird unter Energieverbrauch reduziert. Als Reduktionsmittel dient das Reduktionsmittel NADPH/H^+ aus der Lichtreaktion. Aus 3-Phosphoglycerinsäure PGS (Glycerinsäure-3-phosphat) entsteht unter Wasserabspaltung 3-Phosphoglycerinaldehyd PGA (Glycerinaldehyd-3-phosphat). Diese Reduktion ist stark endergonisch und nur durch Energiezufuhr aus der Spaltung von ATP aus der Lichtreaktion möglich.

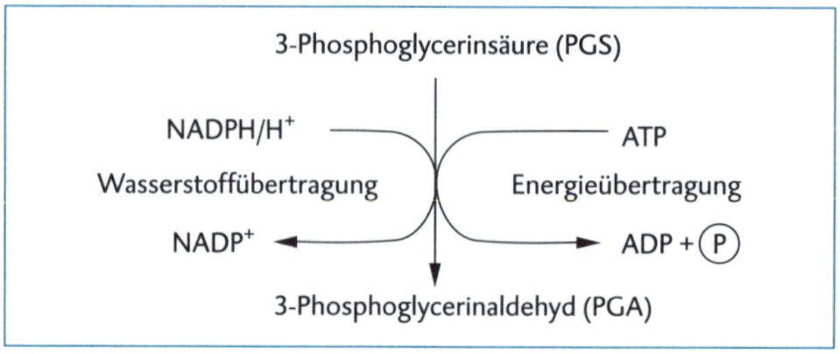

Abb. 30: Reduktion von PGS zu PGA

Damit ist der Kohlenstoff aus dem Kohlenstoffdioxid auf die energiereiche Stufe der Kohlenhydrate angehoben. Aus zwei Molekülen 3-Phosphoglycerinaldehyd entsteht ein C_6-Körper, der nach einigen Umlagerungsreaktionen als Glucose bzw. Fructose in den Stoffwechsel eingeschleust wird. Dort wird er entweder unter Energiegewinn abgebaut oder dient als Baustoff für verschiedene Kohlenhydrate sowie Fette und Proteine. Im Stroma des Chloroplasten kann Glucose als Stärke gespeichert werden.

- **Regenerationsphase:** Zur erneuten Bereitstellung von Akzeptormolekülen RubP werden fünf von sechs gebildeten C_3-Körpern PGA über komplexe Reaktionsfolgen unter ATP-Verbrauch in Ribulose-1,5-bisphosphat umgewandelt.

Ablauf der Dunkelreaktionen

- 6 CO_2 werden an 6 Moleküle des Akzeptors RubP gebunden **(CO_2-Fixierung)**.
- Spaltung der instabilen C_6-Körper in 12 C_3-Körper PGS
- **Reduktion** von PGS zu PGA unter Verbrauch von 12 ATP und 12 $NADPH/H^+$
- Verknüpfung von 2 PGA zu Fructose oder Glucose
- **Regeneration** von 6 C_5-Körpern RubP aus 10 C_3-Körpern PGA unter ATP-Verbrauch

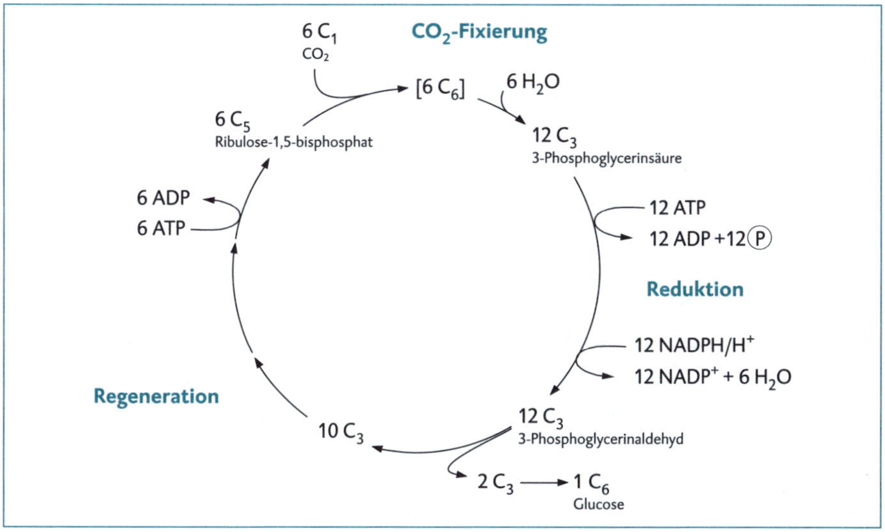

Abb. 31: Calvin-Zyklus

Experimente zur Aufklärung der Dunkelreaktionen

- **Markierungsexperimente:** CALVIN verwendete als Tracer (Marker) das radioaktive Isotop des Kohlenstoffs ^{14}C. Es wurde in Form von gelöstem $NaH^{14}CO_3$ (zerfällt in Kohlenstoffdioxid und Natriumcarbonat) einer belichteten Grünalgensuspension zugesetzt, die durch einen Kunststoffschlauch floss. Die Algen tropften aus dem Schlauch in siedenden Alkohol und wurden dadurch sofort abgetötet. Das radioaktive Kohlenstoffdioxid stand den Algenzellen von Beginn der Injektion der radioaktiven Lösung in den Schlauch bis zum Eintropfen der Algen in den Alkohol für die Fotosynthese zur Verfügung. Diese Reaktionsdauer konnte zwischen 0,4 sec und mehreren Minuten variiert werden.

  Die Fotosyntheseprodukte wurden chromatografisch aufgetrennt und die radioaktiv markierten Substanzen durch Autoradiografie identifiziert. Das Chromatogramm wurde auf einen Röntgenfilm gelegt. Die radioaktive Strahlung führte zu einer Schwärzung auf dem entwickelten Film. Durch Vergleich von Film und Chromatogramm ließen sich die radioaktiven Verbindungen auf dem Chromatogramm lokalisieren, isolieren und chemisch analysieren.

  Bei sehr kurzer Reaktionsdauer wurde nur eine radioaktiv markierte Verbindung gefunden: 3-Phosphoglycerinsäure (PGS), das erste fassbare Produkt der Dunkelreaktionen.

- **Identifizierung des Akzeptormoleküls:** CALVIN untersuchte auch die Zellinhaltsstoffe von Grünalgenkulturen, die längere Zeit unter optimalen Bedingungen Fotosynthese betreiben konnten, qualitativ und quantitativ. Die Zellen enthielten u. a. die C_5-Zucker Ribulose-1,5-bisphosphat (RubP) in relativ geringer und PGS in relativ hoher Konzentration. Wenn den Algen Kohlenstoffdioxid entzogen und die Konzentrationen von RubP und PGS bestimmt wurden, ergab sich, dass die Konzentration von PGS wesentlich geringer und die Konzentration von RubP deutlich größer geworden war als vor dem CO_2-Entzug.
  Da kein Kohlenstoffdioxid für die Fixierungsreaktion zur Verfügung stand, wurde RubP akkumuliert. Da die Produkte dieser Reaktion fehlten, konnte auch keine PGS mehr gebildet werden. Die noch vorhandene PGS wurde weiterverarbeitet. Also musste das Ribulose-1,5-bisphosphat das Akzeptormolekül für CO_2 sein.

Summengleichung der Fotosynthese

Bruttogleichung der Lichtreaktionen:

$$12\,H_2O + 12\,NADP^+ + 18\,ADP + 18\,Ⓟ \longrightarrow 6\,O_2 + 12\,NADPH/H^+ + 18\,ATP$$

Bruttogleichung der Dunkelreaktionen:

$$6\,CO_2 + 12\,NADPH/H^+ + 18\,ATP \longrightarrow C_6H_{12}O_6 + 12\,NADP^+ + 18\,ADP + 18\,Ⓟ + 6\,H_2O$$

Addiert man die Bruttogleichungen von Licht- und Dunkelreaktionen, ergibt sich die (erweiterte) **Summengleichung** der Fotosynthese:

$$6\,CO_2 + 12\,H_2O \longrightarrow C_6H_{12}O_6 + 6\,O_2 + 6\,H_2O$$

2.6 Einfluss weiterer Außenfaktoren auf die Fotosyntheseleistung

Um die Fotosyntheseleistung bzw. die Fotosyntheserate experimentell zu ermitteln, kann man sich zweier Methoden bedienen:

- Man misst die Menge des gebundenen Kohlenstoffdioxids bzw. die Zunahme der Glucosekonzentration (oder Stärkekonzentration) im Blatt.
- Man misst – dies ist vor allem bei Wasserpflanzen der einfachere Weg – das Volumen des gebildeten Sauerstoffs.

Da Pflanzen nicht nur Glucose und Sauerstoff herstellen, sondern die Glucose zur Energiegewinnung auch veratmen (oxidieren), geben die experimentell mit den genannten Methoden ermittelten Werte nur die **Nettofotosyntheseleis-**

tung (scheinbare bzw. apparente Fotosyntheseleistung) wieder. Wird der Stoffumsatz durch Zellatmung mit berücksichtigt, erhält man die **Bruttofotosyntheseleistung** (wirkliche bzw. reelle Fotosyntheseleistung).

Abhängigkeit von der Kohlenstoffdioxidkonzentration

Der Kohlenstoffdioxidgehalt der Luft beträgt nur 0,038 Volumen-%. Er ist der Außenfaktor, der die Fotosyntheserate am stärksten begrenzt. Daher steigt bei Zunahme des Kohlenstoffdioxidgehalts die Kurve der Fotosyntheserate zunächst fast linear an, proportional zur Zunahme der Kohlenstoffdioxidkonzentration, und flacht dann ab bis der Sättigungswert erreicht ist. Die Dunkelreaktionen der Fotosynthese (siehe S. 39) sind mit der Verarbeitung des CO_2 „ausgelastet“. Eine Erhöhung der CO_2-Konzentration bewirkt keine Steigerung der Fotosyntheseleistung mehr.

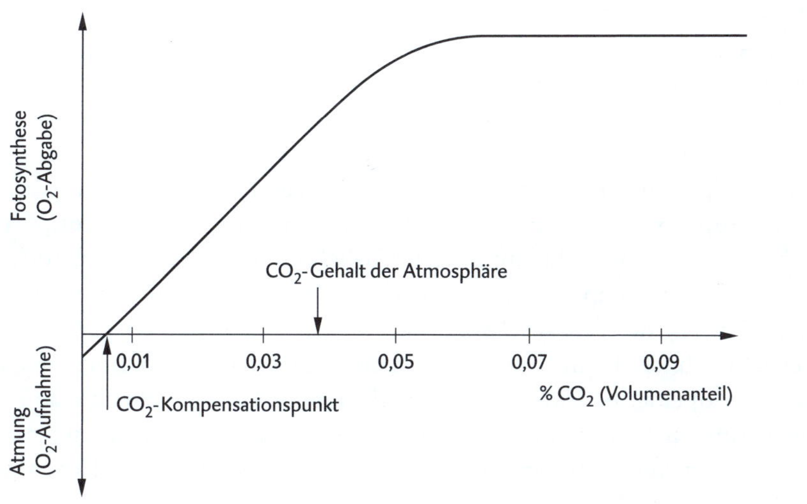

Abb. 32: Abhängigkeit der Fotosynthese von der Kohlenstoffdioxidkonzentration

Eine Sauerstoffabgabe erfolgt erst ab einem CO_2-Gehalt von etwa 0,005 %. Unterhalb dieser CO_2-Konzentration wird von der Pflanze mehr Sauerstoff verbraucht als sie produziert. Sind Sauerstoffverbrauch und Sauerstoffproduktion gleich groß (in diesem Fall sind auch die Kohlenstoffdioxidproduktion durch Atmung und die CO_2-Aufnahme durch die Fotosynthese identisch), spricht man vom **Kohlenstoffdioxid-Kompensationspunkt** (in der Abbildung 32: Schnittpunkt der Kurve mit der x-Achse).

Im Erwerbsgartenbau wird die CO_2-Konzentration in Gewächshäusern auf etwa 0,07 % erhöht, um den Ertrag zu steigern. Hohe Konzentrationen von mehr als 0,15 % CO_2 vermindern jedoch die Fotosyntheseleistung wieder, sehr hohe Konzentrationen (>1 %) können die Pflanze durch Einschränkung der Zellatmung sogar schädigen.

Abhängigkeit von der Lichtintensität

Grüne Pflanzen verbrauchen einen großen Teil der durch Fotosynthese hergestellten Kohlenhydrate zur eigenen Energiegewinnung. Bei ausreichender Beleuchtung übersteigt der CO_2-Verbrauch durch Fotosynthese die CO_2-Abgabe durch Zellatmung. Bei Dunkelheit findet überhaupt keine Fotosynthese, sondern nur Atmung statt.
Bei niedriger Belichtungsstärke überwiegt die Atmung, d. h., es wird mehr CO_2 abgegeben als durch Fotosynthese aufgenommen wird. Erst bei einer bestimmten Lichtstärke halten sich Atmung und Fotosynthese die Waage. Die CO_2-Abgabe durch Atmung wird durch die CO_2-Aufnahme mittels Fotosynthese kompensiert. Dies ist der **Licht-Kompensationspunkt** der Fotosynthese, in der Abb. 33 (siehe S. 45) erkennbar als Schnittpunkt der beiden Kurven mit der x-Achse.
Hinsichtlich ihrer Reaktion auf unterschiedliche Lichtintensitäten lassen sich zwei Gruppen von Pflanzen unterscheiden, **Sonnen-** und **Schattenpflanzen**. Werden Sonnenpflanzen nur schwach belichtet, stellt man Kohlenstoffdioxidabgabe fest. Sonnenpflanzen betreiben im Schwachlicht keine oder nur geringfügig Fotosynthese. Da sie aber gleichzeitig Atmung betreiben, verbrauchen sie bei Schwachlicht mehr Glucose als sie durch Fotosynthese produzieren. Daher wird bis zu einer bestimmten Lichtstärke mehr CO_2 abgegeben als aufgenommen. Zunehmende Lichtintensität lässt die Fotosyntheserate bis zu einem Sättigungswert steil ansteigen. Dieser Wert erreicht bei Schattenpflanzen 2 000–10 000, bei Sonnenpflanzen 20 000–80 000 Lux.
Bei Schattenpflanzen setzt die Fotosynthese schon im Schwachlichtbereich ein. Ihr Licht-Kompensationspunkt liegt im Bereich sehr geringer Lichtstärken. Sie erreichen auch ihr Fotosynthese-Maximum schneller als Sonnenpflanzen.

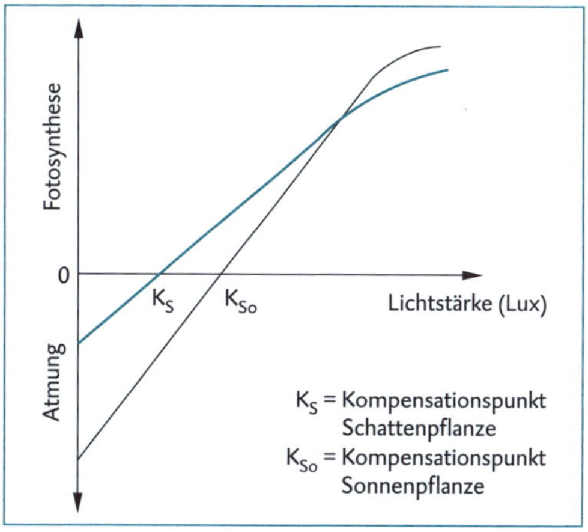

Abb. 33: Fotosyntheserate bei geringen Lichtstärken

Bei sehr starker Belichtung kommt es zu einer Hemmung der Fotosynthese **(Lichthemmung)**, da durch starkes Licht die Chloroplasten und damit die fotosynthetisch wirksamen Pigmente der Zelle zerstört werden. Sehr starke Belichtung kann zusätzlich zu einer beträchtlichen Erwärmung der Pflanze führen, die sich wiederum schädigend auf die Enzyme der Dunkelreaktionen auswirkt.
Sonnen- und Schattenpflanzen sind eine Anpassung an den Umweltfaktor Licht: Sonnenpflanzen erreichen bei intensiver Sonneneinstrahlung eine besonders hohe Fotosyntheseleistung. Die meisten Nutzpflanzen zählen zu dieser Gruppe. Bei der Pflanzenzucht in Gewächshäusern wird der Umweltfaktor Licht durch Zusatzbeleuchtung optimiert. Schattenpflanzen dagegen können wegen ihres niedrigen Kompensationspunktes lichtarme Standorte (z. B. unter Bäumen) besiedeln und mit ca. 10 % des Sonnenlichts maximale Fotosyntheseleistung erbringen.

2.7 Bedeutung der Fotosyntheseprodukte im Stoffwechsel einer Pflanze

Einen großen Teil der fotosynthetisch hergestellten Glucose verbraucht eine Pflanze, um ihren Energiebedarf zu decken. Die in Glucose, aber auch in Fetten und Eiweiß gespeicherte Energie wird durch Abbauvorgänge freigesetzt. Diese Stoffwechselvorgänge werden **Katabolismus** genannt.
Unter günstigen Bedingungen stellen Pflanzen durch Fotosynthese mehr Glucose her, als sie für ihren Energiebedarf wieder abbauen. Der Überschuss wird in verschiedene Pflanzeninhaltsstoffe umgewandelt. Dieser Aufbau von Stoffen im Stoffwechsel wird als **Anabolismus** bezeichnet.

Weiterverarbeitung der Glucose im pflanzlichen Stoffwechsel am Beispiel der Kartoffelpflanze:

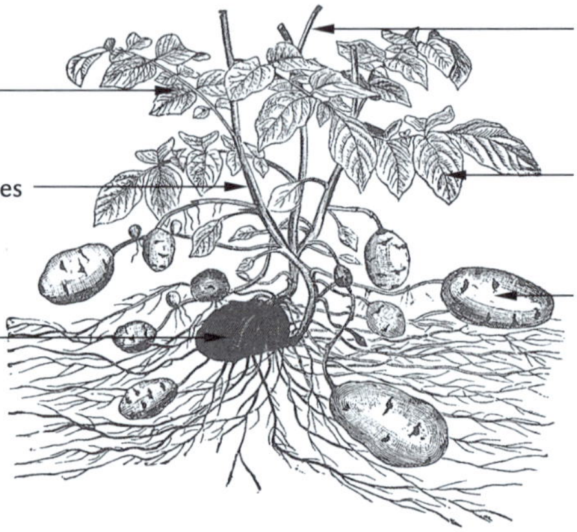

Abb. 34: Kartoffelpflanze *Solanum tuberosum*, dunkel die Mutterknolle, aus der sich die Pflanze entwickelt hat

Im Laufe des Tages wird aus überschüssiger Glucose das Polysaccharid Stärke aufgebaut und in den Chloroplasten der Blätter als Stärkekörner abgelagert. Diese **Assimilationsstärke** wird in der Nacht zum Disaccharid Saccharose und anderen Zuckern abgebaut.

Die Verteilung gelöster Stoffe übernehmen die **Leitbündel**, die die Pflanze von den Blättern bis in die Wurzeln durchziehen. An einem Blatt sind sie als Blattadern erkennbar. In einem Leitbündel sind zwei Gruppen von Leitungsbahnen zusammengefasst: In den Gefäßröhren (Xylem) wird Wasser mit Mineralstoffen von den Wurzeln aufwärts zu den Blättern und Blüten transportiert. In den Siebröhren (Phloem) erfolgt der Transport des Zuckersafts in die teilungsaktiven Gewebe, vor allem bei der sich entwickelnden Pflanze (Sprossspitze, Knospen). Zucker wird umgewandelt in den wichtigsten Baustoff der Pflanzen, die **Cellulose**, aber auch in Proteine und Fette, die für den Zellaufbau benötigt werden. Auch Farbstoffe, Giftstoffe (wie das Solanin der Kartoffel) und Duftstoffe synthetisiert die Pflanze aus Zuckern und deren Umwandlungsprodukten. In Speicherorganen wie Knollen, Wurzeln und Samen wird die Saccharose häufig wieder in Stärke umgewandelt. Von dieser **Reservestärke** ernährt sich die junge Kartoffelpflanze beim Austreiben im Frühjahr, bis sich die Fotosynthese treibenden Laubblätter gebildet haben.

Zusammenfassung

- Bei der Fotosynthese wird Lichtenergie zum Aufbau energiereicher organischer Stoffe aus energiearmen anorganischen Stoffen genutzt.
- Die Fotosyntheseleistung der Pflanzen wird durch den Kohlenstoffdioxid-Gehalt der Luft, Temperatur, Lichtstärke und Lichtqualität beeinflusst.
- Der Faktor, der am weitesten vom Optimum entfernt ist, begrenzt die Fotosyntheseleistung.
- Der Vorgang der Fotosynthese ist in Lichtreaktionen (in den Thylakoiden der Chloroplasten) und Dunkelreaktionen (im Stroma) gegliedert.
- Die Produkte der Lichtreaktionen sind Sauerstoff, Reduktionsmittel $NADPH/H^+$ und Energieträger ATP.
- Durch Lichtabsorption im Fotosystem II wird das zentrale Chlorophyll-Molekül P_{680} zur Elektronenabgabe angeregt.
- Beim Transport über eine Kette von Redoxsystemen geben die Elektronen ihre Anregungsenergie ab. Damit wird der Aufbau von ATP ermöglicht.
- Das Elektronendefizit im Fotosystem II wird mit Elektronen aus der Fotolyse des Wassers ausgeglichen.
- Lichtabsorption und Elektronenabgabe erfolgen auch im Fotosystem I. Die angeregten Elektronen werden auf $NADP^+$ übertragen.
- In den Dunkelreaktionen der Fotosynthese wird Kohlenstoffdioxid durch Bindung an den Akzeptor Ribulose-1,5-bisphosphat fixiert.
- Im anschließenden Reduktionsschritt werden Energieträger und Reduktionsmittel aus den Lichtreaktionen verbraucht. Aus den Produkten entsteht Zucker.
- Der CO_2-Akzeptor wird in der Regenerationsphase wieder hergestellt.

fgaben

15 a Beurteilen Sie, welche Methode bei Landpflanzen zur Bestimmung der Fotosyntheserate am besten geeignet ist.

b Erklären Sie, warum die in Aufgabe a verwendete Methode nicht ganz exakt ist. Begründen Sie kurz die Abweichung des Messergebnisses zur wirklichen (reellen) Fotosyntheserate.

16 a Stellen Sie das Absorptionsspektrum von Chlorophyll (Kombination aus Chlorophyll a und b) grafisch dar und zeichnen Sie in dasselbe Koordinatensystem mit einer gestrichelten Linie die Kurve der Abhängigkeit der Fotosyntheserate von der Lichtqualität ein.

b Erläutern Sie, warum sich die beiden Kurven im Bereich der Farben grün und gelb unterscheiden.

17 Bei einigen feuchten Höhlen Südfrankreichs, die für Besucher zugänglich sind, überlegt man sich, sie in Zukunft zu schließen, weil Algenwachstum an den Wänden die Wandmalereien zerstört.
Geben Sie zwei Gründe an, warum der tägliche Besucherstrom das Algenwachstum fördert und nennen Sie zwei relativ einfache (!) Möglichkeiten, das Algenwachstum ohne Reduzierung des Besucherstroms, ohne Einsatz von Chemikalien und ohne Austrocknen der Höhle entscheidend zu verringern.

18 Erklären Sie, warum Blätter grün erscheinen.

19 Erklären Sie, warum Blätter im Herbst gelb bis rötlich werden.

20 Eine Pflanze steht im Zimmer in einer relativ dunklen Ecke. Sie wächst nicht, geht aber auch nicht ein. (Sie wird ausreichend mit Wasser und Mineralsalzen versorgt.) Deuten Sie diese Beobachtung aus der Sicht eines Pflanzenphysiologen.

21 Erklären Sie, was man im Zusammenhang mit der Fotosynthese unter der „Lichtsammelfalle“ der Blattfarbstoffe versteht.

22 Grünalgen werden unter konstanten, optimalen Bedingungen kultiviert. Die Analyse ihrer Zellinhaltsstoffe ergab konstante Konzentrationen für 3-Phosphoglycerinsäure PGS und Ribulose-1,5-bisphosphat RubP. Zum Zeitpunkt 0 soll in jeweils getrennten Versuchen

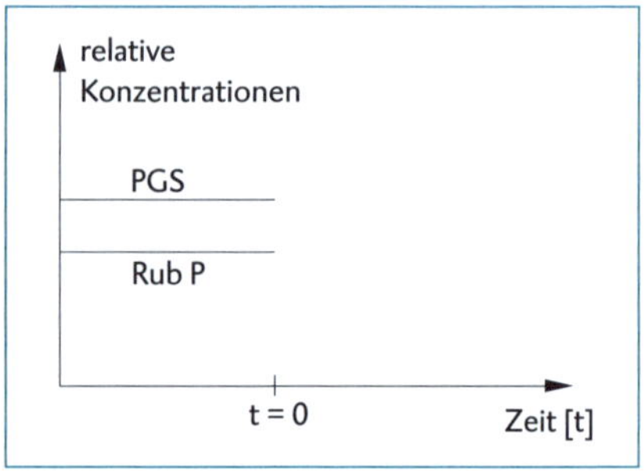

a das Licht ausgeschaltet werden,
b kein Kohlenstoffdioxid mehr im Wasser enthalten sein.

Die übrigen Bedingungen bleiben konstant.
Stellen Sie grafisch dar, wie sich die Konzentrationen von PGS und RubP ab dem Zeitpunkt 0 verändern, wenn Maßnahme a bzw. b durchgeführt wird und begründen Sie Ihre Antwort.

3 Grundprinzipien der Energiefreisetzung durch Stoffabbau

Im abbauenden (katabolischen) Stoffwechsel werden energiereiche organische Stoffe in energiearme Stoffe zerlegt. Diese Vorgänge erfolgen schrittweise mithilfe von Enzymen. Die dabei freigesetzte Energie wird durch den Aufbau von ATP aus ADP und Phosphat zum Teil als chemische Energie gespeichert. Die ATP-Moleküle stehen den Zellen dann für alle energiebedürftigen Vorgänge zur Verfügung, z. B. Muskelkontraktion, Aufbau von körpereigener Substanz, Transportvorgänge durch Membranen.
Zunächst müssen die energiereichen Makromoleküle wie etwa Kohlenhydrate in ihre kleinsten Baueinheiten, in die Monomere (Einfachzucker), zerlegt werden. Bei Tieren laufen diese Vorgänge in den Verdauungsorganen ab.
Dann werden die Einfachzucker, wie z. B. Glucose, in die Zellen aufgenommen und schrittweise in immer kleinere Bruchstücke zerlegt. Sowohl beim aeroben als auch beim anaeroben Abbau (mit bzw. ohne Luftsauerstoff) wird Glucose zunächst zu **Brenztraubensäure** (BTS) abgebaut.

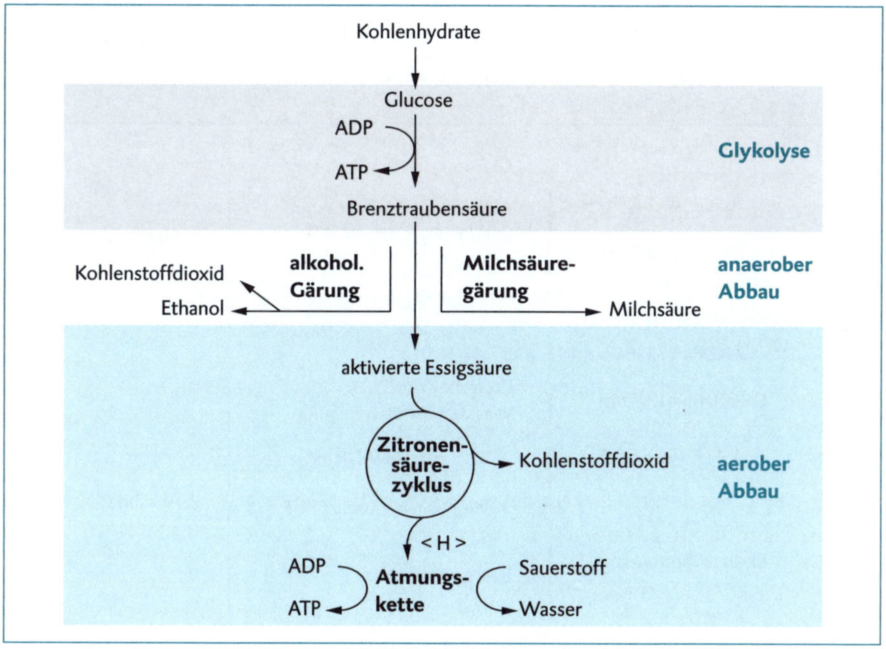

Abb. 35: Übersicht über die wichtigsten Abbauwege

Bei den Gärungen **(anaerober Abbau)** schließen sich Reaktionen an, die zu den Endprodukten Milchsäure bzw. Ethanol und Kohlenstoffdioxid führen. Da Milchsäure und Ethanol noch relativ energiereiche Stoffe sind, ist der ATP-Gewinn beim anaeroben Abbau gering.
Organismen, die in der Lage sind, Luftsauerstoff als Oxidationsmittel zu nutzen, können die Brenztraubensäure über die Abbauwege Zitronensäurezyklus und Atmungskette vollständig zu Kohlenstoffdioxid und Wasser oxidieren **(aerober Abbau)**. Dadurch ist ein großer ATP-Gewinn möglich.

3.1 Glykolyse

Die Glykolyse stellt den ersten Teil sowohl des aeroben als auch des anaeroben Abbaus der Glucose dar. Sie findet im Zytoplasma der tierischen und pflanzlichen Zellen statt.
Die Reaktionen der Glykolyse lassen sich in zwei Abschnitte untergliedern:

1. Abschnitt: Spaltung des C_6-Körpers Glucose in zwei C_3-Körper
2. Abschnitt: Oxidation der C_3-Körper (Übertragung von Elektronen und Wasserstoffionen – formal Wasserstoff – auf das Oxidationsmittel NAD^+, das dadurch zum Reduktionsmittel $NADH/H^+$ wird) und Gewinn des Energieträgers ATP

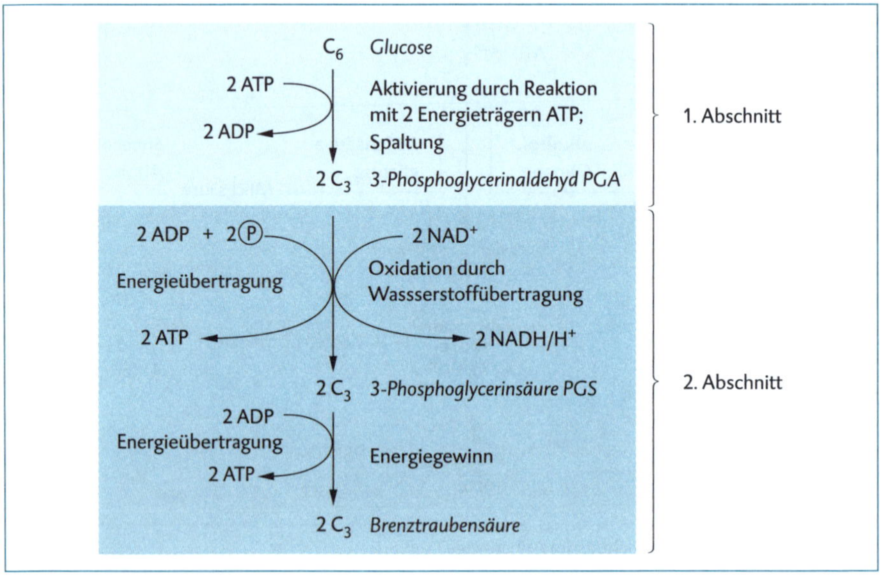

Abb. 36: Ablauf der Glykolyse

Bruttogleichung der Glykolyse:

$$\underset{\text{Glucose}}{C_6H_{12}O_6} + 2\,NAD + 2\,ADP + 2\,Ⓟ \longrightarrow \underset{\text{Brenztraubensäure}}{2\,C_3H_4O_3} + 2\,NADH/H + 2\,ATP$$

3.2 Anaerober Abbau der Brenztraubensäure durch Gärung

Gärungen sind ursprüngliche Formen der Energiegewinnung (sauerstofffreie Uratmosphäre; keine besonderen Zellorganellen in den primitiven Zellen vorhanden). Man findet sie bei Prokaryoten, Hefepilzen oder bei Sauerstoffmangel in eukaryotischen Zellen, die die Fähigkeit zur Gärung noch beibehalten haben. Bei den Gärungen erfolgt im Anschluss an die Glykolyse die Reduktion der BTS oder eines ihrer Folgeprodukte durch das Reduktionsmittel $NADH/H^+$. Dadurch wird NAD^+ als Oxidationsmittel zurück gewonnen, sodass die Oxidation des 3-Phosphoglycerinaldehyd (PGA) zur 3-Phosphoglycerinsäure (PGS) und damit die Glykolyse weiterlaufen kann; es wird jedoch kein weiteres ATP mehr gebildet. Der kurze Abbauweg über die Glykolyse liefert nur eine geringe Energieausbeute und damit noch relativ energiereiche Endprodukte.

Pro mol Glucose werden in der Glykolyse 2 mol ATP gebildet. Die Spaltung von 1 mol ATP setzt 29 kJ frei, also stehen den Zellen pro mol Glucose 58 kJ Stoffwechselenergie zur Verfügung. Dieser Wert wird verglichen mit der Energie, die bei vollständiger Verbrennung von 1 mol Glucose freigesetzt wird (siehe S. 53):

$$\text{Wirkungsgrad} = \frac{58\text{ kJ}}{2\,870\text{ kJ}} = 0{,}02 \mathrel{\hat{=}} 2\,\%$$

Die beiden wichtigsten Gärungsarten unterscheiden sich im Wasserstoffakzeptor und dadurch auch im Endprodukt.

Milchsäuregärung

Brenztraubensäure wird in einem Schritt durch $NADH/H^+$ zu Milchsäure reduziert.

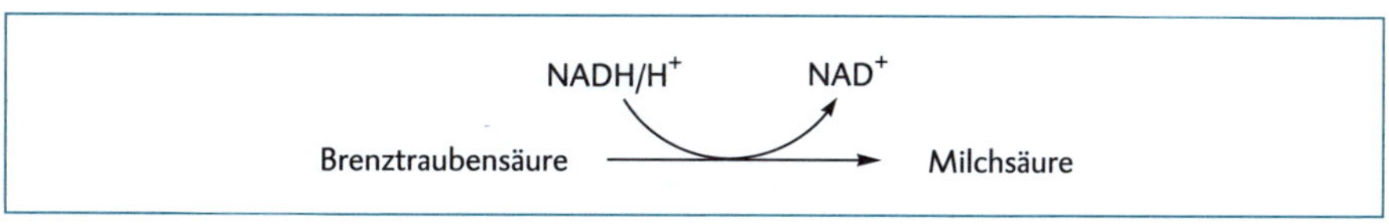

Abb. 37: Reduktion von Brenztraubensäure zu Milchsäure

Summengleichung der Milchsäuregärung:

$$\underset{\text{Glucose}}{C_6H_{12}O_6} + 2\,ADP + 2\,\textcircled{P} \longrightarrow 2\,\underset{\text{Milchsäure}}{C_3H_6O_3} + 2\,ATP$$

Milchsäurebakterien spalten das Disaccharid Laktose (Milchzucker) in Glucose und Galaktose und bauen Glucose zu Milchsäure ab. Auf diese Weise entstehen Sauermilchprodukte wie Joghurt und Käse, Sauerteig, Sauerkraut und Silofutter. Die von den Bakterien ausgeschiedene Milchsäure führt gleichzeitig zu einer **Konservierung** der Nahrungsmittel, da sich unter diesen sauren Bedingungen Fäulnisbakterien und Pilze schlecht vermehren können.

Skelettmuskeln der Säugetiere erhalten bei starker Belastung und/oder fehlendem Training über den Blutstrom zu wenig Sauerstoff, sodass die Muskelzellen kurzfristig auf Gärung „umschalten" können, um weiterhin ATP für die Muskelkontraktion bereitzustellen. Die Sauerstoffschuld muss in der Erholungsphase durch entsprechende Sauerstoffaufnahme abgetragen werden. Die angehäufte Milchsäure wird wieder in Brenztraubensäure überführt und aerob abgebaut oder zum Aufbau von Glykogen verwendet.

Alkoholische Gärung

Von Brenztraubensäure wird zuerst Kohlenstoffdioxid abgespaltet (Decarboxylierung) und es entsteht Ethanal, ein C_2-Körper. Diese giftige Verbindung wird unter Verbrauch eines Moleküls $NADH/H^+$ sehr schnell zu Ethanol reduziert.

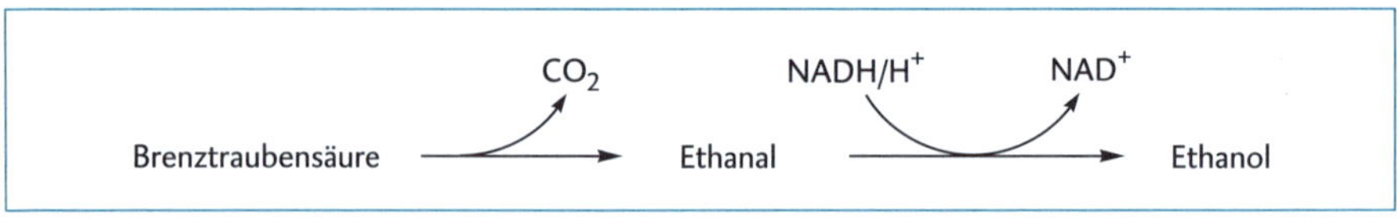

Abb. 38: Decarboxylierung und Reduktion von Brenztraubensäure zu Ethanol

Summengleichung der alkoholischen Gärung:

$$\underset{\text{Glucose}}{C_6H_{12}O_6} + 2\,ADP + 2\,\textcircled{P} \longrightarrow 2\,\underset{\text{Ethanol}}{C_2H_5OH} + 2\,CO_2 + 2\,ATP$$

Wenn kein Sauerstoff in der Umgebung vorhanden ist, können Hefepilze von der Zellatmung auf die alkoholische Gärung „umschalten" und so trotz Sauerstoffmangel (wenn auch langsamer) weiter wachsen **(Pasteur-Effekt)**. Dabei steigt der Glucoseverbrauch der Hefen stark an. Wegen des geringen Wirkungsgrades der alkoholischen Gärung (nur etwa $\frac{1}{20}$ des Wirkungsgrades der

Zellatmung; siehe unten) muss mehr Glucose abgebaut werden, um den Energiebedarf der Hefepilze zu decken.

Hefen, die alkoholische Gärung durchführen, finden vielfach Verwendung in der **Biotechnologie**:

- Herstellung von alkoholhaltigen Getränken wie Wein oder Bier: Bei ausreichendem Zuckergehalt steigt die Alkoholkonzentration auf etwa 18 Volumenprozent Ethanol. Ein höherer Alkoholgehalt ist für die Hefen tödlich.
- Herstellung von Industriealkohol als Treibstoff, Lösungsmittel oder industrieller Grundstoff: Vergoren werden z. B. zuckerhaltige Abfälle aus der Zuckerrübenverarbeitung.
- Herstellung von Backwaren: Das im Verlauf der Gärung gebildete Kohlenstoffdioxid und verdampfender Alkohol treiben den Teig auf.

3.3 Aerober Abbau der Brenztraubensäure durch biologische Oxidation

Steht einer Zelle Sauerstoff zur Verfügung, kann das beim Abbau von Glucose anfallende $NADH/H^+$ mithilfe des Sauerstoffs wieder zu NAD^+ oxidiert werden. Es steht also immer genügend NAD^+ zur Verfügung und Glucose kann vollständig zu Kohlenstoffdioxid und Wasser abgebaut werden. Die dabei freigesetzte Energie wird in ATP gespeichert.

Die **Summengleichung der Zellatmung** lautet ausgehend von Glucose:

$$C_6H_{12}O_6 + 6\,O_2 + 6\,H_2O + 38\,ADP + 38\,Ⓟ \longrightarrow 6\,CO_2 + 12\,H_2O + 38\,ATP$$

Die Spaltung von 1 mol ATP setzt 29 kJ frei. Bei der vollständigen Verbrennung von 1 mol Glucose entstehen 2 870 kJ freie Energie. Daraus ergibt sich ein Wirkungsgrad der Zellatmung von 38 %.

$$\text{Wirkungsgrad} = \frac{38 \cdot 29\,\text{kJ}}{2\,870\,\text{kJ}} = 0{,}38 \mathrel{\hat{=}} 38\,\%$$

Der beinahe zwanzigfache Energiegewinn gegenüber den Gärungen verdeutlicht die Effizienz der Zellatmung. Aus diesem Grund hat sich diese Art der Energiegewinnung vermutlich bei allen höheren Tieren und Pflanzen als die erfolgreichste durchgesetzt.

Bis zur Brenztraubensäure ist der Abbauweg der gleiche wie unter anaeroben Bedingungen: die Glykolyse im Zytoplasma. Der weitere Abbau der Brenztraubensäure unter aeroben Bedingungen findet dann in zwei Phasen in den **Mitochondrien** der Zelle (siehe S. 10) statt: Zitronensäurezyklus und Atmungskette.

Zitronensäurezyklus

In dieser ersten Phase wird in drei Schritten das Kohlenstoffgerüst der Brenztraubensäure abgebaut, indem Kohlenstoffdioxid aus dem noch vorhandenen C-Körper abgespaltet wird. Diese drei Schritte sind gleichzeitig mit Oxidationen gekoppelt, in denen das Oxidationsmittel NAD^+ Wasserstoff vom jeweiligen C-Körper abspaltet und dadurch in das Reduktionsmittel $NADH/H^+$ überführt wird. Zwei der Kohlenstoffdioxid-Abspaltungen und Oxidationen finden gekoppelt an ein Akzeptormolekül in einer zyklischen Reaktion statt unter Bildung eines Moleküls ATP. In der zweiten Hälfte des Zyklus erfolgt die Regeneration des Akzeptormoleküls, wobei $NADH/H^+$ und $FADH_2$ (ein weiteres Reduktionsmittel) gebildet werden. Alle diese Reaktionen laufen im Matrixraum der Mitochondrien ab.

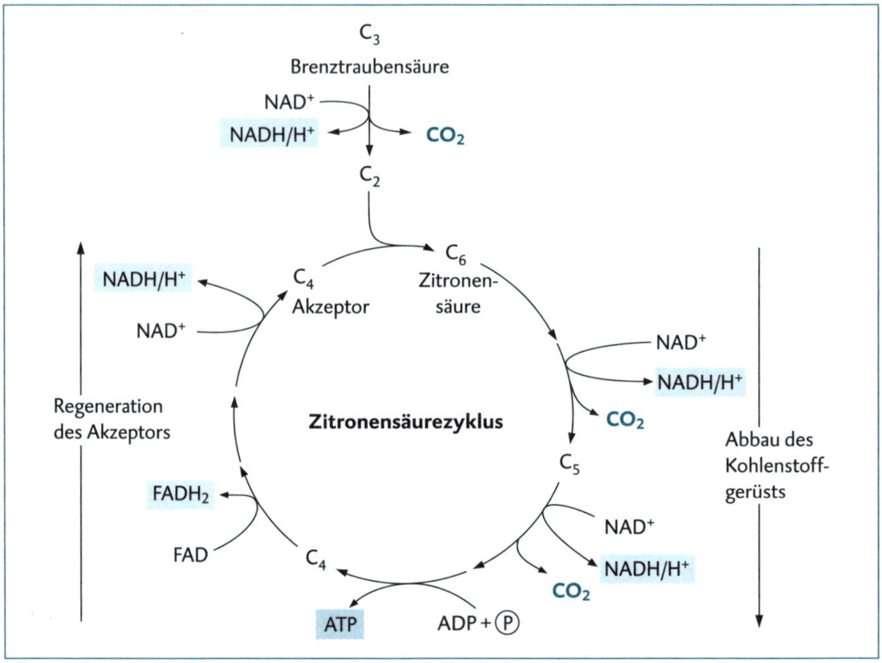

Abb. 39: Abbau der BTS im Zitronensäurezyklus

Beim Abbau von einem Molekül Glucose (= 2 Moleküle Brenztraubensäure) entstehen bis zu diesem Zeitpunkt also 6 Moleküle Kohlenstoffdioxid, 4 Moleküle ATP (je 2 aus der Glykolyse und dem Zitronensäurezyklus), 10 NADH/H^+ (2 aus der Glykolyse und 8 aus dem Zitronensäurezyklus) und 2 $FADH_2$.

Atmungskette

In der zweiten Phase, der Endoxidation in der Atmungskette, werden alle mit Wasserstoff beladenen Reduktionsmittel mithilfe von Luftsauerstoff oxidiert und Wasser gebildet. Diese Reaktionen setzen viel Energie frei, die in Form des Energieträgers ATP gespeichert wird und dann für andere Stoffwechselprozesse zur Verfügung steht. Die Reaktionen finden an der gefalteten inneren Membran der Mitochondrien statt.
Die chemischen Vorgänge in der Atmungskette lassen sich mit einer Knallgasreaktion vergleichen, bei der Wasserstoff und Sauerstoff explosionsartig und unter Freisetzung von viel Energie zu Wasser reagieren. In der Atmungskette darf die Reaktionsenergie jedoch nicht auf einmal freigesetzt, sondern muss stufenweise abgegeben werden, um den Aufbau von ATP zu ermöglichen.
Dazu wird der Wasserstoff von NADH/H^+ und $FADH_2$ an **Redoxsysteme** abgegeben. Diese Redoxsysteme sind in der inneren Mitochondrienmembran nebeneinander angeordnet (Atmungskette). Sie wirken entweder Wasserstoff übertragend (Aufnahme bzw. Abgabe von 2 H^+ und 2 e^-) oder geben nur Elektronen weiter.
Das letzte Redoxsystem überträgt Elektronen auf Sauerstoffmoleküle, die dadurch zu Oxidionen werden. Diese O^{2-}-Ionen reagieren mit Wasserstoffionen, die von einem der Wasserstoff übertragenden Redoxsysteme abgegeben wurden, zu **Wasser**, was formal der Knallgasreaktion entspricht. Pro mol NADH/H^+ werden drei mol ATP und pro mol $FADH_2$ zwei mol ATP gewonnen, insgesamt also 34 ATP. Zusammen mit den 4 ATP aus Glykolyse und Zitronensäurezyklus ergibt sich ein Gesamtgewinn von **38 ATP pro Molekül Glucose** beim aeroben Abbau.

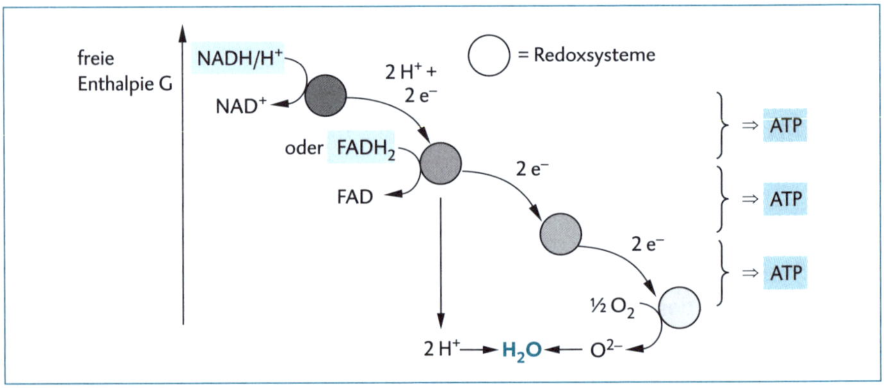

Abb. 40: Schema der stufenweisen Energiefreisetzung in der Atmungskette

Ähnlich wie bei den Chloroplasten liegt auch in den Mitochondrien eine ungleiche Verteilung von Wasserstoffionen und damit auch Ladungen zwischen Intermembranraum und Matrixraum vor **(chemiosmotische Theorie der Atmungskettenphosphorylierung)**. Die Redoxsysteme der Atmungskette geben Wasserstoffionen in den Intermembranraum ab – dort entsteht also ein Überschuss an positiven Ladungen und ein niedriger pH-Wert. Der Ausgleich des Ladungsgefälles bzw. des Protonengradienten erfolgt über den Enzymkomplex ATP-Synthase, der ATP aus ADP und Phosphat aufbaut. Die Energie des Protonenausgleichstroms wird so chemisch in ATP gespeichert.

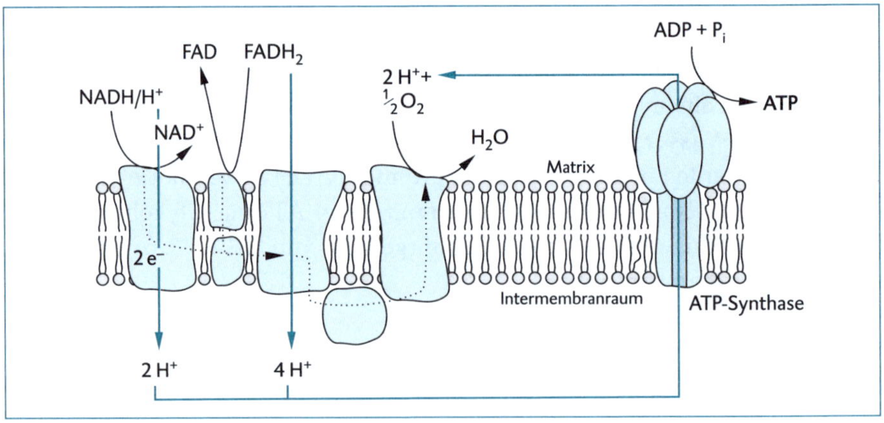

Abb. 41: Prinzip der ATP-Bildung in der Atmungskette

Zusammenfassung

- Der Abbau von Nährstoffen kann aerob (Zellatmung) oder anaerob (Gärungen) erfolgen.
- Der erste Abschnitt des aeroben und anaeroben Abbaus ist die Glykolyse.
- Die Glykolyse umfasst den Abbau der Glucose bis zur Brenztraubensäure. Der Energiegewinn beträgt dabei 2 mol ATP/1 mol Glucose.
- Unter anaeroben Bedingungen wird die Brenztraubensäure oder ihr Folgeprodukt zu Milchsäure bzw. Ethanol reduziert.
- Unter aeroben Bedingungen wird die Brenztraubensäure in den Mitochondrien im Zitronensäurezyklus vollständig zu Kohlenstoffdioxid abgebaut. Die dabei entstandenen Reduktionsmittel $NADH/H^+$ und $FADH_2$ werden in der Atmungskette oxidiert.
- In der Atmungskette erfolgt die Rückgewinnung der Oxidationsmittel NAD^+ und FAD durch Abspaltung von Wasserstoff von $NADH/H^+$ bzw. $FADH_2$. Dabei wird Energie freigesetzt, die zum Aufbau von ATP genutzt wird.
- Der Energiegewinn durch aeroben Abbau beträgt 38 mol ATP/1 mol Glucose.

gaben

23 Die Funktion eines Zellorganells ist eng mit seiner Struktur verbunden. Bestätigen Sie diese Aussage, indem Sie den Strukturen von Chloroplasten und Mitochondrien die Funktionen zuordnen.

24 Zur Herstellung von Sauerkraut wird Weißkraut fein gehobelt, etwas gesalzen und in einem Krautfass fest eingestampft.

a Begründen Sie, warum das Kraut nicht fault.

b Erklären Sie, warum der Inhalt des Krautfasses in den ersten Tagen etwas wärmer ist als die Umgebung.

c Nennen Sie die Vorteile, die das Sauerkraut als Nahrungsmittel gegenüber lange gelagertem Weißkraut hat.

d Erläutern Sie, warum das Sauerkraut verdirbt, wenn es nicht fest genug eingestampft wurde oder beim Entnehmen des Sauerkrauts zuviel Luft an das Kraut kommt.

25 Eine bestimmte Menge Glucose soll durch Zusatz einer bestimmten Menge Hefe vollständig zu Ethanol vergoren werden.

- **a** Beschreiben und begründen Sie, wie Sie dabei vorgehen würden.
- **b** Geben Sie für diesen Gärungsvorgang eine Summengleichung an.
- **c** Wenn nach der Gärung die Hefen abfiltriert werden, lässt sich feststellen, dass ihre Masse zugenommen hat. Hat dagegen die gleiche Menge Hefe die gleiche Menge Glucose veratmet, ist die Zunahme der Hefemasse viel größer.
  Geben Sie dafür eine Erklärung.

26 Stellen Sie eine Hypothese darüber auf, welche Ergebnisse bei den folgenden Versuchen zu erwarten sind.
Geben Sie jeweils eine kurze Begründung sowie – falls möglich – eine Bruttogleichung an, die auch den Energieumsatz enthält.

- **a** Als Nährstoff bietet man Hefepilzen frisch gepressten Traubensaft, Luftzutritt fehlt.
- **b** Man setzt einer Lösung von Mineralsalzen Hefe zu und lässt auf den Versuchsansatz Sonnenlicht einwirken.
- **c** Hefe wird unter Belüftung in einer Zuckerlösung kultiviert.

27 Obst wird unter Kühlung und bei verringertem Sauerstoffanteil der Luft bzw. unter Stickstoff in Hallen gelagert. Begründen Sie diese Maßnahme.

28 Folgende Versuche werden durchgeführt:
Versuch 1: 5 g Hefe werden in 0,5 L Wasser gegeben, das 50 g Zucker enthält. Das Gefäß wird so verschlossen, dass Gas entweichen, aber nicht eindringen kann.

Versuch 2: 5 g Hefe werden in 0,5 L Wasser gegeben, das 50 g Zucker enthält. Das Gefäß bleibt offen.

Versuch 3: wie Versuch 2, außerdem wird etwas Kaliumcyanid zugesetzt.
Alle Lösungen werden für sechs Stunden am gleichen Ort bei gleicher Temperatur aufbewahrt.

- **a** Geben Sie an, welche der Lösungen aus Versuch 1 und 2 nach sechs Stunden die geringere Menge Zucker enthält.
- **b** Begründen Sie.

c Nennen Sie ein wichtiges Zwischenprodukt, das bei allen ablaufenden Vorgängen auftritt.

d Geben Sie an, wie hoch der Zuckerverbrauch in Versuch 3 sein wird. Begründen Sie Ihre Antwort.

Hinweis: Kaliumcyanid blockiert den Elektronentransport in der Atmungskette

29 Zur alkoholischen Gärung der Hefe wurde folgender Versuch durchgeführt: Aus 100 g Mehl, 5 g Glucose, 7 g Bäckerhefe und Wasser wurde durch Rühren ein Hefeteig hergestellt, der ein Volumen von 200 ml einnahm. Anschließend wurde dieser Teig in ein sauerstofffreies Gefäß gegeben. Die Versuchstemperatur betrug 20 °C. In bestimmten Zeitabständen stellte man das Teigvolumen fest und erhielt folgende Werte:

Zeit (min)	0	20	40	60	80	100	120	140	160	180	200
Teigvolumen (ml)	200	240	400	560	690	830	1010	1130	1300	1340	1340

a Stellen Sie die Abhängigkeit des Teigvolumens von der Zeit grafisch dar und interpretieren Sie den Kurvenverlauf.

b Das Experiment wird dahingehend abgeändert, dass in zwei getrennten Versuchsansätzen die Temperatur 30 °C bzw. 70 °C beträgt. Tragen Sie für beide Fälle die zu erwartende Abhängigkeit des Teigvolumens von der Zeit in das Diagramm der Aufgabe a ein. Begründen Sie die Kurvenverläufe.

Genetik und Gentechnik

Auf den ersten Blick wirkt die nur 2,5 mm große Taufliege *Drosophila melanogaster* recht unscheinbar. Ihre besonderen Eigenschaften verhalfen ihr jedoch zu hoher Bekanntheit und Wertschätzung in der klassischen Genetik: Das Insekt kann im Labor einfach gehalten und gezüchtet werden, weist eine schnelle Generationsfolge mit einer hohen Mutationsrate auf und besitzt nur vier Chromosomen. Die Wissenschaft verdankt der kleinen Fliege viele grundlegende genetische Erkenntnisse, z. B. über die Anordnung der Gene in den Chromosomen oder den Vorgang des Crossing-over.

4 Molekulargenetik

4.1 Nukleinsäuren als Speicher der genetischen Information

Bausteine der Nukleinsäuren

Bereits 1869 wurde im Zellkern (Nukleus) ein Molekül gefunden, das saure Eigenschaften besaß und daher als Nukleinsäure bezeichnet wurde. Als weitere Bausteine der Kernsäuren entdeckte man Zuckermoleküle, und zwar je nach Nukleinsäuretyp Ribose bzw. Desoxyribose (Desoxyribose enthält ein Sauerstoffatom weniger als Ribose). Aufgrund des verschiedenen Zuckerbestandteils unterscheidet man zwei Arten von Nukleinsäuren, die Ribonukleinsäure (RNS; engl. *RNA* von *acid*) und die Desoxyribonukleinsäure (DNS; engl. *DNA*).

> Am Aufbau der Nukleinsäuren (DNA bzw. RNA) sind drei Grundbausteine beteiligt: **organische Basen, Zucker** und **Phosphatrest**.

Bezeichnung	Symbol
Phosphatrest	P
Zucker: Desoxyribose (DNA) Ribose (RNA)	Z D R
Organische Basen: Adenin Guanin Cytosin Thymin (DNA) Uracil (RNA)	 A G C T U

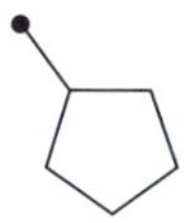

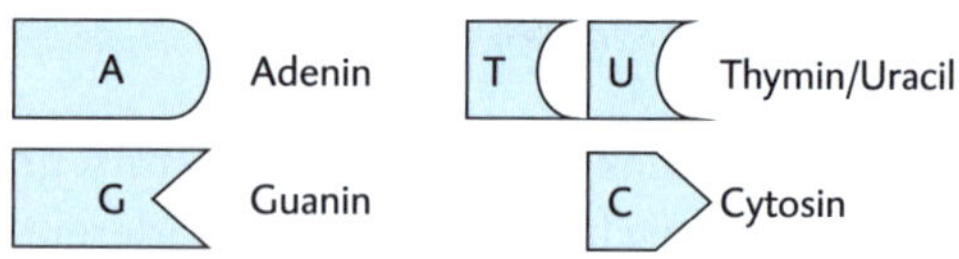

Tab. 2: Bestandteile der DNA bzw. RNA

Die Zuckermoleküle Desoxyribose und Ribose sind Pentosen, d. h. Zuckermoleküle mit fünf C-Atomen (die Zahlen in der symbolischen Darstellung in Abb. 42 (siehe S. 63) geben die Nummerierung der C-Atome an). Das molare Verhältnis von Zucker zu Phosphat beträgt stets 1 : 1.
Die Verbindung aus einem Zucker(molekül) und einer Base nennt man **Nukleosid**, die Verbindung aus Zucker, einer Base und Phosphat **Nukleotid**. Dabei wird der Phosphatrest über das C5-Atom (5') des Zuckers gebunden.

Zucker + Base = Nukleosid
zucker + Base + Phosphat = Nukleotid

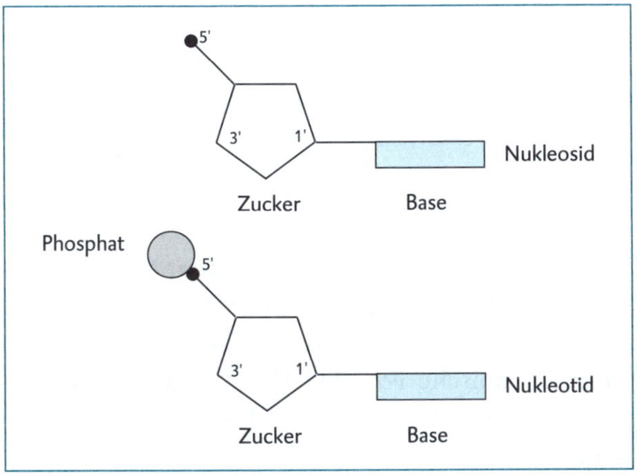

Abb. 42: Symbolische Darstellung der Nukleinsäure-Bausteine

Ein Nukleotid ist über seinen Phosphatrest mit dem C3-Atom (3') des Zuckers eines weiteren Nukleotids verbunden. Auf diese Weise entsteht eine lange Kette aus einer abwechselnden Folge von Zucker- und Phosphatmolekülen. Das C1-Atom (1') des Zuckers ist jeweils mit einer der vier organischen Basen verknüpft (Polynukleotidstrang = **Primärstruktur der DNA/ RNA**).
In der **Abfolge der Basen** eines Polynukleotidstrangs ist die genetische Information gespeichert. Vergleichbar mit unserem Alphabet, bei dem eine bestimmte Kombination von Buchstaben ein Wort ergibt, legt eine Kombination aus drei der vier Basen („Buchstaben") ein Basentriplett („Wort") fest. Durch Aneinanderreihung vieler Tripletts („Wörter") entsteht ein Gen („Satz"), das die Bauanleitung für ein bestimmtes Protein (z. B. Enzym) enthält („Aussage des Satzes").

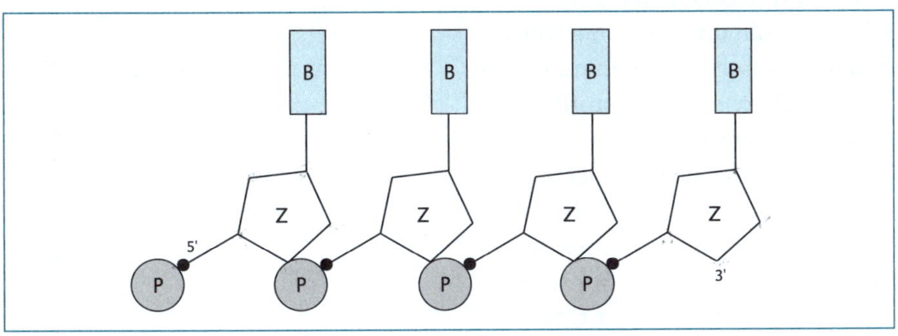

Abb. 43: Ausschnitt aus einem Polynukleotidstrang (Primärstruktur) der DNA bzw. RNA

C_1-Atom + 4 Basen

Die Enden der Nukleinsäure-Kette, die aus verknüpften Nukleotiden besteht, sind nicht identisch. Nur an einem Ende befindet sich der Phosphatrest, die DNA/RNA-Kette besitzt daher eine bestimmte „Richtung" oder **Polarität** (5' → 3'). Eine Verlängerung der DNA/RNA erfolgt nur am 3'-Ende durch Anhängen eines neuen Nukleotids.

Das Watson-Crick-Modell der DNA

Bei der Untersuchung des Basengehalts der DNA verschiedener Tier- und Pflanzenarten zeigte sich, dass das Mengenverhältnis der Basen Adenin zu Thymin einerseits sowie Guanin zu Cytosin andererseits stets 1:1 beträgt.
1953 beschäftigten sich der amerikanische Forscher WATSON und die britischen Wissenschaftler CRICK und WILKINS mit dem Problem der DNA-Struktur. Durch Röntgenstrukturanalyse des DNA-Moleküls gelang der wichtigste Schritt bei der Aufklärung der DNA-Struktur. Bei diesem Verfahren schickt man Röntgenstrahlen durch die zu untersuchende Substanz. Die Röntgenstrahlen werden von Kristallen und manchen Makromolekülen abgelenkt (gebeugt) und erzeugen auf lichtempfindlichem Papier ein bestimmtes Muster. Anhand dieses Musters lassen sich Abstände im Molekül und dreidimensionale Molekülstrukturen berechnen.
Demnach liegen bei der DNA zwei parallel verlaufende Molekülfäden vor, abwechselnd aus Zucker und Phosphat aufgebaut, deren anhängende Basen über Wasserstoffbrückenbindungen miteinander verknüpft sind **(Sekundärstruktur der DNA)**. Dabei bilden sich zwischen Cytosin und Guanin jeweils drei und zwischen Adenin und Thymin jeweils zwei Wasserstoffbrückenbindungen aus.
Wegen der unterschiedlichen Zahl der Wasserstoffbrückenbindungen ist eine Paarung nur zwischen Adenin – Thymin und Cytosin – Guanin möglich **(komplementäre Basenpaarung)**.

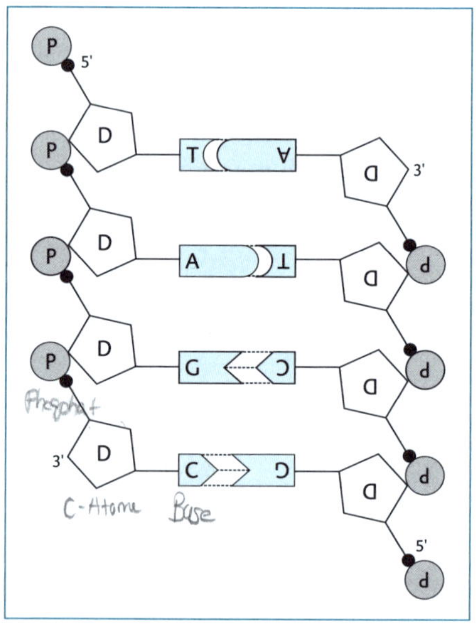

Abb. 44: Sekundärstruktur der DNA mit jeweils zwei zueinander komplementären Basensträngen

Zwangsläufig ergibt sich aus diesen Bindungsverhältnissen eine gegenläufige Polarität **(Antiparallelität)** der beiden Zucker-Phosphat-Ketten des Doppelstrangs (5' → 3' bzw. 3' → 5').
Die Röntgenstrukturanalyse der DNA führte noch zu einer weiteren wichtigen Erkenntnis. Für die DNA ergibt sich die räumliche Struktur eines schraubig gewundenen Doppelstranges **(Doppelhelix)**, der sich nach je zehn Basenpaaren einmal um die (gedachte) Achse der Schraube windet **(Tertiärstruktur der DNA)**.

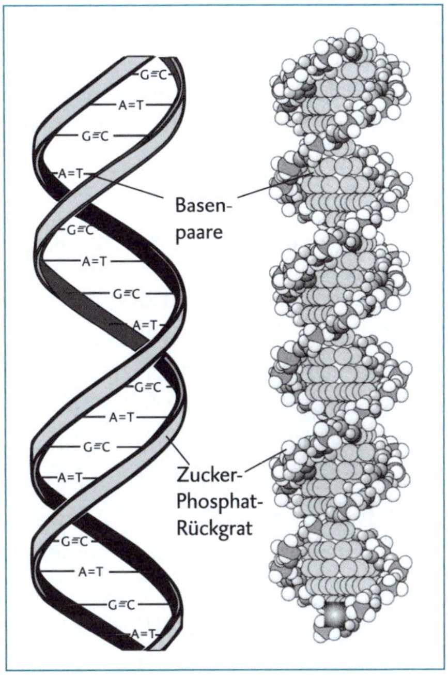

Abb. 45: Tertiärstruktur der DNA (schraubig gewundene Doppelhelix); Watson-Crick-Modell

Ribonukleinsäure (RNA)

RNA ist wie die DNA ein Polynukleotidstrang, der durch Verknüpfung des Phosphatrests des einen Nukleotids mit dem Zucker des folgenden Nukleotids entstanden ist.
Die Unterschiede zur DNA sind:

- Der Zucker ist **Ribose** (statt Desoxyribose)
- Die Base Thymin ist ersetzt durch die chemisch sehr ähnliche Base **Uracil**. Uracil paart sich ebenfalls mit Adenin.
- RNA-Moleküle sind deutlich kürzer als DNA-Moleküle und liegen als **Einzelstrang** vor. Abschnittsweise kann sich ein RNA-Strang mit sich selbst komplementär paaren (Intrastrangpaarung), sodass schlaufen- oder kleeblattähnliche Sekundärstrukturen entstehen.
- RNA tritt in drei Formen mit unterschiedlicher Funktion auf:
  Ribosomale RNA (rRNA), messenger- oder Boten-RNA (mRNA) und transfer- oder Träger-RNA (tRNA) (Bedeutung siehe S. 72/73).

Die DNA liegt als Doppelstrang vor. Durch komplementäre Basenpaarung (Wasserstoffbrückenbindungen zwischen A/T und C/G) ergibt sich die **Doppelhelix-Struktur** der DNA, die beiden umeinander gewickelten antiparallelen Stränge (5' → 3' bzw. 3' → 5'). Die RNA liegt hauptsächlich als Einzelstrang vor, Intrastrangpaarungen sind aber möglich.

4.2 Die semikonservative Replikation der DNA

Die genetische Information wird während der Mitose und Zellteilung von einer Zelle zur anderen weitergegeben. Die DNA als Träger dieser Information muss gewährleisten, dass dies ohne Fehler geschieht. Das von WATSON und CRICK vorgeschlagene Modell legt nahe, der Zweisträngigkeit eine wichtige Rolle bei der Verdoppelung der DNA zuzuschreiben.
Da die Wasserstoffbrückenbindungen zwischen den Basen der doppelsträngigen DNA nur eine geringe Bindungsenergie besitzen, können die Einzelstränge leicht voneinander getrennt werden.
Der Doppelstrang der DNA teilt sich nach Art eines Reißverschlusses in zwei Hälften: Die Wasserstoffbrückenbindungen zwischen den komplementären Basenpaarungen werden enzymatisch gelöst und es entstehen zwei Einzelstränge. An jede der getrennten Basen lagert sich jeweils ein Nukleotid mit der entsprechenden komplementären Base an und die beiden Basen verknüpfen sich erneut über Wasserstoffbrückenbindungen. Die nun parallel zum vorhandenen Einzelstrang angeordneten Nukleotide werden über die Zucker- und Phosphatreste miteinander verbunden.

Der Doppelstrang der neu gebildeten DNA setzt sich aus einem „alten" und einem neu gebildeten Strang zusammen **(semikonservative Replikation)**.

Theoretisch wären auch andere Verdoppelungsmechanismen denkbar. So könnte sich beispielsweise der Doppelstrang zunächst entspiralisieren, bliebe aber als Doppelstrang erhalten. In dieser Form könnte er dann als Matrize für den Tochterstrang dienen, der sich in diesem Fall aus völlig neuen Nukleotiden zusammensetzt (konservative Replikation).

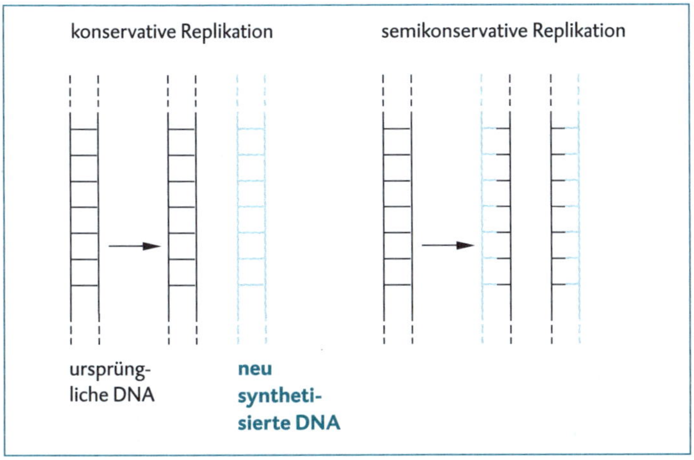

Abb. 46: Theoretisch mögliche Verdoppelungsmechanismen der DNA

Das Experiment von MESELSON und STAHL

MESELSON und STAHL züchteten *Escherichia coli*-Bakterien (siehe Abb. 47, S. 68) in einem Medium, dem nur Stickstoffsalze mit dem schweren Stickstoffisotop ^{15}N zugesetzt wurden. Nach einiger Zeit enthielt die DNA dieser Bakterien nur noch schweren Stickstoff, was zu einer Erhöhung ihres spezifischen Gewichts im Vergleich zu normaler ^{14}N-DNA führte. Zur Unterscheidung von ^{15}N- und ^{14}N-DNA wurde eine Dichtegradientenzentrifugation durchgeführt. Bei dieser Untersuchungsmethode wird das Gemisch aus ^{15}N- und ^{14}N-DNA in ein Zentrifugenglas gegeben, das eine Caesiumchloridlösung steigender Konzentration enthält. Beim Zentrifugieren mit hoher Umdrehungszahl wandert die schwere ^{15}N-DNA weiter nach unten als die ^{14}N-DNA und man kann deutlich zwei getrennte Banden erkennen.

MESELSON und STAHL übertrugen die Bakterien mit schwerer DNA in ein Nährmedium mit ^{14}N-Salzen, präparierten nach einer Generationenfolge die von den Bakterien neu synthetisierte DNA und zentrifugierten sie unter den gleichen Bedingungen wie vorher. Es trat nur eine einzige Bande auf, die zwischen den Banden von ^{15}N- und ^{14}N-DNA lag. Nach einer weiteren Generationenfolge zentrifugierten sie auch die DNA der F_2-Generation. Jetzt bildeten sich zwei Banden: eine, die auf gleicher Höhe lag wie die der reinen ^{14}N-DNA, und eine, die sich wiederum zwischen der ^{15}N- und der ^{14}N-Bande befand. Damit war der semikonservative Replikationsmechanismus der DNA bewiesen.

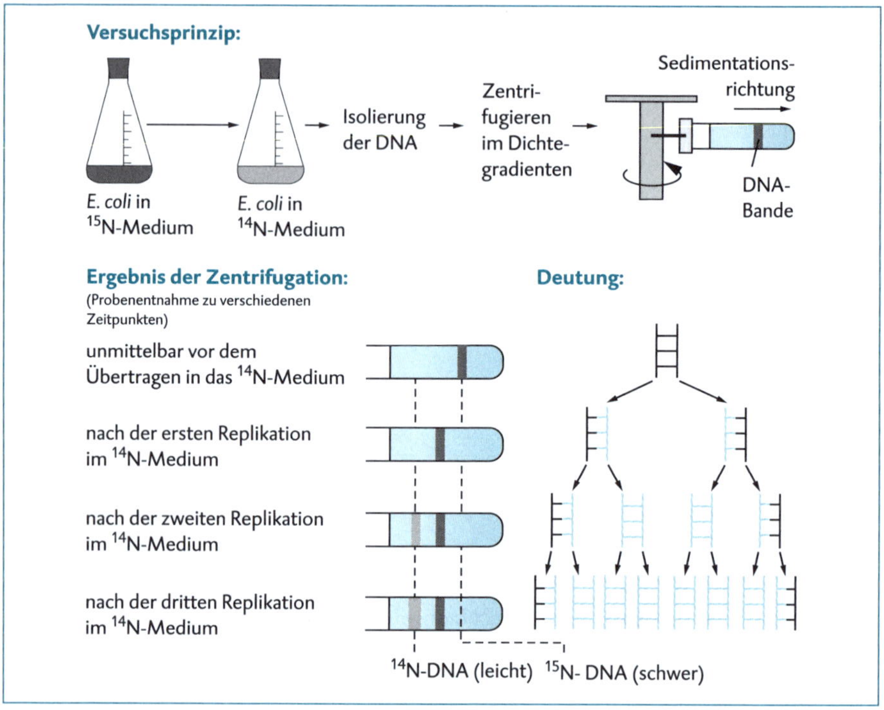

Abb. 47: Durchführung, Ergebnis und Deutung des Versuchs von MESELSON und STAHL

Molekularer Mechanismus der Replikation

1. Entspiralisierung und Öffnung des DNA-Doppelstrangs: Das Enzym Helicase entwindet die DNA-Doppelhelix und trennt sie unter ATP-Verbrauch in die Einzelstränge. Dieser aufgespreizte Bereich der DNA wird als Replikationsgabel bezeichnet. Damit sich die getrennten Einzelstränge nicht wieder verbinden oder von DNA-spaltenden Enzymen angegriffen werden, lagern sich Proteine an die einzelsträngigen Abschnitte.

2. Ergänzung des Einzelstrangs mit dem 3'-Ende: Damit die DNA-Polymerase mit der Synthese des neuen Einzelstrangs beginnen kann, muss ihre Startstelle markiert sein. Dazu wird von einem Enzym ein sog. Primer (RNA-Stück aus wenigen Nukleotiden) als Startsequenz am DNA-Einzelstrang synthetisiert. Als Bausteine für den neuen Einzelstrang dienen die Nukleosidtriphosphate ATP (Adenosintriphosphat), GTP (Guanosintriphosphat), CTP (Cytidintriphosphat) und TTP (Thymidintriphosphat), die im Cytoplasma hergestellt werden. Sie lagern sich in komplementärer Basenpaarung an den vorhandenen Einzelstrang an. Die DNA-Polymerase verknüpft jeweils die Phosphat-

gruppe des nächsten Nukleotids mit der Desoxyribose des vorhergehenden Nukleotids, d. h., sie verlängert den neuen Einzelstrang an seinem 3'-Ende.
Die Energie für diese Reaktion wird durch die Abspaltung von zwei Phosphatgruppen (Pyrophosphat) vom Triphosphat aufgebracht.
Die DNA-Polymerase liest den DNA-Einzelstrang also vom 3'-Ende zum 5'-Ende ab und wandert dabei in der gleichen Richtung wie die Helicase. Der Einzelstrang wird so in einem Stück, also **kontinuierlich**, zum Doppelstrang ergänzt.

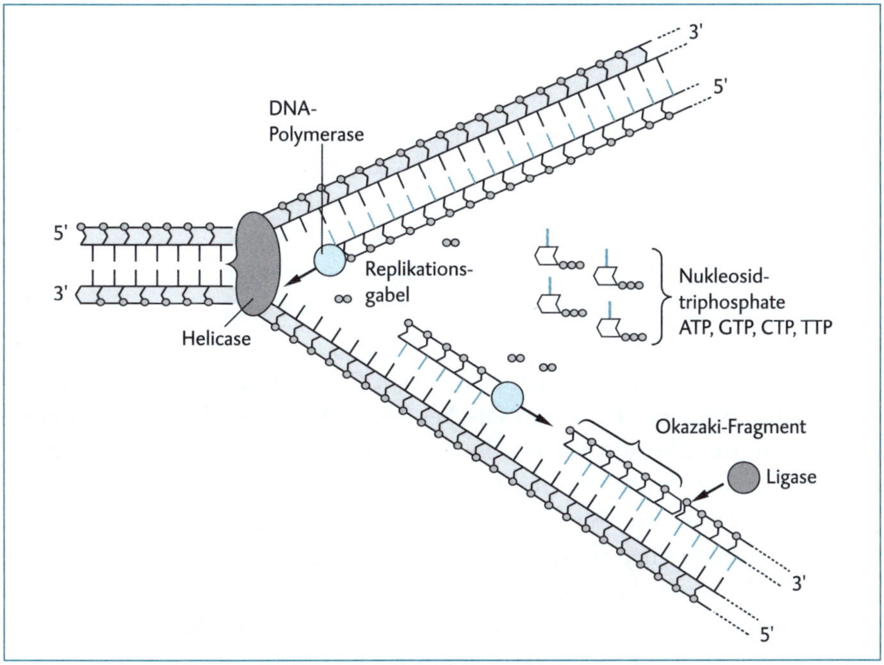

Abb. 48: Semikonservative Replikation der DNA (Primer nicht dargestellt)

3. Ergänzung des Einzelstrangs mit dem 5'-Ende: Da die DNA-Polymerase einen DNA-Einzelstrang nur vom 3'-Ende zum 5'-Ende (s. o.) ablesen kann und der zweite Einzelstrang die gegenläufige Polarität besitzt, wird er nicht kontinuierlich ergänzt, sondern abschnittsweise **(diskontinuierlich)**. Die DNA-Polymerase wandert dabei von der Replikationsgabel weg.
Wenn ein längerer Einzelstrangabschnitt durch die Helicase freigelegt ist, kopiert ihn die DNA-Polymerase (nach Anfügen des Primers) zum 5'-Ende hin oder bis sie an einem bereits ergänzten Abschnitt ankommt. Die neu synthetisierten Einzelstrangabschnitte werden nach ihrem Entdecker **Okazaki-Frag-**

mente genannt. Die RNA-Nukleotide der Primer werden durch ein Enzym gegen DNA-Nukleotide ausgetauscht. Das Enzym DNA-Ligase schließt die Lücken zwischen den Okazaki-Fragmenten (unter Energieverbrauch).

Nach der **Entspiralisierung** durch die Helicase verläuft die **Replikation** durch die DNA-Polymerase in 5' → 3'-Richtung (Anknüpfung der neuen Nukleotide an das 3'-Ende).
Dies funktioniert nur an dem Strang kontinuierlich, der in 3' → 5'-Richtung entspiralisiert wird („Leitstrang"). Am 2. Strang, der in 5' → 3'-Richtung freigelegt wird („Folgestrang"), wird die DNA diskontinuierlich in **Okazaki-Fragmenten** repliziert und durch die Ligase verbunden.

Replikation bei Prokaryoten und Eukaryoten

Das Ringchromosom eines Bakteriums weist nur eine **Replikationsstartstelle** auf, an der die Helicase mit der Entwindung des DNA-Doppelstrangs beginnt. Auf den Chromosomen in den eukaryotischen Tier- und Pflanzenzellen befinden sich sehr viele Replikationsstartstellen.
Die DNA des Menschen kann mit einer **Geschwindigkeit** von ca. 50 Nukleotiden pro Sekunde repliziert werden, bakterielle DNA sogar mit etwa 500 Nukleotiden pro Sekunde.
Die Replikation erfolgt mit einer sehr hohen **Genauigkeit**: unter 10^6 bis 10^8 eingebauten Nukleotiden ist ein falsches Nukleotid. Diese hohe Präzision ist einerseits notwendig, um die genetische Information an die Körperzellen eines Organismus unverändert weiterzugeben. Andererseits können Kopierfehler bei der Replikation zu Mutationen führen. Mutationen werden meistens von den Reparatursystemen in den Zellen (siehe S. 87) korrigiert. Mutationen, die dennoch erhalten bleiben und in Keimzellen aufgetreten sind, können sich auf nachfolgende Generationen auswirken und stellen letztendlich einen Evolutionsfaktor dar (siehe Band 2, Verlagsnummer 947028).

4.3 Proteinbiosynthese: Realisierung der genetischen Information

Im klassischen Sinn wurde eine Erbanlage oder ein Gen als Einheit genetischer Information angesehen, durch die ein Merkmal bestimmt wird. Heute ist bekannt, dass von der genetischen Information bis zur Ausprägung eines Merkmals viele Reaktionen ablaufen müssen, von denen jede durch ein Enzymprotein gesteuert wird. Für die Bildung eines Enzymproteins ist ein bestimmter DNA-Abschnitt zuständig. Dieser Zusammenhang zwischen Genen und Enzymen wurde 1941 von BEADLE und TATUM erkannt und in der **Ein-Gen-ein-Enzym-Hypothese** formuliert.

Der polymere Aufbau von DNA und Proteinen lässt vermuten, dass die Basenfolge der DNA für die Reihenfolge der Aminosäuren im Protein verantwortlich ist. Durch die Codierung (Verschlüsselung) einer Aminosäure mit drei aufeinanderfolgenden Basen der DNA (Triplett, Codon) lassen sich ausreichend „Codeworte" für die 20 Aminosäuren bilden, die Proteine aufbauen (Dreierkombinationen der vier Basen A, T, C, G: $4^3 = 64$ Kombinationen).

Die Umsetzung genetischer Information zu Proteinen entsprechend der „Anweisung der DNA" erfolgt in zwei Phasen:

- **Transkription:** Übertragung der Basensequenz der DNA-Abschnitte (Gene) in die Basensequenz einer Boten-Nukleinsäure = messenger-RNA (mRNA).
- **Translation:** Übersetzung der Basensequenz der mRNA in die Aminosäure-Sequenz des Proteins.

Gen (DNA-Abschnitt) --*Transkription*--> mRNA --*Translation*--> Protein (Enzym) --*Wirkung*--> Merkmal

Abb. 49: Umsetzung genetischer Information

Transkription

Die **Transkription** ist der Prozess der „Umschreibung" (Herstellung von Kopien) der in der DNA gespeicherten Information in eine Transportform, die mRNA. Der Mechanismus der Transkription ähnelt dem der Replikation der DNA. Es wird jedoch nur einer der beiden Einzelstränge abgelesen, der **codogene Strang**, und der synthetisierte RNA-Einzelstrang (mRNA) löst sich von diesem Matrizenstrang. Nach einer Modellvorstellung verläuft die „Umschreibung" der genetischen Information in mRNA in folgenden Schritten:

1 Die **RNA-Polymerase** (Transkriptase), ein Enzym mit komplexer Quartärstruktur, die einen Hohlzylinder ergibt, erkennt eine bestimmte Basensequenz der DNA als Startstelle **(Promotor)** und heftet sich an.

2 Sie entwindet und öffnet den DNA-Doppelstrang.

3 Das Ablesen des codogenen Strangs erfolgt vom 3'- zum 5'-Ende. Die Ableserichtung und das Erkennen des codogenen Strangs werden durch den Promotor angegeben.

4 Die RNA-Bausteine ATP, GTP, CTP, UTP werden (entsprechend der komplementären Basenpaarung mit den Basen des codogenen Strangs) von der RNA-Polymerase miteinander unter Abspaltung von zwei Phosphatgruppen (Pyrophosphat) verknüpft. Die Basensequenz der mRNA entspricht der Sequenz des (anderen) sog. Codestrangs der DNA (5'-3'-Richtung). Die mRNA tritt mit dem 5'-Ende voran aus der RNA-Polymerase aus. Bei Bakterien enthält ein mRNA-Strang mehrere Gene, bei Eukaryoten nur jeweils ein Gen.

5 An der Zielstelle (mit spezifischer Basensequenz), bei Eukaryoten am Ende des Gens **(Terminator)**, löst sich die RNA-Polymerase ab.

6 Bei Eukaryoten verlässt die mRNA den Zellkern, damit die Translation im Cytoplasma stattfinden kann. Bei Prokaryoten (die keinen Zellkern besitzen) setzt die Translation bereits an der gerade transkribierten mRNA ein.

Translation

Die **Translation** ist der Prozess der „Übersetzung" der in der RNA gespeicherten Information in die Aminosäuresequenz einer Polypeptidkette.
Die Übersetzung der mRNA in die Aminosäure-Sequenz erfolgt an den **Ribosomen** im Cytoplasma. Um eine rasche und effektive Translation zu ermöglichen, besetzen mehrere Ribosomen hintereinander eine mRNA. Solche Ribosomengruppen an einer mRNA werden als **Polysomen** bezeichnet.
Ribosomen bestehen zu zwei Dritteln aus RNA (ribosomale RNA, rRNA) und zu einem Drittel aus Proteinen. Sie setzen sich aus einer großen und einer kleinen Untereinheit zusammen, die im inaktiven Zustand voneinander getrennt vorliegen. Erst zusammen mit einer mRNA entsteht ein zusammengesetztes Ribosom mit zwei Bindestellen für die **transfer-RNA (tRNA)**.
Die tRNA vermittelt zwischen Basentriplett und Aminosäuren. Dazu hat eine tRNA ein **Anticodon**, das komplementär zu dem Triplett (Codon) auf der mRNA ist, das für diejenige Aminosäure codiert, die wiederum an die tRNA angebunden ist. Die Beladung einer tRNA mit der passenden Aminosäure erfolgt mithilfe des Enzyms Synthetase, das sowohl eine Aminosäure- als auch eine tRNA-Erkennungsregion aufweist. Ein tRNA-Molekül besteht aus ca. 80 RNA-Nukleotiden. Komplementäre Basenabschnitte eines tRNA-Einzelstrangs paaren sich und das Molekül bildet dadurch eine kleeblattähnliche Struktur aus. Es entsteht eine spezifische Tertiärstruktur, die von der Synthetase erkannt wird.

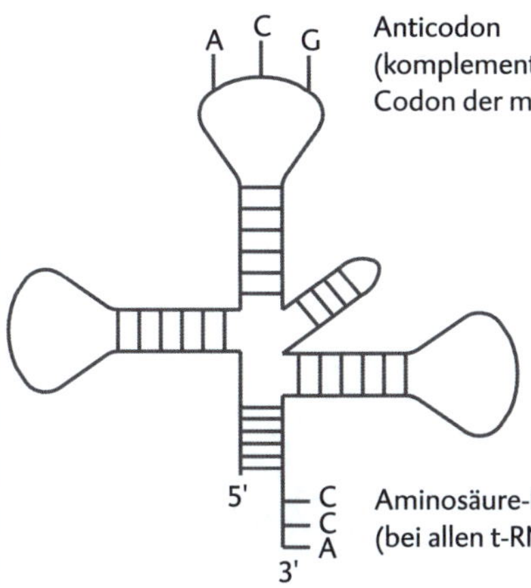

Abb. 50: Schematische Darstellung einer tRNA

Da ein Synthetase-Molekül nur eine bestimmte der 20 natürlich vorkommenden Aminosäuren (aber mehrere unterschiedliche tRNAs) erkennen kann, gibt es 20 verschiedene Formen der Synthetase. Zuerst bindet die Synthetase ihre Aminosäure und ein Molekül ATP an einen bestimmten Bereich ihrer Raumstruktur. Die Reaktion zwischen Aminosäure und ATP führt zu einer Aktivierung der Aminosäure. Dann lagert sich die entsprechende tRNA an eine weitere Erkennungsregion an und wird mit der aktivierten Aminosäure verknüpft. Die „beladene“ tRNA kann dann bei der Translation die Basensequenz der mRNA und die Aminosäuresequenz des Proteins übersetzen. Modellhaft läuft die Translation in folgenden Schritten ab:

1 Die kleine Untereinheit des Ribosoms heftet sich an das **Startcodon**, z. B. AUG, der mRNA (5'-Ende).

2 Die tRNA mit dem **Anticodon** UAC (trägt als Aminosäure Formyl-Methionin, fMet) lagert sich an die Bindestelle P im Ribosom an. Nun lagert sich auch die große Untereinheit des Ribosoms an. Damit ist die Startposition für das Ribosom exakt festgelegt.

3 An der Bindestelle A heftet sich die zum nächsten Codon der mRNA passende tRNA (beladen mit der entsprechenden Aminosäure) an. Zwischen den beiden Aminosäuren wird eine **Peptidbindung** geknüpft.

4 Das Ribosom rutscht um ein Triplett weiter, dabei wird die erste tRNA abgespaltet. Die als zweite gebundene tRNA befindet sich nun mit der daran gebundenen wachsenden Peptidkette an Bindestelle P. Die Schritte (3) und

(4) wiederholen sich so lange, bis ein **Stoppcodon** (UAA, UAG oder UGA) auf der mRNA erreicht wird.

5 Bei Erreichen eines Stoppcodons, zu dem keine passende tRNA existiert, wird die Polypeptidkette von der letzten tRNA abgespalten. Das Ribosom zerfällt erneut in seine Untereinheiten.

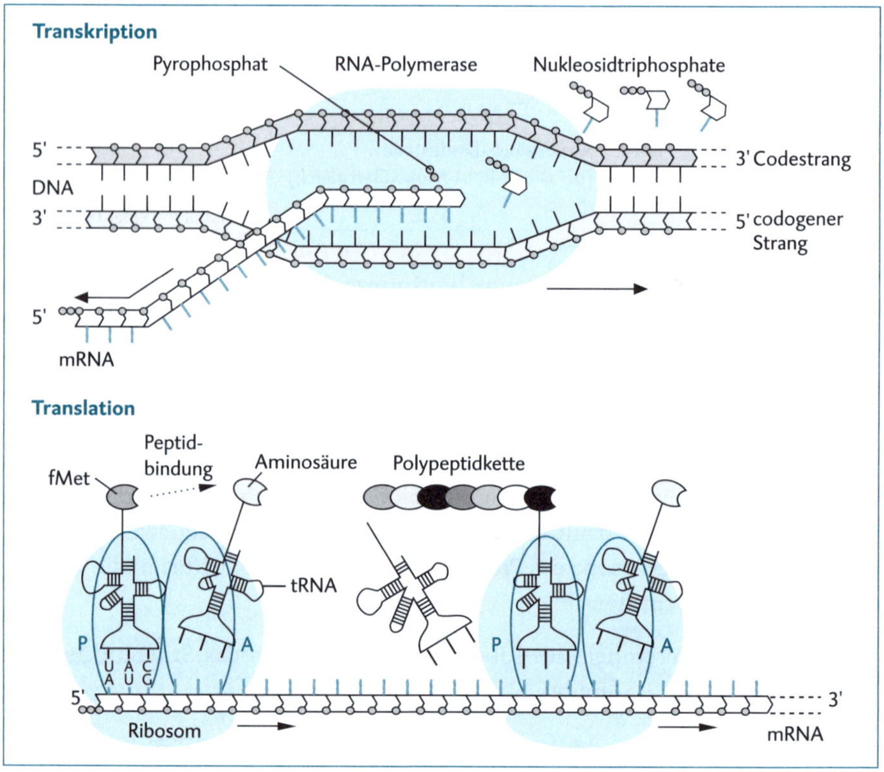

Abb. 51: Modellvorstellung zum Ablauf der Proteinbiosynthese

Der genetische Code

Nirenberg und Khorana entzifferten 1965 den genetischen Code: immer drei aufeinanderfolgende Basen (Triplett, Codon) codieren für eine Aminosäure. Mit den vier unterschiedlichen Basen (A, T, C, G) der DNA ergeben sich damit $4^3 = 64$ Kombinationsmöglichkeiten.

61 verschiedene Codons bezeichnen die 20 proteinogenen Aminosäuren. Für fast jede Aminosäure (außer für Tryptophan und Methionin) existieren also zwei bis sechs Triplettwörter: der genetische Code ist **degeneriert**.

Drei weitere Codons sind Stopp- oder Abbruchcodons zur Beendigung der Translation. Die beiden Startcodons AUG und GUG zeigen auf einer mRNA den Beginn eines zu translatierenden Bereiches an und codieren zusätzlich, in der Mitte der mRNA stehend, für Methionin (AUG) und Valin (GUG). Zwischen dem Start- und dem Stoppsignal reihen sich die codierenden Basentripletts durchgehend ohne Trennzeichen oder Zwischenräume aneinander, der genetische Code ist **kommafrei** und es gibt **keine Überlappungen** zwischen den Tripletts. Der genetische Code ist **universell**, d. h., bis auf ganz wenige Ausnahmen codieren die Basentripletts bei allen Lebwesen für die gleiche Aminosäure. Dadurch entsteht bei der Translation einer bestimmten mRNA in verschiedenen Organismen immer die gleiche Polypeptidkette.

Der **genetische Code** ist
- ein **Triplett**-Code (immer drei Nukleotide codieren für eine Aminosäure),
- **kommafrei** (es gibt keine Trennzeichen am Anfang oder Ende eines Tripletts),
- **überlappungsfrei** (es gibt keine Überschneidungen zwischen den Tripletts),
- **degeneriert** (es gibt mehrere Triplett-Codons für eine Aminosäure),
- **universell** (bei fast allen Organismen identisch).

Die Translation kann anhand der Code-Sonne bzw. Code-Tabelle, die den Code für die mRNA angibt, leicht nachvollzogen werden. Die drei Nukleotide müssen in der richtigen Reihenfolge abgelesen werden, in der Code-Sonne von innen (5') nach außen (3').

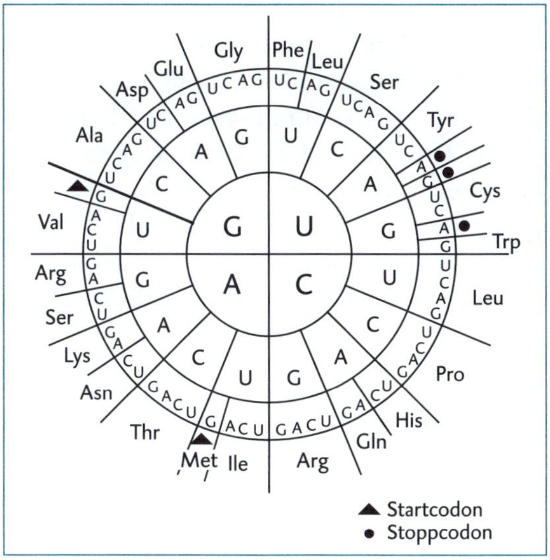

Ableserichtung: von innen → außen (5'-3'-Richtung)

Abb. 52: Code-Sonne

1. Nukleotid		2. Nukleotid					3. Nukleotid
		U	C	A	G		
	U	Phenylalanin Phenylalanin Leucin Leucin	Serin Serin Serin Serin	Tyrosin Tyrosin *Stopp* *Stopp*	Cystein Cystein *Stopp* Tryptophan	U C A G	
	C	Leucin Leucin Leucin Leucin	Prolin Prolin Prolin Prolin	Histidin Histidin Glutamin Glutamin	Arginin Arginin Arginin Arginin	U C A G	
	A	Isoleucin Isoleucin Isoleucin Methionin = *Start*	Threonin Threonin Threonin Threonin	Asparagin Asparagin Lysin Lysin	Serin Serin Arginin Arginin	U C A G	
	G	Valin Valin Valin Valin = *Start*	Alanin Alanin Alanin Alanin	Asparaginsäure Asparaginsäure Glutaminsäure Glutaminsäure	Glycin Glycin Glycin Glycin	U C A G	

Tab. 3: Code-Tabelle

Beispiel

DNA (codogener Strang)	TAC	GCT	ATG	TCT
mRNA	AUG	CGA	UAC	AGA
Aminosäure	Met = *Start*	Arg	Tyr	Arg

Bei der Untersuchung der Wechselwirkung zwischen einem Codon der mRNA und dem komplementären Anticodon der tRNA ließ sich feststellen, dass sich tRNAs nur mit den ersten beiden Basen des Codons exakt paaren müssen. Bringt die tRNA als dritte Base z. B. Uracil mit, kann eine Basenpaarung sowohl mit Adenin als auch mit Guanin auf der mRNA erfolgen. Diese ungenaue, sozusagen „wackelige" Basenpaarung wird auch als **Wobble-Basenpaarung** bezeichnet (*to wobble* (engl.) = wackeln, schwanken) (siehe Abb. 53, S. 77). Dies erklärt, warum mehrere Codons die gleiche Aminosäure codieren (degenerierter Code) und warum es deutlich weniger tRNAs gibt als es bei den 61, eine bestimmte Aminosäure festlegenden Codons zu erwarten wäre (beim Menschen nur 31).

Beispiel

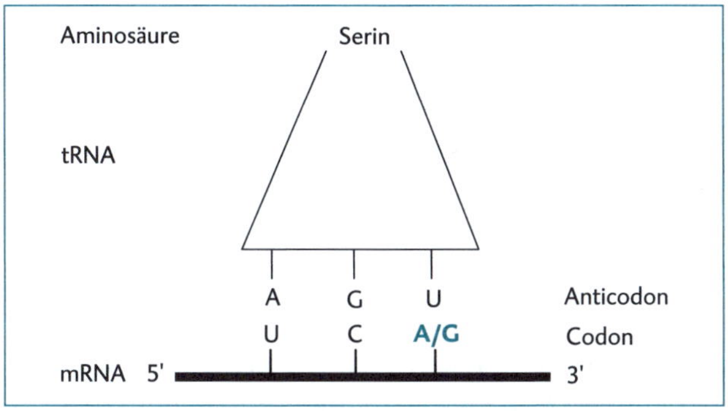

Abb. 53: Prinzip der Wobble-Basenpaarung

Regulation der Genaktivität bei Bakterien

Bestimmte Enzyme und Strukturproteine werden in den Zellen ständig benötigt, z. B. die Enzyme für den Glucoseabbau zur Energiegewinnung und Eiweißstoffe für den Aufbau von Membranen. Dagegen sind andere Proteine nur in besonderen Stoffwechselsituationen erforderlich, z. B. in der Phase der Zellteilung oder zur Verwertung anderer Nährstoffe als Glucose. Bei *E. coli* sind nur etwa 600 der ca. 3 000 Gene ständig aktiv (konstitutive Gene). Die regulierten Gene werden bei Bedarf an- oder abgeschaltet.
Aufgrund ihrer Untersuchungen entwickelten Jacob und Monod die Operon-Hypothese zur Genregulation: Das **Operon** ist ein DNA-Abschnitt, der aus dem **Promotor** (Startstelle für die RNA-Polymerase), dem **Operator** und mehreren **Strukturgenen** besteht. Das Operatorgen kontrolliert die Strukturgene. Die strukturelle und funktionelle Einheit des Operons wird von einem **Regulatorgen** in einem benachbarten DNA-Abschnitt gesteuert.

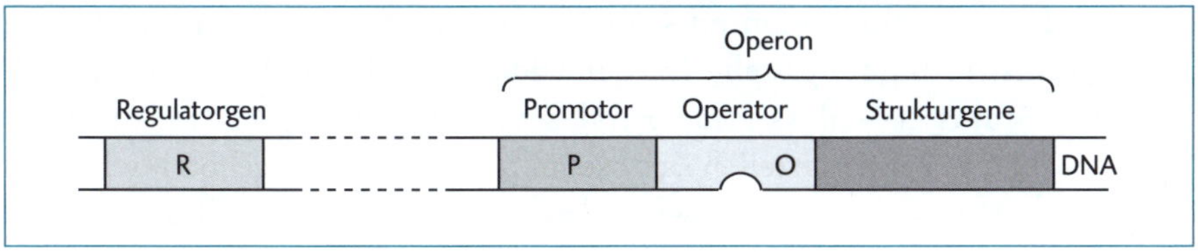

Abb. 54: Operon-Modell

Beispiel

Genregulation durch Substratinduktion

E. coli-Bakterien können verschiedene Kohlenhydrate als Energiequellen nutzen. Enthält das Nährmedium z. B. Glucose, produzieren die Bakterien alle zu diesem Abbau benötigten Enzyme. Werden diese Bakterien in einem Medium kultiviert, das Laktose (Milchzucker) statt Glucose enthält, stellen sie zusätzlich drei Enzyme her, die zur Spaltung der Laktose in ihre Bestandteile Glucose und Galaktose erforderlich sind. Der abzubauende Stoff löst also selbst die Enzymsynthese aus (Induktion), er ist der **Induktor**.

Ist keine Laktose im Nährmedium vorhanden, wird die Transkription dieser Strukturgene durch einen **Repressor**, der das Operatorgen blockiert, verhindert. Der Repressor, ein Protein, ist das Genprodukt des Regulatorgens.

Im aktiven Zustand tritt der Repressor mit dem Operator in Wechselwirkung: Er bindet sich über eine spezifische Bindungsstelle an den DNA-Abschnitt des Operators und verhindert, dass die RNA-Polymerase, die sich an den Promotor angeheftet hat, mit der Transkription beginnt.

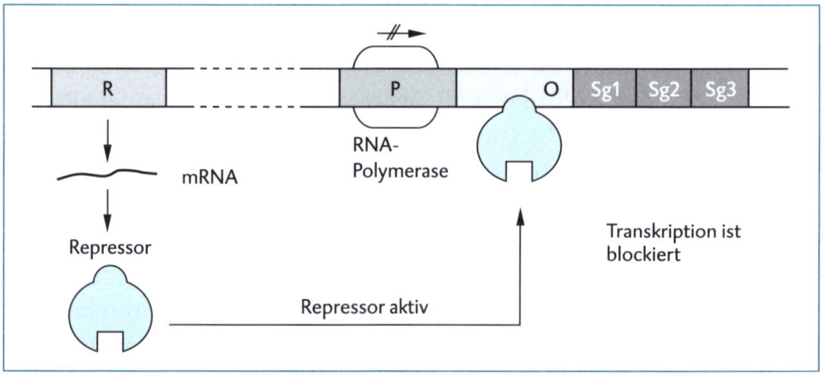

Abb. 55: Substratinduktion: lac-Operon mit aktivem Repressor

Diese Hemmung der Transkription am Operon durch den Repressor wird vom Induktor (Laktose) aufgehoben. Der Repressor ist ein **allosterisches Protein**. Aufgrund seiner Tertiärstruktur besitzt er eine zweite spezifische Bindungsstelle für den Induktor. Die Bindung erfolgt nach dem Schlüssel-Schloss-Prinzip und ist sehr spezifisch (siehe S. 16).

Sobald den Bakterienzellen Laktose im Nährmedium angeboten wird und einige Moleküle ins Zellinnere gelangen, verbinden sich diese mit dem Repressor. Diese Reaktion führt zu einer Konformationsänderung des Repressorproteins, die die erste Bindungsstelle betrifft. Die Bindung des Repressors an den Operator wird gelöst, der Repressor ist inaktiv und verlässt die Bindestelle. Das Ablesen der Strukturgene (Sg) durch die RNA-Polymerase ist nun möglich, die Enzymproteine zum Abbau der Laktose werden gebildet.

Wenn die Laktose abgebaut ist bzw. die Bakterien in ein laktosefreies Medium überführt werden, trennen sich die Laktosemoleküle vom Repressor, da ihre Bindung daran reversibel ist (Gleichgewichtsreaktion). Der Repressor nimmt wieder seine ursprüngliche Konformation an und wird aktiv, d. h. er verbindet sich wieder mit dem Operator. Die Produktion der Enzyme zum Laktoseabbau wird gehemmt.

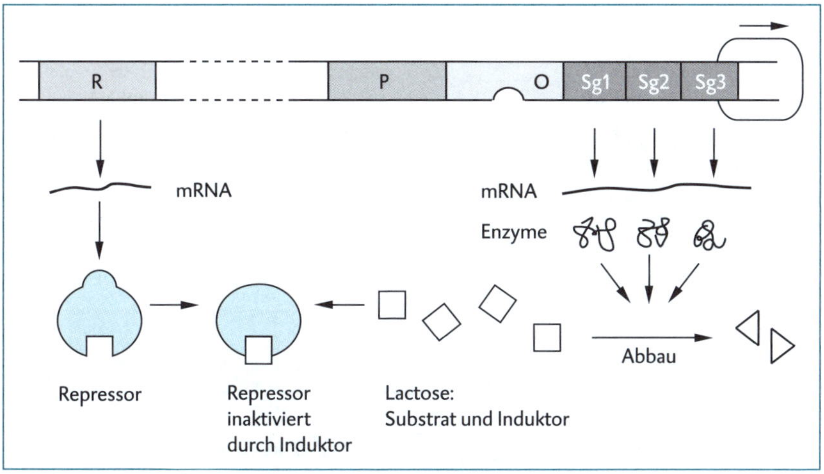

Abb. 56: Substratinduktion: lac-Operon mit inaktivem Repressor

> Bei der Genregulation durch **Substratinduktion** wird ein **Repressorprotein** durch ein Substrat **(Induktor)** inaktiviert, was die Transkription entsprechender Strukturgene auslöst.

Beispiel

Genregulation durch Endproduktrepression

Bei *E. coli*-Bakterien wird auch der Aufbau bestimmter Stoffe durch Operons reguliert. Die Strukturgene des Tryptophan-Operons codieren für Enzyme, die die Umwandlung eines Ausgangsstoffs in die Aminosäure Tryptophan katalysieren. Je mehr Tryptophan hergestellt ist, umso stärker wird die Bildung der Enzyme zur Tryptophan-Synthese eingeschränkt. Das Endprodukt der Enzymreaktion hemmt also die Synthese eben dieser Enzyme.
Im Prinzip haben bei der Endproduktrepression die Struktur-, Operator- und Regulatorgene die gleiche Funktion wie bei der Substratinduktion. Der Repressor ist jedoch zunächst inaktiv. Erst wenn sich das Endprodukt Tryptophan mit ihm verbindet, wird er aktiv und lagert sich an den Operator an. Die Transkription der Strukturgene durch die RNA-Polymerase ist nun nicht mehr möglich. Sinkt die Tryptophan-Konzentration

z. B. durch Weiterverarbeitung stark ab, trennen sich Repressor und Tryptophan und die Blockierung des Operators wird aufgehoben.

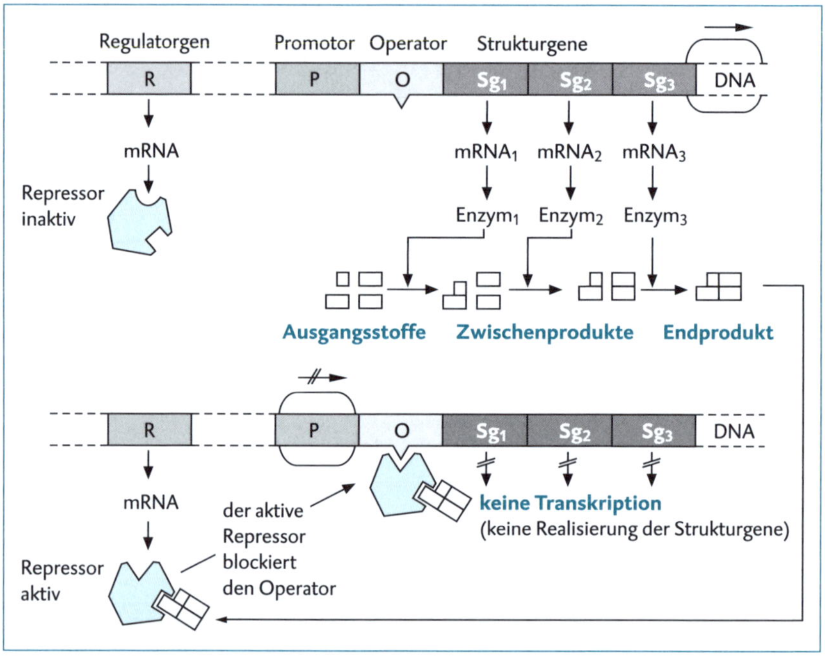

Abb. 57: Endproduktrepression

Bei der Genregulation durch **Endproduktrepression** wird ein Repressorprotein durch das **Endprodukt** aktiviert und blockiert dadurch die Transkription der entsprechenden Strukturgene.

Besonderheiten der Proteinbiosynthese bei Eukaryoten

Die Proteinbiosynthese läuft bei Prokaryoten und Eukaryoten in prinzipiell gleicher Weise ab. Wird jedoch die mRNA, die bei Eukaryoten den Zellkern verlässt, in ihrer Länge mit dem entsprechenden DNA-Abschnitt verglichen, fällt auf, dass sie kürzer ist als die DNA. Eukaryoten-Gene setzen sich abwechselnd aus **Exons** und **Introns** zusammen (sie sind gestückelt in sog. **Mosaikgene**). Die Exons sind die codierenden Abschnitte des Gens. Sie enthalten die Information für die mRNA bzw. für das zu bildende Protein, während die Introns keine Information dafür liefern.

Bei der Transkription wird das ganze Mosaikgen abgelesen, dadurch entsteht die prä-mRNA. In einem Reifungsprozess **(Prozessierung)** entsteht dann die mRNA, die nur noch die Exons umfasst:

- Anfügen der Kappe (spezielles Nukleotid) an den Anfang der prä-mRNA (5'-Ende) als Schutz vor enzymatischem Abbau.
- **Spleißen:** Herausschneiden der Intronabschnitte der prä-mRNA und Zusammenfügen der Exonabschnitte durch ein Enzym.
- Anhängen des Poly-A-Schwanzes (100–200 Adenin-Nukleotide) an das 3'-Ende der mRNA, um zu verhindern, dass sich mehrere RNAs aneinanderhängen.

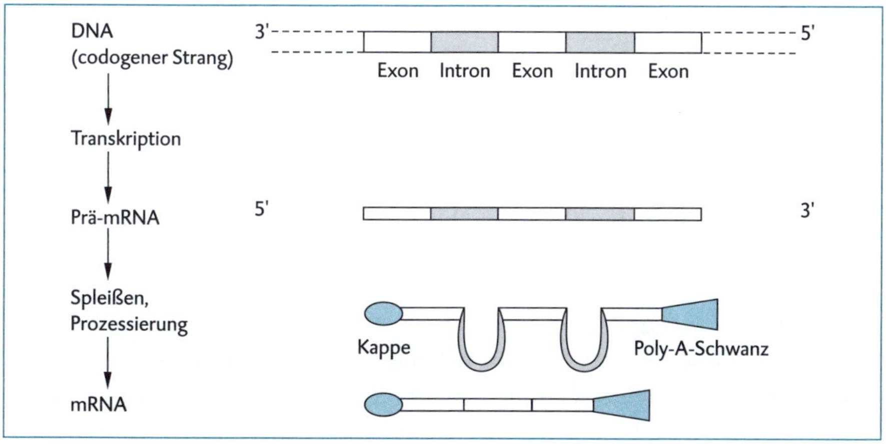

Abb. 58: Bildung der mRNA bei Eukaryoten

4.4 Ursachen und Folgen von Genmutationen

Mutationen sind plötzlich eintretende, nicht zielgerichtete Veränderungen des Erbguts. Ereignet sich die Mutation in einer Körperzelle (somatische Mutation), kann die DNA-Veränderung an die Tochterzellen weitergegeben werden. Handelt es sich bei den mutierten Zellen um Keimzellen, ist die Mutation an die Nachkommen vererbbar. Mutationen können entweder spontan, d. h. unter natürlichen Bedingungen, auftreten **(Spontanmutationen)** oder experimentell ausgelöst werden **(induzierte Mutationen)**. Man unterscheidet drei Arten von Mutationen:

- **Genommutation:** Diese Mutationsform führt zu einer Änderung der Chromosomenzahl (siehe S. 105). Bei der **Aneuploidie** vermindert oder erhöht sich die Zahl der Chromosomen. Wird der gesamte Chromosomensatz vervielfacht, spricht man von **Euploidie** oder **Polyploidie**.

- **Chromosomenmutation:** Die im Mikroskop sichtbaren Veränderungen der Chromosomenstruktur kann verschiedene Formen haben. Bei der **Deletion** geht ein Teilstück eines Chromosoms verloren, bei der **Duplikation** wird ein Chromosomenabschnitt verdoppelt. Bei der **Translokation** bricht ein Chromosomenstück ab und verbindet sich mit einem anderen, nicht homologen Chromosom. Bei der **Inversion** verbindet sich das abgebrochene Chromosomenstück umgekehrt wieder mit demselben Chromosom.
- **Genmutationen:** Hier ändert sich die Information eines Gens im submikroskopischen Bereich. Die Basensequenz der DNA verschiebt sich durch Verlust oder Hinzufügen eines Nukleotids oder ändert sich durch den Austausch von Basen.

Wird bei einer Genmutation nur ein einziges Basenpaar der DNA verändert, spricht man von einer **Punktmutation**. Im entstehenden Protein- bzw. Enzymmolekül wird eine andere Aminosäure eingebaut. Wenn sich durch diese Aminosäure die Tertiärstruktur des Proteins nur unwesentlich ändert, bleibt die Wirkung des Enzyms erhalten. Der Basenaustausch kann auch folgenlos („stumm") bleiben, wenn durch den Austausch die dritte Position eines Tripletts betroffen ist und das neu entstandene Triplett die gleiche Aminosäure codiert (degenerierter Code). Ergibt sich durch den Basenaustausch ein Stopp-Codon, kommt es zum vorzeitigen Abbruch der Proteinbiosynthese. Das gebildete Protein ist mehr oder weniger verkürzt und kann seine Funktion nicht mehr erfüllen.

Genommutationen betreffen die Anzahl der Chromosomen, **Chromosomenmutationen** die Struktur der Chromosomen und **Genmutationen** die Basensequenz. Die Veränderung einer Base nennt man **Punktmutation**, den Einschub oder Verlust von Basen **Rastermutation**. Die Auswirkungen aller Mutationstypen können sehr unterschiedlich stark ausfallen.

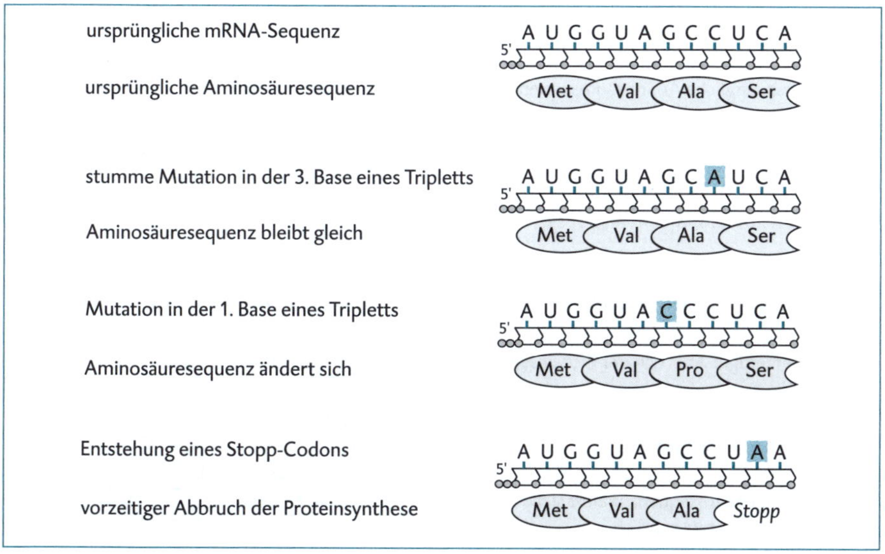

Abb. 59: Mögliche Auswirkungen von Punktmutationen

Beispiel

Das Beispiel der **Sichelzellenanämie** (siehe S. 134) macht deutlich, dass die Veränderung einer einzigen Base schwerwiegende Folgen haben kann. Bei dieser Punktmutation wird eine Base (Thymin) im codogenen Strang des Gens für die Bildung der ß-Ketten des Hämoglobins gegen Adenin ausgetauscht. Statt der Aminosäure Glutaminsäure wird Valin in das Protein eingebaut. Dies hat zur Folge, dass sich die Ladung und dadurch auch die Raumstruktur und Löslichkeit des Hämoglobins ändert. Das Sichelzell-Hämoglobin kristallisiert bei Sauerstoffmangel aus und die roten Blutkörperchen nehmen eine sichelartige Form an. Heterozygote (mischerbige) Träger der Sichelzellenanämie sind weniger belastbar als Gesunde. Trotzdem ist der genetisch bedingte Defekt vor allem in Afrika weit verbreitet, weil er gleichzeitig mit Malariaresistenz verknüpft ist.

Werden in ein Gen ein, zwei oder mehrere Basen eingefügt oder daraus entfernt, spricht man von einer **Rastermutation**. Aufgrund des kommafreien Triplettcodes verschiebt sich durch Einschub oder Verlust von Basen das gesamte Triplettraster ab der mutierten Stelle. Diese Mutation hat einen umso geringeren Einfluss auf die Veränderung der Information, je näher der Verlust bzw. Einschub von Basen am Ende des Gens liegt.

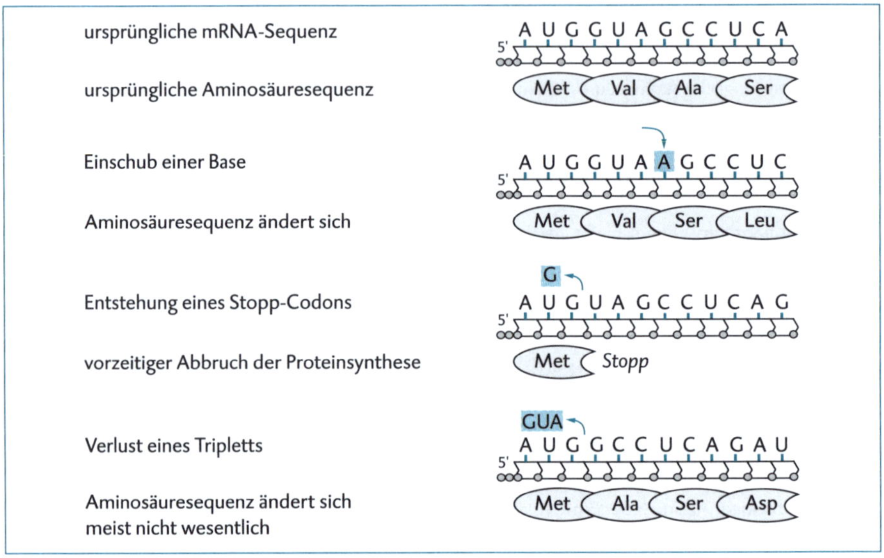

Abb. 60: Mögliche Auswirkungen von Rastermutationen

Beispiel

Die Auswirkungen von Punkt- und Rastermutationen lassen sich auch mithilfe der Buchstabenschrift verdeutlichen:

ursprüngliches Gen:	EINGENISTAUSDNA ein/gen/ist/aus/dna
Punktmutation:	EINGENISTAUSDRA ein/gen/ist/aus/dra
Einschub einer Base:	EINEGENISTAUSDNA ein/ege/nis/tau/sdn/a
Verlust einer Base:	EINGENISAUSDNA ein/gen/isa/usd/na

Mutagene Stoffe und Strahlen

Mutationen können durch **chemische Substanzen** (mutagene Stoffe), z. B. Teerstoffe im Tabakrauch, Nitrosamine in gepökeltem Fleisch, Mykotoxine (Giftstoffe von Schimmelpilzen), salpetrige Säure, Akridinorange oder Bromuracil ausgelöst werden.

Mutationsauslösende Chemikalien können mit bestimmten Basen reagieren und die Basensequenz verändern. Ein Beispiel dafür ist die mutagene Wirkung von **salpetriger Säure** (HNO_2). Sie ersetzt die Aminogruppe (NH_2) der Basen durch eine OH-Gruppe. Auf diese Weise wird Cytosin in Uracil umgewandelt, das dann mit einer anderen Base (Adenin statt Guanin) paart. So kann auch aus

Adenin Hypoxanthin (Hx) entstehen, das sich wie Guanin mit Cytosin paart. Wird dieser Schaden an der DNA nicht repariert (siehe S. 87), kommt es dadurch bei der Replikation in einem der Tochterstränge zum **Basenaustausch** (siehe **!** in Abb. 61).

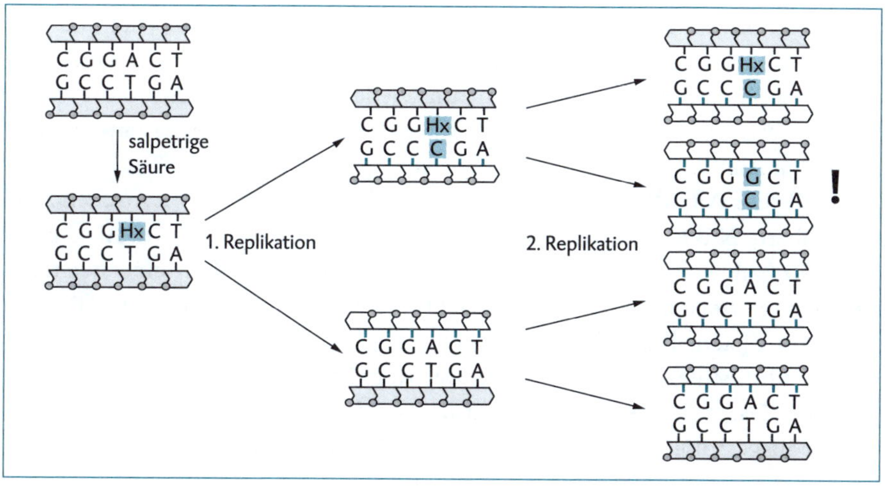

Abb. 61: Basenaustausch durch salpetrige Säure

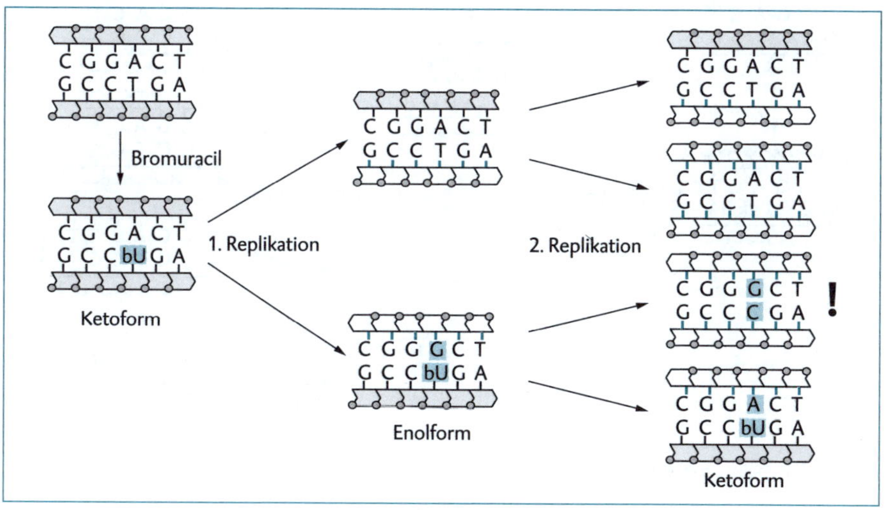

Abb. 62: Basenaustausch durch Bromuracil

5-Bromuracil (bU) zählt zu den **Basenanaloga**, d. h. basenähnlichen Substanzen, die in ihrer Struktur den Purin- und Pyrimidinbasen ähneln. Es kann bei der Replikation der DNA anstelle von Thymin eingebaut werden, d. h., in diesem Fall paart sich Adenin mit Bromuracil. Gelegentlich gehen Bromuracilmoleküle durch Umstellung von Atomen kurzfristig in eine isomere Form über (Umlagerung von der Keto- in die Enolform: Keto-Enol-Tautomerie) und paaren bei der nächsten Replikation nicht mit Adenin, sondern mit Guanin. Unter Normalbedingungen paart dann Guanin wieder mit Cytosin. Auf diese Weise entsteht aus dem ursprünglichen Basenpaar A–T das neue Basenpaar G–C (siehe **!** in Abb. 62, S. 85).
Moleküle der **Akridinfarbstoffe** drängen sich als „Scheinbase“ zwischen zwei benachbarte Nukleotide der DNA. Bei der Replikation dieses DNA-Abschnitts wird ein beliebiges Nukleotid mit dem Akridin gepaart. Nach einer weiteren Replikation weist der komplementäre Strang ein Basenpaar mehr auf **(Baseneinschub)** (siehe **!** in Abb. 63).
Ein Akridin-Molekül kann auch bei der Replikation der DNA ein Nukleotid ersetzen. Das falsch eingebaute Akridin wird vor der nächsten Replikation wieder ausgestoßen, dadurch kommt es zu einem **Basenverlust**.

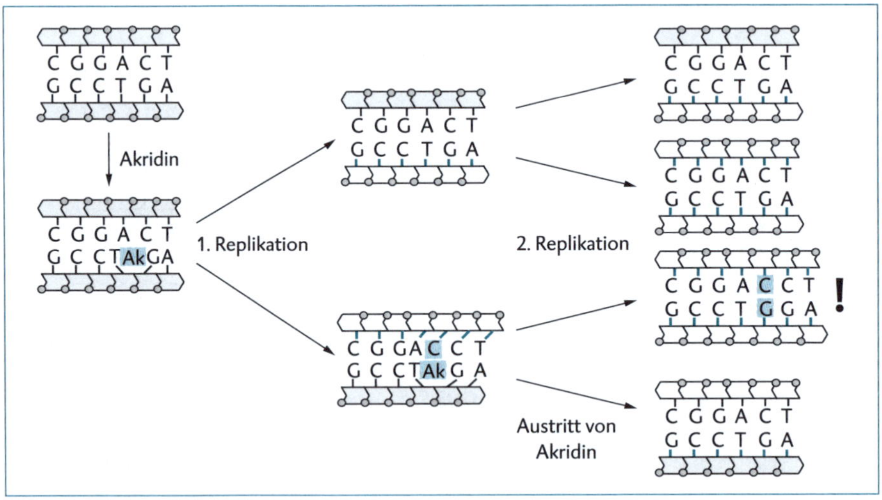

Abb. 63: Baseneinschub durch Akridin

Ebenfalls mutationsauslösend sind **energiereiche Strahlen** (mutagene Strahlen) wie z. B. UV-, Röntgen- oder radioaktive Strahlung.
Unter den energiereichen Strahlen sind die **UV-Strahlen** die energieärmsten. Dennoch nimmt ihre mutationsauslösende Wirkung in letzter Zeit immer

mehr zu. Grund dafür ist der Abbau der Ozonschicht, die einen Großteil der schädlichen UV-Strahlen absorbiert. UV-Bestrahlung kann zur Dimerisierung von Thyminbasen führen, d. h., zwei nebeneinanderliegende Thyminbasen in der DNA verbinden sich miteinander statt mit den gegenüberliegenden komplementären Adenin-Basen.

Sehr energiereiche Strahlen, z. B. **Röntgen- und radioaktive Strahlen**, können zu chemischen Veränderungen der Basen und zu Brüchen (Einzel- und Doppelstrangbrüchen) in der DNA führen. Dadurch kann es innerhalb der DNA sowohl zum Basenaustausch als auch zum Ausfall von Nukleotiden kommen. Die schwerwiegendsten Folgen zeigen dabei Doppelstrangbrüche, da es dabei zu einer Rasterverschiebung der Triplettinformation kommt und die Information in beiden Strängen der DNA gestört ist.

Solche energiereichen Strahlen führen auch indirekt zur Veränderung der DNA. Die ionisierenden Strahlen bewirken die Radiolyse des Wassers (Aufspaltung von Atombindungen), sodass freie, sehr reaktionsfreudige Radikale (z. B. •OH und H•) entstehen. Diese freien Radikale können nicht nur mit Chromosomen, Aminosäuren und Proteinen reagieren, sondern direkt auf die DNA einwirken und diese durch chemische Veränderung der Basen oder Einzelstrangbrüche schädigen.

Reparaturvorgänge an der DNA

DNA-Moleküle in lebenden Zellen sind fortwährend Schädigungen und Veränderungen ausgesetzt. Wäre die Zelle nicht in der Lage, einen Großteil der Strukturveränderungen der DNA zu korrigieren, müssten sich diese Schäden in viel mehr Mutationen zeigen als dies tatsächlich der Fall ist.

Zellen sind ständig von Mutationen betroffen. Im Lauf der Evolution haben sich zahlreiche Mechanismen entwickelt, die mithilfe von Enzymen defekte Stellen in der DNA reparieren.

Bestimmte Reparaturenzyme können die genetische Information des ausgefallenen DNA-Stücks bei einem Einzelstrangbruch vom Parallelstrang oder – bei einem Doppelstrangbruch – vom Schwesterchromatid ablesen und ersetzen. Man unterscheidet folgende Reparaturmechanismen:

- **Fotoreaktivierung:** Unter Aufnahme von Licht macht ein Enzym die durch UV-Strahlen ausgelöste Dimerisierung von Thyminbasen rückgängig.
- **Postreplikations-Reparatur:** Fehlerhafte Stellen in der DNA werden bei der Replikation ausgelassen und die entstandenen Lücken durch Rekombination mit entsprechenden intakten DNA-Abschnitten repariert.

- **Exzisions-Reparatur** (Ausschneidungsreparatur): Der fehlerhafte DNA-Abschnitt wird mithilfe des Enzyms Nuklease herausgetrennt und durch die ursprüngliche Nukleotidsequenz ersetzt.

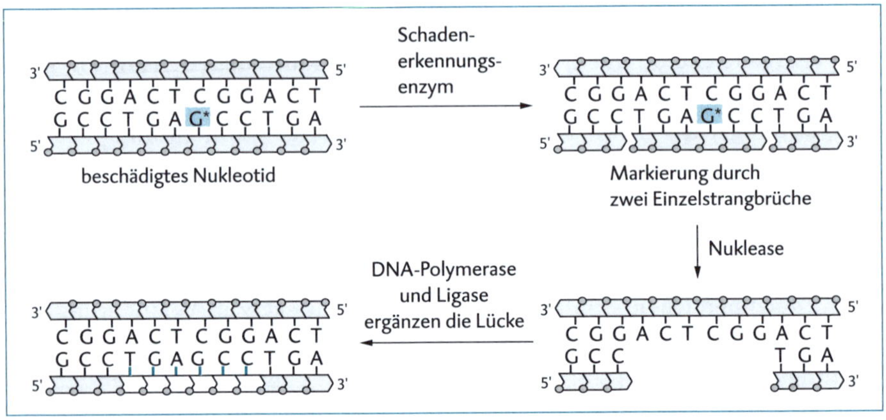

Abb. 64: Exzisions-Reparatur

Die drei beschriebenen Reparaturmechanismen stehen der Zelle dauerhaft zur Verfügung und arbeiten relativ fehlerfrei. Darüber hinaus gibt es noch eine sog. „Notreparatur", die allerdings fehlerhafter arbeitet als die drei oben genannten:

- **SOS-Reparatur:** Bei der Replikation einer extrem geschädigten DNA wird z. B. über ein Thymin-Dimer hinwegrepliziert. Dabei werden beliebige Nukleotide an der Fehlerstelle als „komplementär" eingesetzt. Diese Veränderungen der DNA können später nicht mehr erkannt und repariert werden.

Genetische Defekte und Krebsentstehung

Zahlreiche mutagene Substanzen und Strahlen wirken gleichzeitig **kanzerogen** (oder karzinogen), d. h. sie lösen Krebs aus. Am deutlichsten ist dieser Zusammenhang bei den energiereichen Strahlen erkennbar. Nach der Katastrophe von Tschernobyl konnte im Bereich des geborstenen Kernreaktors ein deutlicher Anstieg der Krebsrate festgestellt werden. Auch die Zunahme an Hautkrebsfällen in letzter Zeit geht wahrscheinlich auf eine höhere Dosierung der UV-Strahlung zurück. Diese Erkenntnisse führten schon früh zu der Vermutung, dass zwischen Krebs und genetischen Defekten in der DNA ein Zusammenhang besteht.

Die Zellen von Krebsgeschwülsten oder bösartigen Tumoren **(Karzinomen)** wachsen ungehemmt mit hohen Zellteilungsraten, da sie die Kontrolle über den Zellzyklus verloren haben. Es entstehen meist undifferenzierte Zellen mit veränderter Oberflächenstruktur.

Durch die veränderte Struktur der Zelloberfläche können Krebszellen vom Immunsystem als körperfremd erkannt und vernichtet werden. Wenn das Immunsystem überfordert ist, wuchern Karzinome in gesundes Gewebe, konkurrieren mit ihm um Nährstoffe und Sauerstoff und bringen es so zum Absterben. Nach einer bestimmten Zeit sondern sie Krebszellen ab, die im Körper verteilt werden und an anderen Stellen Tochtergeschwülste, sog. **Metastasen**, bilden. Durch neue Forschungsergebnisse konnte folgende Theorie zur Krebsentstehung aufgestellt werden:

Die in den Chromosomen menschlicher Zellen identifizierten **Proto-Onkogene** codieren für Proteine, deren Aufgabe die Regulation von Wachstums- und Zellteilungsvorgängen ist. Durch somatische Mutation werden Proto-Onkogene in **Onkogene** umgewandelt, deren Genprodukte Wachstum und Zellteilung stören.

Daneben wurden **Tumor-Suppressor-Gene** gefunden, deren Genprodukte die Zellteilung unterdrücken oder an der Reparatur der DNA beteiligt sind. Fallen diese Funktionen durch Mutation aus, sind ungehemmtes Zellwachstum und mangelhafte Reparatur von DNA-Schäden die Folge.

Eine Mutation der Proto-Onkogene und Tumor-Suppressor-Gene kann spontan eintreten oder durch Karzinogene (Mutagene, die Krebs induzieren) ausgelöst werden, z. B. Teerstoffe, Asbest oder UV-Strahlung.

Auch Viren können zur Krebsentstehung beitragen, indem sie Proto-Onkogene einer Zelle auf andere Zellen übertragen. Da der Einbau der Proto-Onkogene zufällig erfolgt, ist ihre Regulationsfunktion gestört.

Zusammenfassung

- Ein DNA-Molekül besteht aus zwei komplementären, gegenläufig orientierten und umeinander gewundenen Polynukleotidsträngen, die miteinander über Wasserstoffbrückenbindungen verbunden sind.
- Ein Polynukleotidstrang besteht abwechselnd aus Pentosen (Fünferzucker) und Phosphorsäureresten. Jeder Zucker ist mit einer der vier Basen Adenin, Cytosin, Guanin oder Thymin verbunden.
- Bei der Replikation werden die DNA-Moleküle identisch verdoppelt. Dabei entsteht an jedem der beiden Polynukleotidstränge der DNA ein neuer Strang (semikonservativer Mechanismus).
- Ein Gen ist der Abschnitt auf der DNA, der für ein Protein (Polypeptid) codiert.
- Der genetische Code besteht aus einer Kombination von drei der vier möglichen Basen der DNA. Ein solches Basentriplett enthält die Information über eine Aminosäure.
- Die Proteinbiosynthese lässt sich in zwei Abschnitte gliedern:
  a Transkription: Umschreiben der Basensequenzen eines DNA-Abschnitts in die Basensequenz einer mRNA
  b Translation: Übersetzen der Basensequenz der mRNA in die Aminosäuresequenz des Proteins
- Ein Operon als Regulationseinheit für die Genaktivität setzt sich aus einem Promotor, einem Operator und mehreren Strukturgenen zusammen. Der Operator kontrolliert die Strukturgene. Das Repressorprotein des Regulatorgens steuert das Operon.
- Bei der Genregulation durch Repression wird die Transkription der Strukturgene beendet, wenn der dazugehörige Repressor durch eine bestimmte Substanz aktiviert wird und den Operator blockiert. Der Repressor ist häufig das Endprodukt, das mithilfe der gebildeten Enzyme entstanden ist.
- Bei der Genregulation durch Induktion beginnt die Transkription der Strukturgene, wenn der dazugehörige Repressor durch eine bestimmte Substanz inaktiviert wird. Häufig ist dieser Induktor das Substrat, auf das die zu bildenden Enzyme einwirken sollen.
- Die Gene der Eukaryoten sind Mosaikgene. Codierende Exons wechseln mit nicht codierenden Introns ab.
- Bei der Transkription wird das ganze Mosaikgen abgelesen: Es entsteht eine prä-mRNA. Bei der Prozessierung der prä-mRNA zur mRNA werden die Intronabschnitte durch Spleißen entfernt.
- Mutationen sind Veränderungen der genetischen Information eines Organismus. Sie haben oft ungünstige Auswirkungen auf die Gene, häufig wirken sie tödlich.
- Durch Mutationen kann sich sowohl die Zahl oder die Struktur der Chromosomen als auch die Basenabfolge eines Gens ändern.

- Mutationen in den Keimzellen führen zu Nachkommen, die die jeweilige Mutation in allen Zellen tragen. Somatische Mutationen bleiben auf Körperzellen beschränkt, sie werden nicht auf die Nachkommen vererbt.
- Mutationen treten spontan auf oder werden durch mutagene Substanzen oder energiereiche Strahlung ausgelöst (induzierte Mutationen).
- Reparatursysteme können fehlerhafte Stellen in der DNA beseitigen. Solche Stellen werden z. B. enzymatisch herausgeschnitten und die Lücke durch die DNA-Polymerase ergänzt und durch die Ligase geschlossen.

gaben

30 Geben Sie die molaren Anteile der folgenden Komponenten im DNA-Molekül an:

a Zucker : Phosphat
b Adenin : Guanin
c Cytosin : Thymin
d Thymin : Adenin

31 Bei der quantitativen Analyse eines DNA-Abschnitts wurde festgestellt, dass sie zu 22 % aus Adenin-Nukleotiden besteht. Berechnen Sie den prozentualen Anteil an Cytosin-Nukleotiden.

32 Zeichnen Sie einen Ausschnitt aus der Sekundärstruktur eines DNA-Moleküls.

33 Beschreiben Sie eine Methode, mit der man die doppelsträngige, räumliche Struktur der DNA ermitteln kann.

34 Nennen Sie die wesentlichen Unterschiede im Aufbau zwischen RNA und DNA.

35 Geben Sie das Verhältnis an, in dem beim Versuch von MESELSON und STAHL in der 3. Generation halbschwere ($^{15}N/^{14}N$) und leichte (^{14}N) DNA zueinander stehen. 75% : 25%

36 Angenommen, die Replikation der DNA liefe nach dem konservativen Mechanismus ab: Nennen Sie die Arten von DNA (schwer, halbschwer, leicht), die dann beim Versuch von MESELSON und STAHL in der 3. Generation entstehen würden.

37 Eine DNA wird radioaktiv markiert. Nennen Sie die Generation, in der zum ersten Mal nichtradioaktive DNA auftritt.

38 Angenommen, man könnte eine DNA radioaktiv markieren, ohne dabei ein schwereres oder leichteres Isotop zu verwenden. Entscheiden Sie, ob man in der Praxis für das Experiment von MESELSON und STAHL diese radioaktiv markierte DNA als Ausgangs-DNA verwenden könnte und begründen Ihre Wahl.

39 Beurteilen Sie, inwiefern eine doppelsträngige DNA einen Vorteil gegenüber einer einsträngigen DNA als Erbsubstanz hat.

40 Folgende Basensequenz des codogenen Strangs der DNA soll in die entsprechende Aminosäure-Sequenz eines Polypeptids übertragen werden:
ACA AAA CTG AGG GCT TCT ATT

a Stellen Sie schematisch den allgemeinen Ablauf der Transkription dar.

b Ermitteln Sie die Aminosäure-Sequenz, die der angegebenen Basensequenz der DNA entspricht, wenn angenommen wird, dass die Ablesung links beginnt.

c Ermitteln Sie die Änderungen in der Aminosäure-Sequenz, die sich ergeben, wenn auf der linken Seite am Anfang ein Thymin-Nukleotid angefügt wird.

41 Folgende Aminosäure-Sequenz ist vorgegeben:
Phe – His – Met – Ala – Leu – Gly
Durch Verlust eines Nukleotids und anschließendes Einfügen eines anderen Nukleotids wird die Aminosäure-Sequenz wie folgt verändert:
Phe – Leu – Trp – Arg – Ile – Gly

a Bestimmen Sie mithilfe der Code-Sonne oder der Code-Tabelle die mRNA, die der ursprünglichen Aminosäure-Sequenz zugrunde liegt. Beachten Sie dabei, dass der genetische Code degeneriert ist.

b Legen Sie in gleicher Weise die Sequenz der mRNA der veränderten Aminosäure-Kette fest.

c Geben Sie an, welches Nukleotid verloren ging und welches stattdessen eingefügt wurde.

d Nennen Sie das Ende der ursprünglichen Aminosäure-Sequenz, das dem 5'-Ende der mRNA entspricht.

42 Bei Menschen, die an Sichelzellenanämie leiden, führt ein Gendefekt zur Bindung veränderter Polypeptidketten im Hämoglobin, das bei Sauerstoffmangel die Ausbildung der charakteristischen Sichelform der roten Blutkörperchen bedingt. Die Sichelzellen verstopfen Blutkapillaren, wodurch es zu Blutarmut (Anämie), verminderter Leistungsfähigkeit und Organschäden kommt.

DNA-Sequenz (Anfang des Gens für die β-Ketten des Hämoglobins) für die Bildung von
normalem Hämoglobin: 3' TACCAGGTAAATTGAGGGCTCCTC…5'
Sichelzell-Hämoglobin: 3' TACCAGGTAAATTGAGGGCACCTC…5'

a Entwickeln Sie aus den vorgegebenen DNA-Sequenzen die RNA- und Aminosäuresequenzen für die Bildung von normalem Hämoglobin und Sichelzell-Hämoglobin. Verwenden Sie dazu die Code-Sonne (siehe S. 75) bzw. Code-Tabelle (siehe S. 76).

b Ermitteln Sie die Abweichung in der DNA-Sequenz und erklären Sie deren Folgen.

43 Geben Sie an, welche der folgenden Aussagen falsch sind.
Der genetische Code wird als degeneriert bezeichnet, weil

a nur 61 der 64 Kombinationsmöglichkeiten der vier Basen zu Tripletts zur Kennzeichnung von Aminosäuren dienen,

b weil für die meisten Aminosäuren zwei oder mehrere verschiedene Tripletts codieren,

c weil die DNA von der RNA-Polymerase in beiden Richtungen abgelesen werden kann,

d weil der genetische Code nur für Bakterien gilt.

44 a Erläutern Sie die Aussage der „Ein-Gen-ein-Enzym-Hypothese".

b Geben Sie an, welche Gene eine Ausnahme von dieser Hypothese darstellen und begründen Sie.

45 Erklären Sie, warum bei Experimenten zur Aufklärung der Replikation der DNA bei Eukaryoten und dem Aufbau der Chromosomen nur radioaktiv markiertes Thymidin, nicht jedoch die anderen drei Nukleoside (Adenosin, Guanosin, Cytidin) verwendet wurden.

46 a Erklären Sie, was man unter einer Punktmutation versteht.

b Geben Sie ein Beispiel für eine Punktmutation beim Menschen an und begründen Sie, warum es sich hierbei um eine Punktmutation handelt.

47 Durch radioaktive Strahlung wird am 4. Nukleotidabschnitt eines Gens auf der DNA eine Base „herausgebrochen". Erklären Sie, welche Auswirkung dies auf die Wirksamkeit eines Enzyms haben kann.
Erklären Sie, welche Auswirkung der Ersatz einer Base im 4. Nukleotid durch eine andere Base auf die Wirksamkeit eines Enzyms haben kann. Begründen Sie in beiden Fällen Ihre Antwort.

48 Definieren Sie, was man unter einem Basenanalogon versteht. Nennen Sie ein konkretes Beispiel und dessen Wirkung.

49 Die folgende Abbildung zeigt links einen Ausschnitt aus einer intakten DNA, daneben die möglichen Auswirkungen radioaktiver Strahlung auf diesen DNA-Abschnitt. Geben Sie die Wirkung der eingezeichneten Strahlen 1–3 an. Entscheiden Sie, welche Schädigung die schwerwiegendsten Folgen hat und begründen Sie Ihre Meinung.

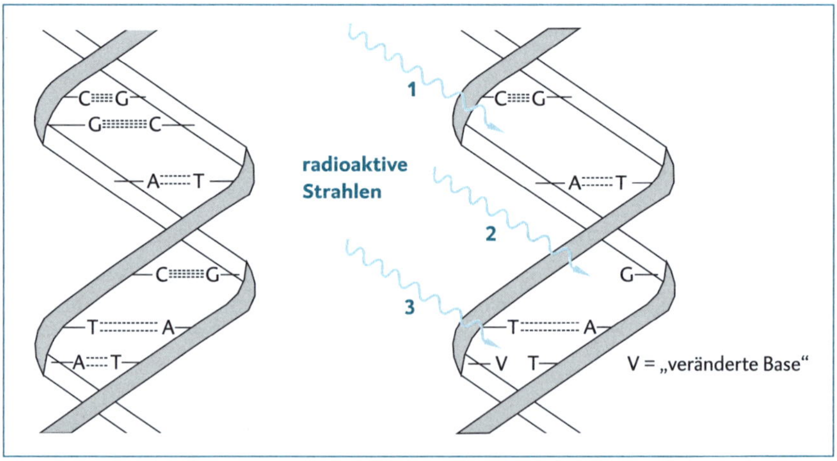

50 Beschreiben Sie die zwei unterschiedlichen Arten der Wirkung radioaktiver Strahlung auf die DNA.

51 Beurteilen Sie, ob eine Genmutation in einer Somazelle, in einer Keimzelle oder in einer Urkeimzelle am folgenschwersten ist.

52 Erklären Sie aus genetischer Sicht, warum die Abnahme der Ozonschicht zu häufigeren Hautkrebserkrankungen führt.

53 Beschreiben Sie kurz die drei wichtigsten Reparaturmechanismen der DNA.

54 a Nennen Sie die drei Gen-Typen, die nach dem Jacob-Monod-Modell eine regulatorische Einheit bei Bakterien bilden.
b Erklären Sie die Funktion dieser Gene.
c Erläutern Sie, warum sich nicht alle Gene einer solchen Einheit unmittelbar hintereinander auf einem DNA-Abschnitt befinden müssen.
d Erläutern Sie, welche Folgen die Inaktivierung von jeweils einem dieser Gene für den Laktoseabbau hätte.

5 Zytogenetik

Bei der Untersuchung von teilungsaktiven pflanzlichen Geweben wurden gut färbbare, fadenförmige Gebilde entdeckt und als **Chromosomen** bezeichnet (griech. *chroma:* Farbe; *soma:* Körper). Weil sie bei der Zellteilung in allen lebenden Zellen gleichmäßig verteilt vorkamen, wurde ihnen schon bald eine grundlegende Bedeutung für die Vererbung zugeschrieben.

5.1 Bau der Chromosomen

Metaphase-Chromosomen der Eukaryoten bestehen aus zwei identischen Spalthälften, den **Chromatiden**, die an einer Stelle zusammengehalten werden, dem **Zentromer**. Die beiden Chromatiden eines Chromosoms besitzen identisches Erbgut und werden deshalb auch als Schwesterchromatiden bezeichnet.

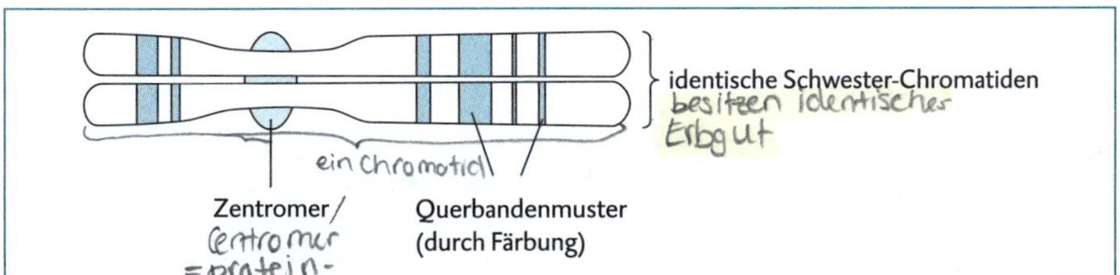

Abb. 65: Schema eines Metaphase-Chromosoms

Das Lichtmikroskop liefert keinen genaueren Aufschluss über den inneren Bau eines Chromosoms. Elektronenmikroskopische, autoradiografische und biochemische Untersuchungen ergaben, dass jede Chromosomenhälfte in der Metaphase (siehe S. 98) aus einem durchgehenden DNA-Doppelstrang (siehe Abb. 45, S. 65) besteht, der Histonproteine (basische Proteine) umschlingt. **Histone** sind kugelförmige Partikel, zusammengesetzt aus acht Histon-Protein-Molekülen. Ein solcher Proteinkern, der vom DNA-Doppelstrang zweifach umwunden ist, wird als **Nukleosom** bezeichnet. Die Nukleosomenkette ist regelmäßig zu einer 30 nm dicken **Chromatinfaser** gewunden. Diese liegt während der Metaphase stark spiralisiert und mehrfach gewunden vor (Transportform: kompakt, gut färbbar, daher im Lichtmikroskop gut sichtbar), in der Interphase ist er entknäuelt (Arbeits- oder Funktionsform: fädig, kaum spiralisiert, nur elektronenmikroskopisch sichtbar).

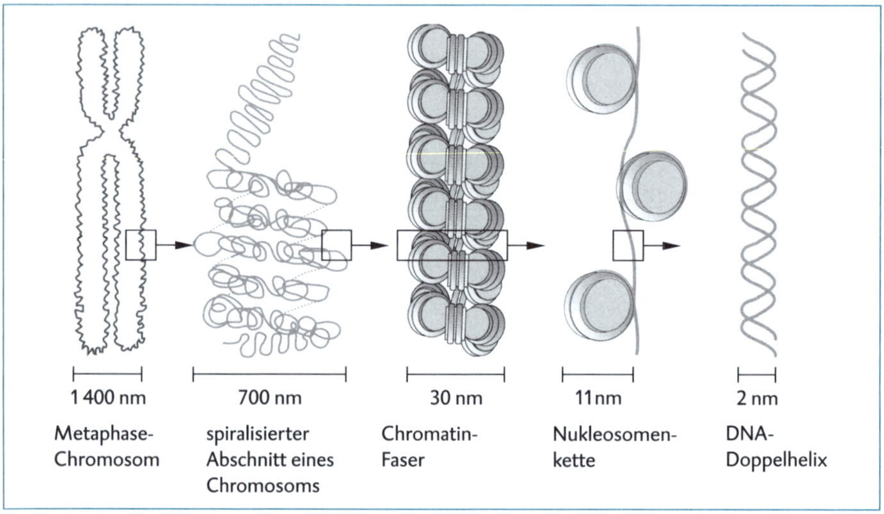

Abb. 66: Feinbau eines Metaphase-Chromosoms

Die Chromosomen des Menschen

Um einen Überblick über die Chromosomen des Menschen zu erhalten, wird ein **Karyogramm** (bildliche Darstellung aller Chromosomen einer Zelle, geordnet nach Zahl, Größe, Form und Bandenmuster) angefertigt.

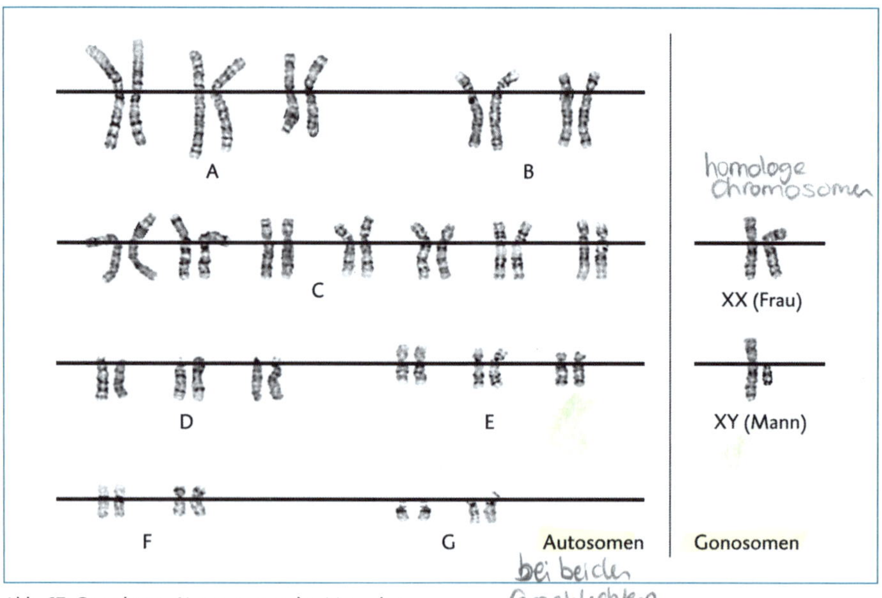

Abb. 67: Geordnetes Karyogramm des Menschen

Im Karyogramm des Menschen lassen sich 44 Chromosomen nach abnehmender Größe und gemäß der Lage ihres Zentromers zu 22 Chromosomenpaaren ordnen und auf sieben Gruppen (A bis G) verteilen. Sie sind bei beiden Geschlechtern gleich **(Autosomen)**.
Ihnen steht das 23. Chromosomenpaar, die **Gonosomen** oder Geschlechtschromosomen, gegenüber. Sie sind für die Geschlechtsbestimmung verantwortlich. Beim Mann liegen zwei verschiedene Gonosomen vor, das größere heißt **X-**, das kleinere **Y-Chromosom**. Die Frau besitzt zwei gleich strukturierte (homologe) X-Chromosomen.

In einer Kurzformel, dem **Karyotyp**, kann das Karyogramm des Menschen mit 46, XX (44 **Autosomen**, 2 gleiche **Gonosomen** bei einer Frau) bzw. 46, XY (44 Autosomen, 2 unterschiedliche Gonosomen bei einem Mann) beschrieben werden.

In den normalen Körperzellen des Menschen sind die Chromosomen jeweils doppelt vorhanden. Es liegt ein doppelter **(diploider)** Chromosomensatz vor: 2n = 46. Männliche und weibliche Keimzellen besitzen nur die Hälfte der für die Art charakteristischen Chromosomenausstattung. Es liegt ein einfacher **(haploider)** Chromosomensatz vor: n = 23.
Da jeweils zwei Chromosomen im charakteristischen Bandenmuster (stark färbbare Abschnitte der Chromosomen) und in der Größe übereinstimmen, spricht man von **homologen Chromosomen**. Der eine Partner eines homologen Chromosomenpaares stammt vom Vater, der andere von der Mutter.

5.2 Zellzyklus und Mitose

Bei allen Eukaryoten vollzieht sich die normale Zellteilung grundsätzlich auf die gleiche Weise. Bevor sich die Zelle teilt, muss die Teilung des Zellkerns erfolgt sein.

Die Chromosomenverteilung bei der Kernteilung heißt **Mitose**.

Die Mitose beinhaltet Kernteilungsvorgänge, durch die aus diploiden Körperzellen wiederum diploide Tochterzellen hervorgehen. Dazu müssen die beiden identischen Schwesterchromatiden eines Chromosoms voneinander getrennt und auf die Tochterzellen verteilt werden. Die Mitose führt also dazu, dass während der Entwicklung eines Lebewesens Zellen entstehen, die untereinander alle eine identische chromosomale und genetische Ausstattung haben. Sie ist damit Voraussetzung für Wachstum und Regeneration (Ersatz abgestorbener Zellen).

Der Ablauf der Mitose

Der Teilungsvorgang ist in vier Phasen untergliedert.

1 Prophase

- Die Chromosomen verkürzen sich stark **(Spiralisierung)** und die beiden Schwesterchromatiden werden sichtbar (Transportform).
- Das Zentriolenpaar (Zentralkörperchen, Zentrosomen) trennt sich. Je eines wandert zu den entgegengesetzten Polen. Zwischen ihnen bildet sich der **Spindelfaserapparat** aus, der die beiden Chromatiden später voneinander trennt. Pflanzenzellen fehlt das Zentriol. Bei ihnen entstehen die Spindelfasern aus der Kernmembran.
- Die Kernmembran und das Kernkörperchen (Nukleolus) lösen sich allmählich auf.

2 Metaphase

- Die Chromosomen haben ihre maximale Verkürzung erreicht und liegen nun in der kompakten, inaktiven Transportform vor. Sie wandern in die Äquatorialebene des Spindelfaserapparates und **ordnen sich nebeneinander an**.
- An den Zentromeren der Chromosomen befinden sich jeweils zwei Spindelfaseransatzstellen, an die sich eine Spindelfaser von jedem der beiden Spindelpole anheftet.
- Kernmembran und Kernkörperchen sind vollständig verschwunden.

3 Anaphase

- Die Zentromere der Chromosomen teilen sich.
- Die Chromosomenspalthälften ([Schwester-]Chromatiden), Einchromatid-Chromosomen genannt, bewegen sich mithilfe der Spindelfasern **zu den entgegengesetzten Polen** der Zelle.

4 Telophase

- Allmähliche **Entspiralisierung** der Einchromatid-Chromosomen, sie werden lang und dünn und somit unsichtbar (Arbeits- oder Funktionsform der Chromosomen). Der Spindelfaserapparat wird zurückgebildet.
- Durch die **Teilung des Zellplasmas** entstehen zwei neue Zellen.
- Jede Tochterzelle bildet eine neue Kernmembran und einen Nukleolus aus.

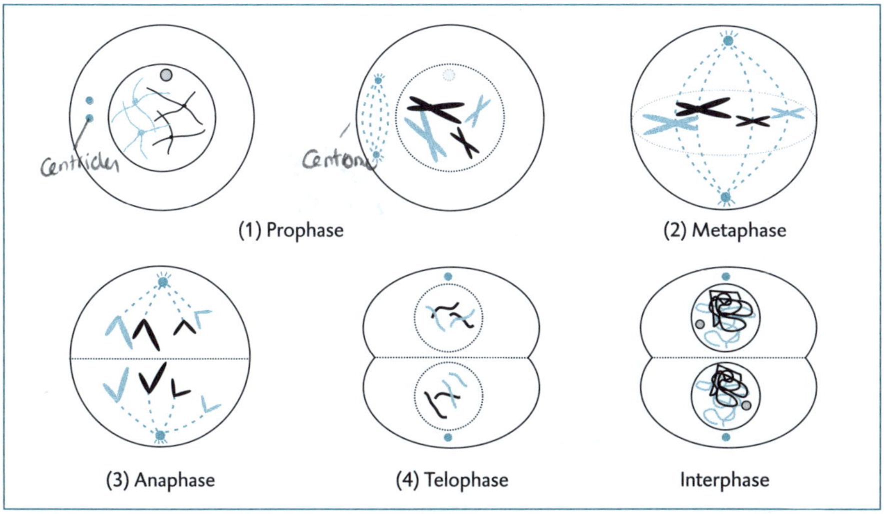

Abb. 68: Schematische Darstellung der Mitose

Die Interphase

Soll eine weitere Zell- und damit Kernteilung stattfinden, muss eine Zelle einen Abschnitt durchlaufen, in dessen Verlauf die Einchromatid-Chromosomen wieder zu Vollchromosomen (Zweichromatid-Chromosomen) verdoppelt werden. Dieses Stadium zwischen zwei Zellteilungen wird **Interphase** genannt. In der fädigen, kaum spiralisierten Arbeitsform der Chromosomen kann die DNA repliziert werden und ihre genetische Information zur Synthese von Proteinen nutzbar gemacht werden.

Autoradiografische Untersuchungen bei Interphasekernen lassen den Schluss zu, dass die Interphase in drei Abschnitte untergliedert werden kann:

1 **G1-Phase** (engl. *gap*, Lücke)
- Vermehrung des Zellplasmas (**Proteinbiosynthese**, siehe S. 70)
- Bereitstellung von DNA-Vorstufen (Nukleosidtriphosphaten)

2 **S-Phase** (Synthese-Phase)
- Verdoppelung der Einchromatid-Chromosomen (**Replikation** der DNA, siehe S. 66)
- Synthese von Histon-Proteinen

3 **G2-Phase**
Synthese weiterer Stoffe, die unentbehrlich für den Eintritt in die nächste Mitose sind **(Mitohormone)**

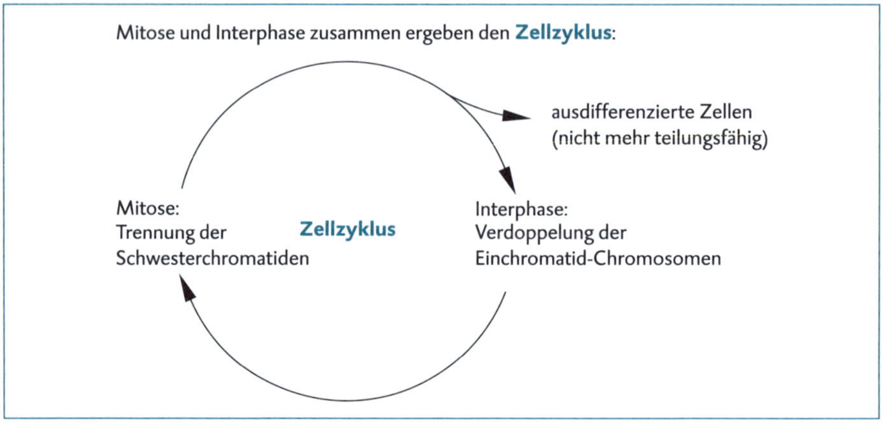

Abb. 69: Schematische Darstellung des Zellzyklus

Zellenart (Beispiel)	Mitose	Interphase G_1	Interphase S	Interphase G_2	gesamte Dauer
Zelle der Wurzelspitze (Gartenbohne)	2,0 h	5,0 h	7,5 h	5,0 h	19,5 h
Hornhautzelle (Maus)	0,5 h	87,0 h	11,5 h	3,5 h	102,0 h
embryonale Bindegewebszelle (Mensch)	1,0 h	6,0 h	6,0 h	4,0 h	17,0 h

Tab. 4: Zeitdauer der Zellzyklus-Abschnitte Mitose und Interphase im Überblick

Die biologische Bedeutung der Mitose

Der Ablauf der Mitose sichert die **exakte Weitergabe der Erbinformation** bei der Teilung von Körperzellen eines Individuums. Die Tochterzellen werden mit der identischen Erbinformation ausgestattet wie die Mutterzelle.

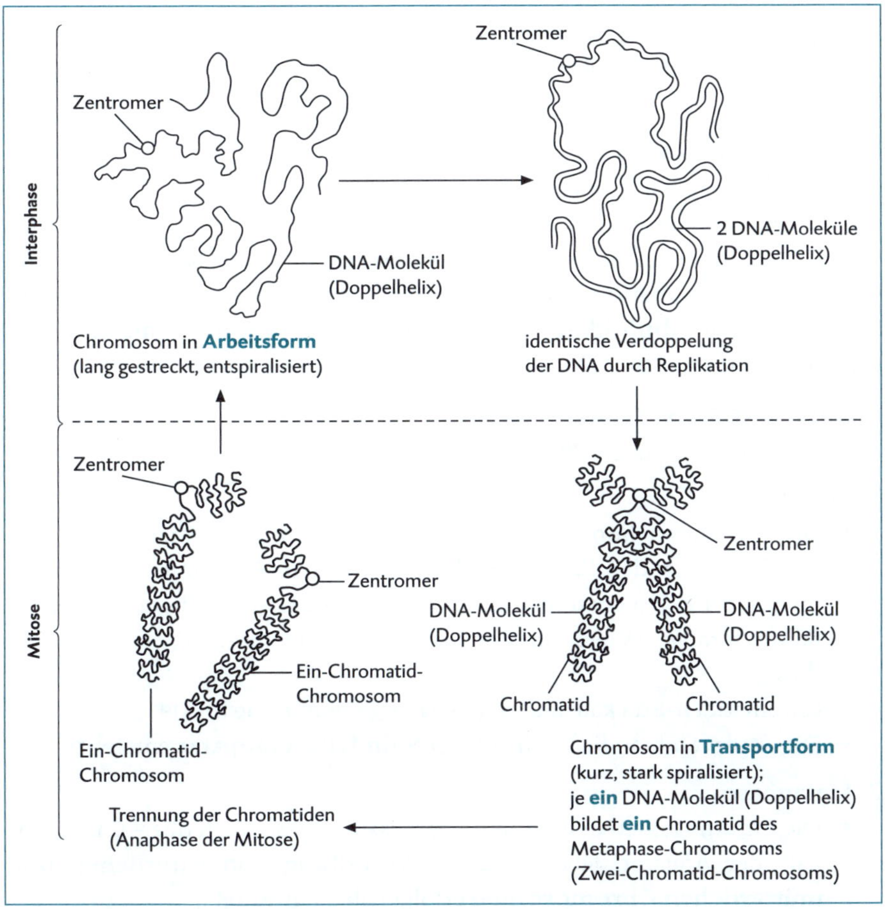

Abb. 70: Arbeits- und Transportform der Chromosomen im Zellzyklus

5.3 Keimzellenbildung durch Meiose

Bei der Befruchtung verschmelzen die Zellkerne der Eizelle und des Spermiums. Hätten beide Geschlechtszellen (Keimzellen) einen doppelten Chromosomensatz, würde die befruchtete Eizelle **(Zygote)** einen vierfachen Satz aufweisen. Um eine Zunahme der Chromosomenzahl zu verhindern, muss also ein Vorgang stattfinden, bei dem der diploide Chromosomensatz der Keimzellen auf den haploiden reduziert wird.

> Die in zwei Schritten verlaufende Reduktion des diploiden auf einen haploiden Chromosomensatz bei der Keimzellenbildung bezeichnet man als **Meiose** oder **Reifeteilung**.

Der Ablauf der Meiose

Die Meiose lässt sich in zwei Schritte untergliedern. Sie findet in den Keimdrüsen der Tiere und den Blüten der höheren Pflanzen statt und betrifft die männlichen und weiblichen **Urkeimzellen**. Diese haben sich bis zur Geschlechtsreife bzw. bis zum Beginn der Blütenbildung durch Mitose vermehrt. Sie weisen einen **diploiden** Chromosomensatz aus **Zweichromatid-Chromosomen** auf.

Reduktionsteilung (1. Reifeteilung):

Trennung der homologen Chromosomen

1 Prophase

- Die verkürzten homologen Zweichromatid-Chromosomen lagern sich parallel aneinander: Ende an Ende, Zentromer an Zentromer (Chromosomenpaarung). So entstehen pro homologem Chromosomenpaar vier parallele Stränge (Vierstrangstadium, Chromatidentetrade, **Tetradenbildung**).
- Chromatiden-Stückaustausch (**Crossing-over**; siehe S. 104)
- Die Kernmembran löst sich auf, der **Spindelfaserapparat** entsteht.

2 Metaphase

- Die Chromosomen eines homologen Paares ordnen sich ober- und unterhalb der Äquatorialebene an. Die **Verteilung von väterlichen und mütterlichen Chromosomen** erfolgt dabei rein zufällig.
- Die Chromosomen jedes Paares richten sich mit der Spindelfaseransatzstelle nach einem der Spindelpole aus und werden mit diesem über eine Spindelfaser verbunden.

3 Anaphase

Die homologen Chromosomen weichen auseinander und wandern zu den Spindelpolen, jeweils ein vollständiger **haploider** Satz. Auf diese Weise werden mütterliche und väterliche Chromosomen rein zufallsbedingt auf zwei neue Zellen verteilt. Die **Halbierung des Erbguts** ist damit abgeschlossen (Reduktionsteilung: $2n \rightarrow n + n$).

4 Telophase

Um die Chromosomen bildet sich für kurze Zeit eine provisorische Kernmembran.

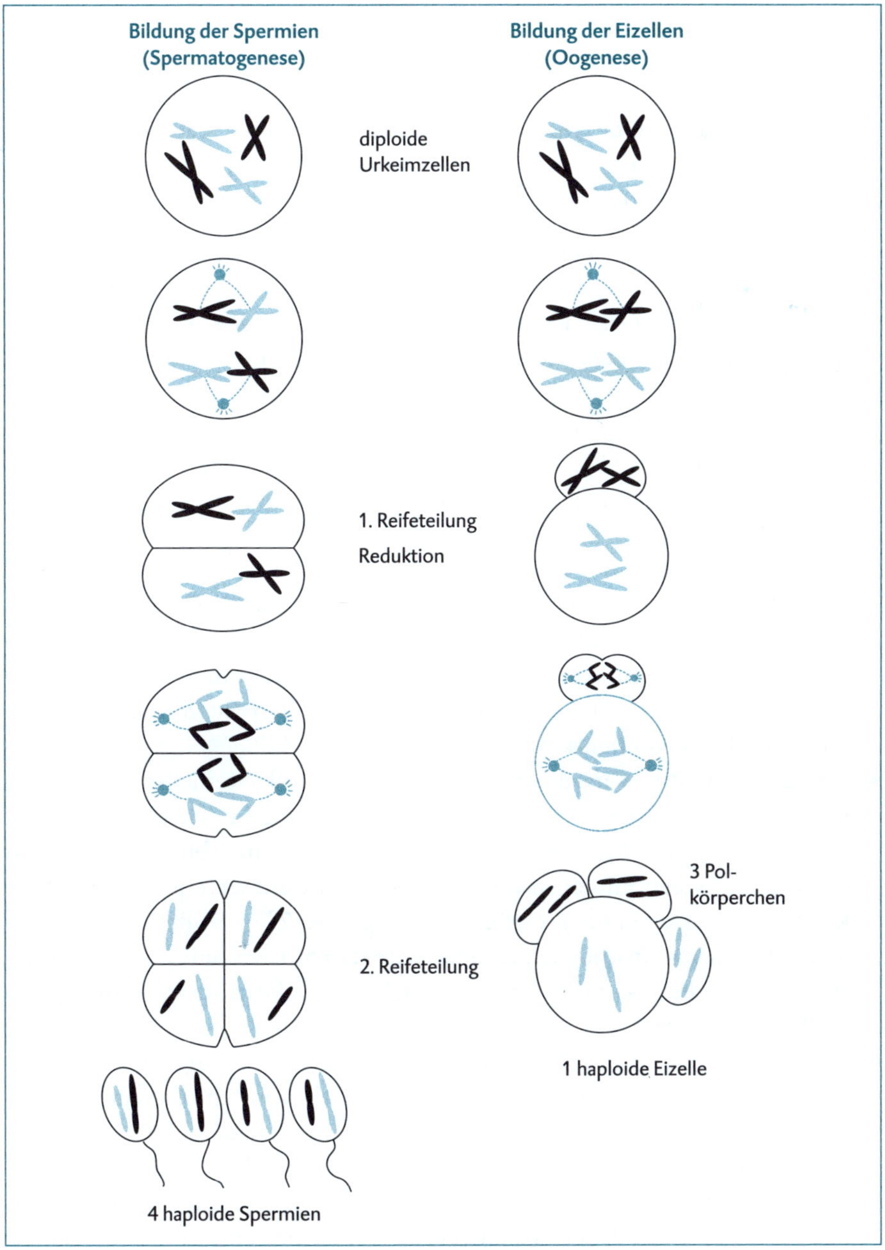

Abb. 71: Schema zum Ablauf der Meiose bei der Keimzellenbildung bei Tieren (Homologes Chromosomenpaar: gleiche Größe der Chromosomen, mütterliche/väterliche Herkunft: Chromosomen schwarz/blau)

Äquationsteilung (2. Reifeteilung):

Trennung der Schwesterchromatiden

Der ersten Reifeteilung schließt sich keine Interphase an. Stattdessen findet nun nach dem Prinzip der Mitose eine zweite Reifeteilung statt. Sie führt über die bekannten Stadien der Pro-, Meta-, Ana- und Telophase zu Keimzellen, die Einchromatid-Chromosomen enthalten: $n \rightarrow n + n$.

Die Meiose führt bei beiden Geschlechtern zu unterschiedlichen **Ergebnissen**:

- Beim männlichen Geschlecht entstehen bei tierischen Organismen aus einer diploiden Ursamenzelle vier haploide Spermien. Bei höheren Pflanzen entstehen statt Spermien Pollenzellen.
- Beim weiblichen Geschlecht entsteht aus einer diploiden Ureizelle nur eine befruchtungsfähige, plasmareiche Eizelle, weil von den vier Zellen drei plasmaarme als Pol- oder Richtungskörperchen verkümmern.

Die biologische Bedeutung der Meiose

- Die Chromosomen werden als einfacher Satz (n) auf die Geschlechtszellen (Gameten) verteilt, weil die homologen Chromosomen voneinander getrennt werden **(Reduktion des diploiden Chromosomensatzes)**. Bei der Befruchtung ergibt sich aus der Vereinigung der haploiden Keimzellen der diploide Chromosomensatz der Zygote.
- Durch die zufällige Verteilung der mütterlichen und väterlichen Chromosomen werden der väterliche und der mütterliche Anteil in vielerlei Weise gemischt. Bei einem Chromosomensatz von $2n = 4$ (siehe Abb. 71, S. 103) lassen sich die zwei homologen Chromosomenpaare auf viererlei Weise auf die Keimzellen verteilen ($2^2 = 4$). Bei $2n = 46$ gibt es $2^{23} = 8\,388\,608$ verschiedene Kombinationsmöglichkeiten **(interchromosomale Rekombination)**. Die Meiose bewirkt also eine vielfältige **Neukombination des genetischen Materials**.
- Diese Kombinationsmöglichkeiten werden durch **Crossing-over** noch erweitert. Darunter versteht man den Austausch von Chromatidenstücken zwischen homologen Chromosomenpaaren im Verlauf der Prophase der ersten Reifeteilung. Nichtschwesterchromatiden brechen an einer homologen Stelle und kombinieren neu über Kreuz **(intrachromosomale Rekombination)**. Die Überkreuzungen und Verschränkungen der Chromatiden homologer Chromosomen bezeichnet man als Chiasmen (Einzahl: **Chiasma**).

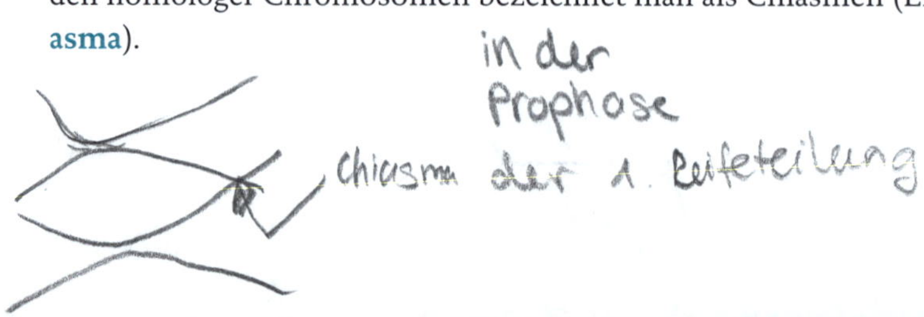

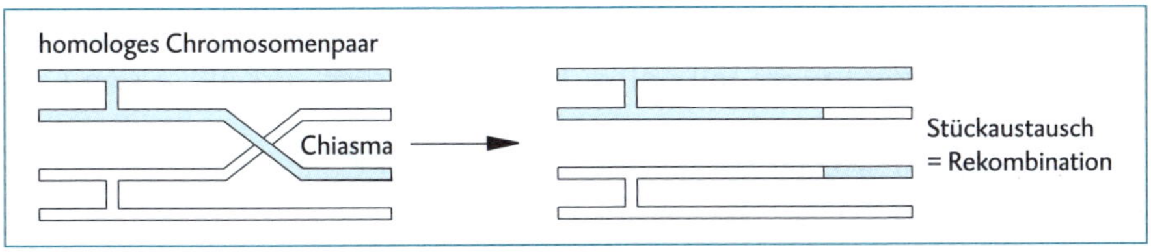

Abb. 72: Schema des Crossing-over

Die Meiose dient der zur sexuellen Fortpflanzung notwendigen **Reduktion des Chromosomensatzes** sowie der **Neukombination der Erbanlagen** bei der Keimzellbildung. Sie ist dafür verantwortlich, dass die Nachkommen eine andere genetische Information haben als ihre Eltern und auch untereinander genetisch verschieden sind.

5.4 Numerische Chromosomenaberrationen beim Menschen

Bei numerischen Chromosomenaberrationen **(= Genommutationen)** ist die Chromosomenzahl pro Zelle verändert. Tritt ein Chromosom im diploiden Chromosomensatz nur einfach oder drei- bzw. mehrfach auf, liegt eine Aneuploidie vor. Wird der Chromosomensatz komplett vervielfacht, spricht man von Euploidie. Sie führt nur bei Pflanzen zu lebensfähigen Formen, so ist z.B. der Kulturweizen hexaploid (6n).

Trisomie 21 als Beispiel einer autosomalen Genommutation

Etwa jedes 700ste Neugeborene weist die Trisomie 21, das sog. Down-Syndrom auf. In den Zellen solcher Menschen lassen sich 47 Chromosomen nachweisen. Aus dem Karyogramm geht hervor, dass anstatt des Chromosomenpaars 21 drei Chromosomen 21 vorhanden sind.

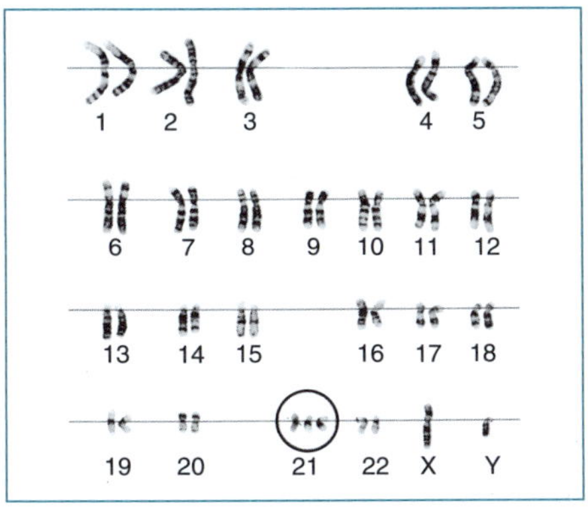

Abb. 73: Karyogramm bei Trisomie 21

Zum Erscheinungsbild der Trisomie 21 (Down-Syndrom) gehören folgende Merkmale, die von Fall zu Fall unterschiedlich deutlich ausgeprägt sein können:

- kleiner, runder Schädel
- kleine Nase mit flacher Nasenwurzel
- schräg gestellte, weit auseinander stehende Augen
- Lidfalte
- dicke Zunge, daher Mund meist geöffnet
- kurze Finger bzw. Zehen
- kleine Ohren
- Vierfingerfurche
- Organfehlbildungen (Herz, Verdauungstrakt)
- geistig zurückgeblieben (Schwachsinn), IQ meist unter 80
- Immunabwehrschwäche

Männer mit Trisomie 21 sind meist steril, Frauen mit Down-Syndrom dagegen fruchtbar. Die Nachkommen einer Frau mit Down-Syndrom und eines gesunden Mannes weisen mit einer Wahrscheinlichkeit von 50 % Trisomie 21 auf.
Die Trisomie 21 entsteht durch **Nondisjunction** (Nichttrennung, N!) in der Meiose: Die Trennung der homologen Chromosomen 21 in der Reduktionsteilung oder die Trennung der Chromatiden in der Äquationsteilung unterbleibt. Dies kann sowohl bei der Eizellen- wie auch bei der Spermienbildung passieren.

Die Nichttrennung zweier homologer Chromosomen oder zweier Schwester-Chromatiden während der 1. bzw. 2. Reduktionsteilung der Meiose nennt man **Nondisjunction**.

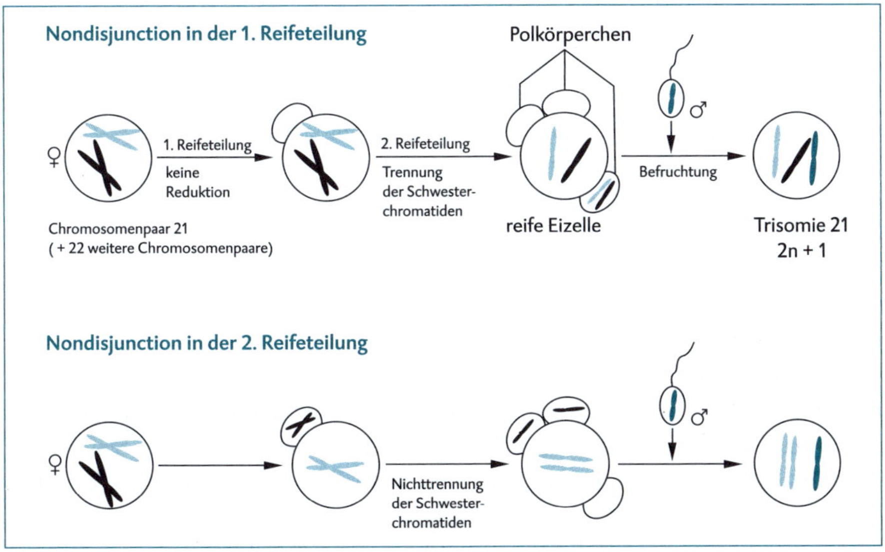

Abb. 74: Entstehung einer freien Trisomie 21 durch Nondisjunction bei der Eizellenbildung

Die Häufigkeit der Trisomie 21 nimmt mit zunehmendem Alter der Mutter zu:

Durchschnittshäufigkeit	1:600
bei Müttern unter 20 Jahren	1:2 000
bei Müttern über 45 Jahren	1:50

Ob zwischen dem Alter des Vaters und dem Auftreten von Trisomie 21 ein Zusammenhang besteht, ist noch unklar.

Gonosomale Genommutationen

Wie die Trisomie 21 kann auch eine vermehrte oder verminderte Zahl an Gonosomen durch Nondisjunction in der 1. oder 2. Reifeteilung bei der Keimzellbildung entstehen.

Fast alle gonosomalen Aneuploidien (Ausnahmen: 45,Y0; 46,YY0) führen zu lebensfähigen Individuen. Dies wird mit der **Lyon-Hypothese** erklärt: Zwischen dem 12. und 16. Tag in der Entwicklung eines weiblichen Embryos wird zufallsmäßig eines der X-Chromosomen fast vollständig inaktiviert und bleibt auch nach jeder Mitose inaktiv. Dadurch wird verhindert, dass in weiblichen Zellen die doppelte Menge an Genprodukten (z. B. Enzymen) mithilfe von zwei aktiven X-Chromosomen gebildet wird, verglichen mit männlichen Zellen, die nur ein X-Chromosom und das genarme Y-Chromosom (nur Geschlechtsrealisator) besitzen. Das inaktivierte X-Chromosom ist in einem Teil

der Zellkerne weiblicher Körperzellen als ein am Rand liegender, dunkel anfärbbarer Punkt zu erkennen **(Barr-Körperchen)**.
Dass die Inaktivierung nicht vollständig und ein zweites X-Chromosom nicht wirkungslos ist, zeigt sich z. B. darin, dass Turner-Frauen (nur ein X-Chromosom, kein Barr-Körperchen) bzw. Klinefelter-Männer (zwei X-Chromosomen, ein Barr-Körperchen) sich phänotypisch von normalen Personen unterscheiden. Andererseits ist die Inaktivierung überzähliger X-Chromosomen wohl der Grund, dass Träger von X-Polysomien nur geringe Schädigungen aufweisen. Autosomale Polysomien wie Trisomie 21 führen dagegen zu starken Beeinträchtigungen.
In der folgenden Tabelle sind einige der häufigen gonosomalen Chromosomenaberrationen sowie deren phänotypische Auswirkungen zusammengestellt. (Die Kombinationen eines XX-Spermiums mit monosomen bis tetrasomen Eizellen wurden der Übersichtlichkeit wegen weggelassen. Die resultierenden Karyotypen können sich auch aus der Kombination anderer Keimzellen ergeben und sind dort beschrieben.)

	(Polkörperchen: XX)	X (Polkörperchen: X)	XX	XXX (Polkörperchen: X) / XXXX
X	45,X0 Turner-Syndrom unfruchtbare kleinwüchsige Frau, mit breitem Hals, Intelligenz meist normal	46,XX normale Frau	47,XXX Triplo-X-Syndrom Aussehen und Fruchtbarkeit normal, Intelligenz leicht vermindert	48,XXXX 49,XXXXX Poly-X-Frauen meist unfruchtbare Frauen mit geistigen Behinderungen, die Symptome treten mit steigender Zahl der X-Chromosomen verstärkt auf
Y	45,Y0 nicht lebensfähig	46,XY normaler Mann	47,XXY 48,XXXY 49,XXXXY Klinefelter-Syndrom unfruchtbare Männer von eunuchoidem Hochwuchs, weiblich wirkende Fettverteilung, meist normale Intelligenz	
YY	46,YY0 nicht lebensfähig	47,XYY 48,XXYY 49,XXXYY 50,XXXXYY Diplo-Y-Syndrom Männer von relativ hohem Wuchs, fruchtbar, Intelligenz fast normal, mit steigender Zahl der X-Chromosomen verminderte Intelligenz		

Tab. 5: Die häufigsten gonosomalen Chromosomenaberrationen und ihre Auswirkungen

Zusammenfassung

- Die Chromosomen der eukaryotischen Zellen sind die Transport- oder „Verpackungsform“ der genetischen Information.
- Sie bestehen aus DNA und Proteinen.
- Jedes Chromosom besteht aus zwei identischen DNA-Doppelsträngen, die mit den Proteinen verbunden und sehr kompakt in Spiralen gewickelt sind = Chromatiden.
- Der Chromosomensatz in den Körperzellen des Menschen ist diploid: 2n = 46.
- Der einfache Chromosomensatz (der Keimzellen) wird als haploid (n) bezeichnet.
- Je zwei äußerlich gleiche Chromosomen bilden ein homologes Chromosomenpaar, wobei eines vom Vater und eines von der Mutter stammt.
- Autosomen: artspezifische Anzahl homologer Chromosomen.
- Gonosomen: 1 Paar Geschlechtschromosomen.
- Vergleich:

Vergleich:	Mitose	Meiose
Ort:	in allen wachsenden, teilungsfähigen Geweben	in den Keimdrüsen
Zahl der Kernteilungen:	eine	zwei
Prophase:	keine Chromosomenpaarung → kein Crossing-over	Prophase I: Paarung der homologen Chromosomen → Crossing-over; Prophase II: siehe Mitose
Metaphase:	Anordnung der Chromosomen in der Äquatorialebene nebeneinander	Metaphase I: Anordnung der homologen Chromosomen ober- und unterhalb der Äquatorialebene; Metaphase II: siehe Mitose
Anaphase:	Trennung der Chromosomen in Chromatiden am Zentromer	Anaphase I: Trennung der homologen Chromosomenpaare; Anaphase II: siehe Mitose
Tochterzellen Chromosomenzahl:	bleibt konstant → zwei diploide Zellen	wird reduziert → 4 haploide Zellen
Aussehen:	etwa gleich groß	vier gleiche, kleine Spermien; eine große Eizelle und 3 Polkörperchen
genetische Information:	identisch	unterschiedlich

- Bei numerischen Chromosomenaberrationen beim Menschen weicht die Zahl der Chromosomen von 46 ab, z. B. Trisomie 21: 47 Chromosomen/Zelle, Turner-Syndrom: 45 Chromosomen/Zelle.
- Ursache der Genommutationen ist ein Zusammenbleiben eines homologen Chromosomenpaars (Reduktionsteilung) oder zweier Schwesterchromatiden (Äquationsteilung) bei der Meiose (Nondisjunction).

Aufgaben

55 Geben Sie an, welche der folgenden Aussagen richtig bzw. falsch sind.

- **a** Weiße Blutkörperchen und herangereifte Keimzellen desselben Organismus haben die gleiche Anzahl an Chromosomen.
- **b** Während der Prophase der Meiose kann sich ein Chromosom mit jedem anderen Chromosom derselben Zelle paaren.
- **c** Die Keimzellen eines Säugetiers können mehr als die Hälfte der väterlichen Chromosomen enthalten.
- **d** Von acht Chromosomen einer Eizelle sind stets vier väterlicher Herkunft.
- **e** Homologe Abschnitte von zwei Chromosomen liegen bei der Tetradenbildung einander gegenüber.
- **f** Eine Eizelle hat genau die Hälfte der Chromosomen einer Urkeimzelle.
- **g** Mitosen finden bei der Bildung neuer Körperzellen in Organismen mit haploidem Chromosomensatz statt.
- **h** Mitosen sind für die Heilung von Wunden nötig.
- **i** Die Erbanlagen werden durch mitotische Teilungen durchmischt.

56 Geben Sie an, wie viele verschiedene Spermien mit unterschiedlicher Chromosomenkombination aus einer Urkeimzelle mit vier Chromosomen entstehen können.

57 Vergleichen Sie Mitose und Meiose nach folgenden Gesichtspunkten:

- **a** Zelltypen bzw. Gewebe, in denen diese Vorgänge ablaufen,
- **b** Ergebnis des jeweiligen Vorgangs,
- **c** biologische Bedeutung dieser Vorgänge.

58 Skizzieren Sie jeweils die Anaphase der Mitose und der Meiose I (Reduktionsteilung) und beschriften Sie sie. Der diploide Chromosomensatz soll in beiden Fällen aus insgesamt vier Chromosomen bestehen.

59 Nennen Sie den Unterschied zwischen einem Metaphase- und einem Anaphasechromosom bei der Mitose.

60 Erklären Sie, welche Vorteile der diploide Zustand gegenüber einem haploiden Zustand der Körperzellen hat.

61 Erklären Sie, welche Bedeutung die Meiose für die Evolution der Organismen hat.

62 Nennen Sie Unterschiede zwischen der Spermatogenese und der Oogenese.

63 Colchicin verhindert die Ausbildung des Spindelapparats bei mitotischen Vorgängen. Beschreiben Sie die Auswirkung der Zugabe von Colchicin auf die Eizellenbildung einer Maus.

64 Die Abbildung zeigt das Karyogramm eines Mädchens, das für sein Alter sehr klein ist.

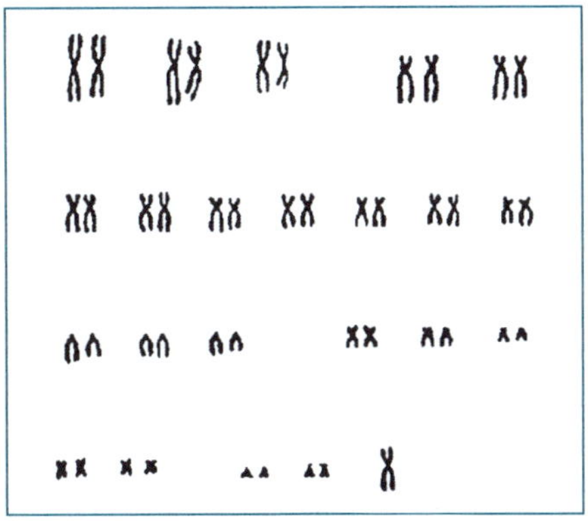

- **a** Werten Sie das Karyogramm aus und erklären Sie, welche Genommutation hier vorliegt.
- **b** Der Vater des Mädchens leidet an einer Erbkrankheit, deren Ursache ein Gendefekt auf dem X-Chromosom ist. Das Mädchen und ihre Mutter weisen diese Krankheit nicht auf und sind auch genotypisch dafür gesund. Erklären Sie unter Mitverwendung von Skizzen, wie die Chromosomenaberration in diesem Fall entstanden ist.

65 In Einzelfällen können beim Mann Spermien mit zwei X-Chromosomen (Chromatiden) und mit zwei Y-Chromosomen (Chromatiden) gebildet werden. Erläutern Sie unter Verwendung der entsprechenden Fachbegriffe und mit einer einfachen Skizze eine Möglichkeit für die Bildung der oben genannten Spermienzelle.

66 Skizzieren Sie alle Möglichkeiten für das Zustandekommen einer Zygote mit dem Karyotyp 47, XXY ausgehend von den Urkeimzellen.

67 Männer mit dem Diplo-Y-Syndrom sind phänotypisch wenig auffällig.
- **a** Nennen Sie drei körperliche Merkmale, die für dieses Syndrom typisch sind.
- **b** Zeigen Sie anhand einer beschrifteten Skizze eine Möglichkeit für das Zustandekommen dieses Genotyps auf.

68 Erklären Sie, welche Folge die Nondisjunction eines Chromosoms 21 bei der 1. (!) Zellteilung der Zygote für die spätere Entwicklung des Kindes hat. (Alle weiteren Zellteilungen sollen normal verlaufen.) Begründen Sie.

6 Klassische Genetik

6.1 Die mendelschen Regeln

Der Augustinermönch Gregor MENDEL (1822–1884) führte im Klostergarten von Brünn Kreuzungsexperimente mit Erbsenpflanzen durch und wertete die Ergebnisse statistisch aus. Dabei fand MENDEL einige grundlegende Gesetze, nach denen sich bestimmte Merkmale bei den Versuchspflanzen vererbten. Er wählte Erbsenpflanzen als Versuchsobjekte, da sich diese normalerweise selbst bestäuben und somit eine Fremdbestäubung praktisch ausgeschlossen war.
Zunächst untersuchte er jeweils über einen längeren Zeitraum die durch Selbstbestäubung entstandenen Nachkommen einer Erbsenpflanze. Waren sie bezüglich eines Merkmals untereinander alle gleich (z. B. nur gelbe Erbsensamen), konnte er davon ausgehen, dass die Elternpflanzen in Bezug auf dieses Merkmal reinerbig waren. Als er genügend reinerbige Pflanzen gefunden hatte, führte er über künstliche Bestäubung eine Kreuzung durch und wertete die Zahl der Nachkommen bezüglich des zu untersuchenden Merkmals statistisch aus. Die Bedeutung dieser Untersuchungsergebnisse wurde zu MENDELS Lebzeiten nicht erkannt. Erst um die Jahrhundertwende wurden die von ihm aufgestellten Gesetze **(mendelsche Regeln)** wieder entdeckt.
Jedes Merkmal wird bei diploiden Organismen immer von mindestens zwei Erbanlagen bestimmt, einer väterlichen und einer mütterlichen. Diese Erbanlagen, die später als **Gene** bezeichnet wurden, kommen in zwei (oder mehr) unterschiedlichen Zustandsformen vor, die **Allele** genannt werden. Stimmen bei einem Lebewesen bezüglich eines Merkmals beide Gene (Allele) überein, bezeichnet man seinen **Genotyp** (Erbbild) als **homozygot** (reinerbig), sind sie verschieden, als **heterozygot** (mischerbig).
Die Erbanlagen, die ein Merkmal bestimmen, können in ihrer Auswirkung auf den **Phänotyp** (äußeres Erscheinungbild) unterschiedlich sein. Setzt sich eine Erbanlage gegenüber der anderen im Phänotyp durch, bezeichnet man sie als **dominant** (beherrschend, von lat. *dominare*), die unterdrückbare Anlage als **rezessiv** (zurückweichend, von lat. *recedere*). Der entsprechende Erbgang heißt **dominant-rezessiver Erbgang**.

Beispiel

Das Merkmal „Samenfarbe“ wird bei Erbsen durch ein Gen bestimmt, das in zwei Allelen vorkommt:
Allel für gelbe Samenfarbe: verhält sich dominant
Allel für grüne Samenfarbe: verhält sich rezessiv
$\Rightarrow$ Genotyp einer homozygoten, gelbsamigen Erbse: zwei Allele für gelb

Genotyp einer homozygoten, grünsamigen Erbse: zwei Allele für grün
Genotyp einer heterozygoten, gelbsamigen Erbse: je ein Allel für gelb und grün

Neben der häufigen dominant-rezessiven Vererbung treten auch Formen der Vererbung auf, bei denen die Dominanz eines der Allele nicht eindeutig ist **(unvollständige Dominanz)**. Bei Vorliegen des heterozygoten Genotyps wird bei solchen Individuen ein **intermediärer Phänotyp** ausgebildet, d. h., die Merkmalsausprägung entspricht (mehr oder weniger) einer Mittelstellung zwischen den Merkmalen der Eltern.

eispiel

Das Merkmal „Blütenfarbe" wird bei der Wunderblume durch folgende Allele eines Gens bestimmt, die etwa gleich starke Dominanz aufweisen: Allel für rote Blütenfarbe und Allel für weiße Blütenfarbe

⇒ Genotyp einer homozygoten, rotblühenden Wunderblume: zwei Allele für rot
⇒ Genotyp einer homozygoten, weißblühenden Wunderblume: zwei Allele für weiß
⇒ Genotyp einer heterozygoten, rosablühenden Wunderblume: ein Allel für rot und ein Allel für weiß

Da die Zahl der Erbanlagen bei jedem Lebewesen immer gleich bleibt, müssen die beiden Anlagen pro Merkmal bei der **Keimzellenbildung** auf die Samen- bzw. Eizellen verteilt werden. Erst bei der Befruchtung, d. h. bei der Bildung der Zygote (befruchtete Eizelle), werden sie wieder kombiniert. Im Gegensatz zu den Körperzellen, die pro Merkmal immer mindestens zwei Erbanlagen aufweisen, besitzen die Keimzellen jeweils nur eine Erbanlage. Die Aufteilung der beiden Erbanlagen erfolgt in der sog. Reduktionsteilung (siehe S. 102).

1. mendelsche Regel (Uniformitätsregel)

RR; rr

Kreuzt man zwei **reinerbige** Eltern (P-Generation von lat. *parentes*), die sich in der Ausprägung eines Merkmals (Phänotyp) unterscheiden, sind die Nachkommen in der F_1-Generation (erste Tochtergeneration, von lat. *filia*) untereinander alle gleich bzw. uniform **(Uniformitätsregel)**.

Dabei spielt es keine Rolle, ob es sich um einen **monohybriden** (nur ein Merkmal betreffend), einen **dihybriden** (zwei Merkmale betreffend), um einen dominant-rezessiven oder einen intermediären Erbgang (Erbgang mit unvollständiger Dominanz) handelt. Sind die Eltern reinerbig, sind die Individuen der F_1-Generation untereinander immer gleich.

Beispiele

Beispiel für einen **monohybriden, dominant-rezessiven Erbgang**:
P-Generation: runde Erbsen × kantige Erbsen
F_1-Generation: runde Erbsen
In diesem Fall ist „rund" dominant und „kantig" rezessiv.

Beispiele für **dihybride, dominant-rezessive Erbgänge**:
P-Generation: runde, gelbe Erbsen × kantige, grüne Erbsen
F_1-Generation: runde, gelbe Erbsen
oder
P-Generation: runde, grüne Erbsen × kantige, gelbe Erbsen
F_1-Generation: runde, gelbe Erbsen
In beiden Fällen ist „rund" und „gelb" dominant.

Beispiel für einen **monohybriden, intermediären Erbgang**:
P-Generation: rot blühende Wunderblumen × weiß blühende W.
F_1-Generation: rosa blühende Wunderblumen

Beispiele für **dihybride, intermediäre Erbgänge**:
P-Generation: rote, kugelförmige Radieschen × weiße, längliche R.
F_1-Generation: rosa, ovale Radieschen
oder
P-Generation: weiße, kugelförmige Radieschen × rote, längliche R.
F_1-Generation: rosa, ovale Radieschen

Für die **schematische Darstellung** eines solchen Erbgangs bedient man sich einer Symbol- bzw. Kurzschreibweise. Zunächst wird einem Gen ein beliebiger Buchstabe zugeordnet. Allerdings ist es sinnvoll, dafür den Anfangsbuchstaben des dominanten Merkmals zu wählen oder die Anfangsbuchstaben des Alphabets zu verwenden. Damit man später den Phänotyp leichter bestimmen kann, erhalten beim dominant-rezessiven Erbgang beide Allele (unterschiedliche Ausprägungen eines Gens) den gleichen Buchstaben. Großbuchstaben werden für dominante, Kleinbuchstaben für rezessive Gene verwendet.

Beispiel

Erbsenpflanzen, die aus runden Samen hervorgingen, werden mit Pflanzen aus kantigen Samen gekreuzt:
Allel für „rund" (dominant): R oder A
Allel für „kantig" (rezessiv): r oder a

Bei sich geschlechtlich fortpflanzenden Organismen wird jedes Merkmal von zwei Genen bestimmt:
Genotyp der reinerbig rundsamigen Pflanze: RR oder AA
Genotyp der reinerbig kantigsamigen Pflanze: rr oder aa

Bei der Bildung der Gameten bzw. der Keimzellen werden die beiden Gene eines Merkmals auf die Keimzellen verteilt. Die Keimzellen der rundsamigen Pflanzen erhalten jeweils das Gen R (bzw. A), die der kantigsamigen Pflanzen jeweils das Gen r (bzw. a).

Der ausführliche Erbgang des Beispiels lautet in der Symbolschreibweise:

Phänotypen der P-Generation:	runde Samen		x	kantige Samen	
Genotypen der P-Generation:	RR			rr	
Keimzellen der P-Generation:	R	R		r	r

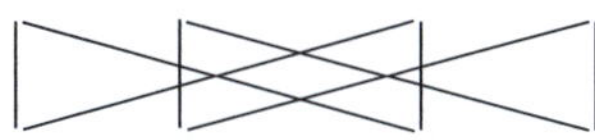

Genotyp der F_1-Generation:	Rr	Rr	Rr	Rr
Phänotyp der F_1-Generation:	rund	rund	rund	rund

Da das Gen für „rund“ dominant ist, sind alle Phänotypen der F_1-Generation rundsamig und untereinander gleich (1. mendelsche Regel).

Eine vereinfachte Darstellung des Erbgangs erfolgt durch die Erstellung des **Kombinationsquadrates**. Dabei werden die Gene der Gameten eines Elternteils waagrecht nebeneinander, die des anderen Elternteils senkrecht untereinander geschrieben und im daneben stehenden Quadrat kombiniert.

Beispiel

Keimzellen	R	R
r	Rr	Rr
r	Rr	Rr

oder

Keimzellen	A	A
a	Aa	Aa
a	Aa	Aa

Der Genotyp Rr/Aa ergibt für diesen Fall in der F_1-Generation den einheitlichen Phänotyp „runde Samen“.

Beim intermediären Erbgang treten beide Gene im Phänotyp in Erscheinung. Deshalb empfiehlt es sich, den Anfangsbuchstaben der Merkmale (R für „Rot“, W für „Weiß“) zu nehmen und für beide Allele Großbuchstaben zu verwenden. Am Auftreten von Großbuchstaben im Kombinationsquadrat kann man erkennen, dass beide Gene im Phänotyp auftauchen (in diesem Fall Rosa als Mischfarbe).

Beispiel

Phänotypen der P-Generation: rot blühend × weiß blühend
Genotypen der P-Generation: RR WW
Kombinationsquadrat:

Keimzellen	R	R
W	RW	RW
W	RW	RW

Phänotyp der F_1-Generation: rosa blühende Pflanzen

Sollen die Anfangsbuchstaben des Alphabets gewählt werden, kann das entsprechende Allel durch einen hochgestellten Buchstaben angegeben werden, z. B. Allel für rot A^R, Allel für weiß A^W.

2. mendelsche Regel (Spaltungsregel)

Kreuzt man die Individuen der F_1-Generation untereinander, treten in der F_2-Generation sowohl Merkmalsausprägungen der F_1- als auch der P-Generation in einem bestimmten Zahlenverhältnis auf **(Spaltungsregel)**.

Beispiel

Bei einem **dominant-rezessiven Erbgang** werden die heterozygoten (mischerbigen) Erbsen mit runden Samen der F_1-Generation (Genotyp Rr) untereinander gekreuzt.
Kombinationsquadrat:

Keimzellen	R	r
R	RR	Rr
r	Rr	rr

In der F_2-Generation treten runde und kantige Erbsensamen in folgendem Verhältnis auf:
Verhältnis der Phänotypen: rund : kantig = 3 : 1
Da der Genotyp der runden Erbsen nicht einheitlich ist, ergibt sich folgendes Genotypenverhältnis:
Verhältnis der Genotypen: RR : Rr : rr = 1 : 2 : 1

Bei einem **intermediären Erbgang** werden die rosa blühenden Pflanzen der F_1-Generation (Genotyp RW) untereinander gekreuzt.

Kombinationsquadrat:

Keimzellen	R	W
R	RR	RW
W	RW	WW

Im Phänotyp kommen auf eine rot blühende (RR) zwei rosa blühende (RW) und eine weiß blühende (WW) Pflanze. Wie das Kombinationsquadrat zeigt, entspricht beim intermediären Erbgang das Verhältnis der Genotypen dem Verhältnis der Phänotypen.
Verhältnis der Geno- und Phänotypen: rot : rosa : weiß = 1 : 2 : 1

3. mendelsche Regel (Unabhängigkeitsregel)

Die 3. mendelsche Regel bezieht sich auf einen **dihybriden Erbgang**, d. h. es wird die Vererbung von zwei Merkmalen untersucht. Diese Regel gilt allerdings nur, wenn die Gene nicht gekoppelt sind, also auf verschiedenen Chromosomen liegen.

Kreuzt man in einem dihybriden, dominant-rezessiven Erbgang die Individuen der F_1-Generation untereinander, spalten sich die Merkmale der Nachkommen der F_2-Generation im Zahlenverhältnis 9:3:3:1 auf. Dabei werden die Gene unabhängig voneinander neu kombiniert **(Unabhängigkeitsregel und Regel von der freien Kombinierbarkeit der Gene)**.

eispiel

Phänotypen der P-Generation: gelb, rund × grün, kantig
Genotypen der P-Generation: GGRR ggrr
(Gelb (G) und rund (R) sind dominant, grün (g) und kantig (r) rezessiv.)
Keimzellen der P-Generation: GR gr
Kombinationsquadrat:

Keimzellen	GR	GR
gr	GgRr	GgRr
gr	GgRr	GgRr

Die Phänotypen der F_1-Generation sind alle gelb und rund (Uniformitätsregel).
Da die Gene für Farbe und Form auf verschiedenen Chromosomen liegen (Unabhängigkeit der Gene), können sich folgende Keimzellen in der F_1-Generation bilden:
Keimzellen der F_1-Generation: GR Gr gR gr

Für die F_2-Generation ergibt sich daher folgendes Kombinationsquadrat:

Keimzellen	GR	Gr	gR	gr
GR	**GGRR**	GGRr	GgRR	GgRr
Gr	GGRr	**GGrr**	GgRr	Ggrr
gR	GgRR	GgRr	**ggRR**	ggRr
gr	GgRr	Ggrr	ggRr	**ggrr**

Es treten die zwei neuen reinerbigen Geno- und Phänotypen der F_2-Generation auf (Neukombination der Gene): GGrr (gelb, kantig) und ggRR (grün, rund).

Verhältnis der Phänotypen:

gelb-rund		gelb-kantig		grün-rund		grün-kantig
9	:	3	:	3	:	1

Rückkreuzung

Eine Rückkreuzung besteht darin, bei einem Individuum, das im Phänotyp ein bestimmtes dominantes Merkmal aufweist, herauszufinden, ob bei ihm ein homozygoter oder heterozygoter Genotyp vorliegt. Es wird mit einem Individuum gekreuzt, das das entsprechende rezessive Merkmal zeigt und natürlich homozygot ist. Aus dem Ergebnis der Kreuzung lässt sich auf den Genotyp **rück**schließen.

Beispiel

Annahme: Testindividuum ist homozygot
reinerbig runde Erbse (RR) x reinerbig kantige Erbse (rr)
Kombinationsquadrat:

Keimzellen	r	r
R	Rr	Rr
R	Rr	Rr

In diesem Fall ist die Samenform aller Nachkommen rund.

Annahme: Testindividuum ist heterozygot
mischerbig runde Erbse (Rr) x reinerbig kantige Erbse (rr)
Kombinationsquadrat:

Keimzellen	r	r
R	Rr	Rr
r	rr	rr

Verhältnis der Phänotypen: rund : kantig = 1 : 1

Sind alle Nachkommen aus der **Rückkreuzung** uniform, ist das Testindividuum homozygot. Treten das dominante und das rezessive Merkmal bei einem monohybriden Erbgang im Verhältnis 1 : 1 auf, ist das Testindividuum heterozygot.

Auch bei einem dihybriden Erbgang lässt sich durch Rückkreuzung mit einem reinerbig rezessiven Partner herausfinden, ob das Testindividuum mit den dominanten Merkmalen reinerbig oder mischerbig ist. Ist es reinerbig, sind alle Nachkommen untereinander phänotypisch gleich. Ist es mischerbig, treten die vier möglichen Phänotypen im Verhältnis 1 : 1 : 1 : 1 auf.
Ein weiteres Ziel einer Rückkreuzung kann die Erzeugung einer F_2-Generation sein, bei der bei jedem Phänotyp auf den Genotyp geschlossen werden kann. Dazu werden die heterozygoten Nachkommen aus der F_1-Generation mit Individuen gekreuzt, die den Genotyp des rezessiven Elternteils aufweisen (entsprechend der zweiten Annahme zur Rückkreuzung). Bei der daraus entstehenden RF_2-Generation kann jedes Individuum mit dominantem Merkmal nur heterozygot sein.

Statistische Natur der Vererbungsregeln

Die mendelschen Regeln sind Wahrscheinlichkeitsgesetze, mit denen die theoretisch zu erwartenden Phänotypen- und Genotypenverhältnisse berechnet werden können. Erst wenn sehr große Individuenzahlen für eine statistische Auswertung vorhanden sind, nähern sich die Versuchsergebnisse den zu erwartenden Ergebnissen an.
Oder umgekehrt ausgedrückt: Besteht die F_2-Generation bei einem monohybriden, dominant-rezessiven Erbgang aus nur vier Individuen, wäre es falsch, zu erwarten, dass 3 Individuen die dominante Merkmalsausprägung und eines die rezessive aufweisen müssen.

Die Chromosomentheorie der Vererbung

Gegen Ende des 19. Jahrhunderts wurden zahlreiche Erkenntnisse über den Zellkern und die Chromosomen sowie die Verteilung der Chromosomen bei Mitose und Meiose gewonnen. Sie ließen sich ohne Widersprüche den Ergebnissen der Kreuzungsexperimente zuordnen. BOVERI und SUTTON formulierten daraus 1903 die Chromosomentheorie der Vererbung:

Die **Chromosomen** sind die **Träger der Erbanlagen**.

Ergebnisse der Chromosomenforschung (Zellforschung)	Ergebnisse der Kreuzungsforschung (klassische Genetik)
Chromosomen sind selbstständige Strukturen des Zellkerns, die verdoppelt und von Zelle zu Zelle und von Generation zu Generation weitergegeben werden.	Gene sind selbstständige Einheiten, die verdoppelt und gleichmäßig von Zelle zu Zelle und von Generation zu Generation weitergegeben werden.
Chromosomen sind in den Körperzellen höherer Organismen stets doppelt vorhanden. Jede Körperzelle hat einen doppelten Chromosomensatz, einen einfachen väterlichen und einen einfachen mütterlichen.	Gene sind in den Körperzellen höherer Organismen stets doppelt vorhanden. Jede Körperzelle hat einen doppelten Gensatz, einen einfachen väterlichen und einen einfachen mütterlichen.
In der Meiose wird der doppelte Chromosomensatz halbiert, sodass in jede reife Keimzelle nur ein einfacher, kompletter Chromosomensatz gelangt.	In der Meiose wird der doppelte Gensatz halbiert, sodass von jedem Genpaar nur ein Gen in die reife Keimzelle gelangt, die dann einen einfachen kompletten Gensatz enthält.
In der Meiose erfolgt die Verteilung der elterlichen Chromosomen völlig unabhängig voneinander. Bei der Reduktionsteilung tritt eine freie Kombination der väterlichen und mütterlichen Chromosomen zu zwei einfachen Sätzen auf.	In der Meiose erfolgt die Verteilung der elterlichen Gene völlig unabhängig voneinander. Bei der Reduktionsteilung tritt eine freie Kombination der väterlichen und mütterlichen Erbanlagen zu zwei einfachen vollständigen Sätzen auf.
Bei der Befruchtung verschmelzen zwei Keimzellen mit je einem haploiden Chromosomensatz zu einer diploiden Zygote. Ein Chromosomensatz stammt von der Mutter, einer vom Vater.	Bei der Befruchtung verschmelzen zwei Keimzellen mit je einem haploiden Gensatz zu einer diploiden Zygote. Ein Gensatz stammt von der Mutter, einer vom Vater.

Tab. 6: Vergleich der Ergebnisse aus Chromosomen- und Kreuzungsforschung

6.2 Genkopplung und Genaustausch

Die dritte mendelsche Regel gilt nur, wenn die ausgewählten Gene auf verschiedenen Chromosomen liegen. Diese Erkenntnis stimmt auch mit der Chromosomentheorie der Vererbung überein. Je eines der beiden für ein Merkmal verantwortlichen Allele befindet sich auf einem der beiden homologen Chromosomen. Folglich verhalten sich die Gene bei der Meiose wie die Chromosomen: Sie werden wie diese in der Reduktionsteilung voneinander getrennt und auf die Keimzellen verteilt. Bei der Befruchtung werden die homologen Chromosomen und damit auch die auf ihnen liegenden Gene wieder neu kombiniert.

Genkopplung

Da es bei jedem Lebewesen wesentlich mehr Gene als Chromosomen gibt, enthält ein Chromosom eine große Anzahl verschiedener Gene. Liegen zwei Gene auf demselben Chromosom, können sie in der Reduktionsteilung nicht voneinander getrennt und damit auch nicht auf verschiedene Gameten verteilt werden.

> Liegen zwei oder mehrere Gene auf ein und demselben Chromosom, werden diese meist zusammen vererbt, es liegt **Genkopplung** vor.

Beispiel

Zwei Gene, die beim Mais die Ausbildung des Maiskorns betreffen, liegen auf einem Chromosom: Das dominante Allel G führt zu großen Körnern. Es ist gekoppelt mit dem dominanten Allel F, das für farbige Körner codiert.

Beim Kreuzungspartner bewirkt das rezessive Allel g ein Schrumpfen der Körner. Das gekoppelte Allel f führt zu gelben Körnern.

Phänotypen der P-Generation:	groß, farbig	×	geschrumpft, gelb
Genotypen der P-Generation:	G G F F		g g f f
Keimzellen der P-Generation:	G F		g f

Kombinationsquadrat:

Keimzellen:	G/F	G/F
g/f	G/F g/f	G/F g/f
g/f	G/F g/f	G/F g/f

Die Phänotypen der F_1-Generation sind alle groß und farbig.
Aufgrund der Genkopplung können sich in der F_1-Generation nur zwei verschiedene Keimzellen bilden.

Keimzellen der F_1-Generation: G/F g/f

Es ergibt sich für die F_2-Generation daher folgendes Kombinationsquadrat:

Keimzellen:	G/F	g/f
G/F	G/F G/F	G/F g/f
g/f	G/F g/f	g/f g/f

Im Gegensatz zum dihybriden Erbgang, bei dem die beiden ausgewählten Gene auf verschiedenen Chromosomen liegen (siehe S. 113), treten die Phänotypen bei diesem dihybriden Erbgang mit gekoppelten Genen in der F_2-Generation im Verhältnis von 3 (groß, farbig) : 1 (geschrumpft, gelb) auf.

Genaustausch

In einigen Fällen weicht bei einem dihybriden Erbgang mit zwei gekoppelten Genen das Zahlenverhältnis in der F_2-Generation von dem oben ermittelten Wert 3 : 1 ab. Neben großen, farbigen und geschrumpften, gelben Maiskörnern treten auch einige große, gelbe und geschrumpfte, farbige Maiskörner auf. Diese Abweichung kann nur erklärt werden, wenn man davon ausgeht, dass ein **Teil der Gene entkoppelt** wurde und somit ein Genaustausch stattgefunden hat.

In der Meiose kann es zwischen Nichtschwesterchromatiden homologer Chromosomen während der Prophase der 1. Reifeteilung zum Stückaustausch kommen **(Crossing-over)**.

Beispiel

Genaustausch durch Crossing-over bei einer Maispflanze, die aus einem großen, farbigen Maiskorn hervorgegangen ist und einen heterozygoten Genotyp aufweist:

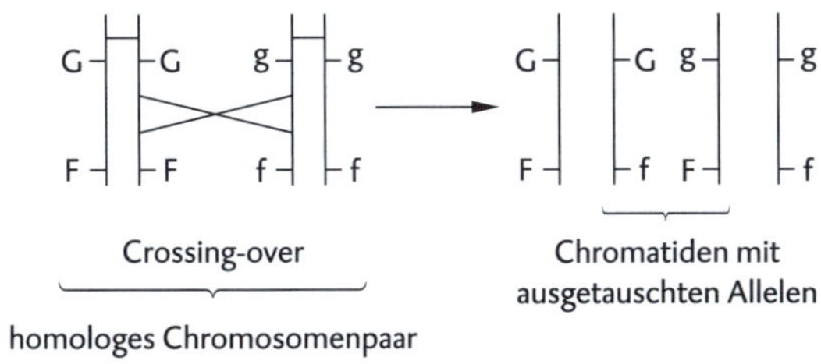

Abb. 75: Entkopplung durch Genaustausch

6.3 Additive Polygenie

Viele erbliche Merkmale werden nicht nur durch ein Gen (monogen), sondern durch mehrere Gene bestimmt **(Polygenie)**. Wenn sich die Wirkung mehrerer Gene addiert, liegt eine **additive Polygenie** vor.

Beispiel

Körnerfarbe beim Weizen

Der schwedische Pflanzengenetiker Hermann NILSSON-EHLE untersuchte 1909 die Vererbung der Körnerfarbe beim Weizen. Er kreuzte in der Parentalgeneration eine Weizensorte mit einheitlicher dunkelroter Körnerfarbe mit einer zweiten Sorte, deren Körnerfarbe sehr hell (farblos) war. In der F_1-Generation erhielt er eine einheitliche Körnerfarbe, die zwischen derjenigen der beiden Elternsorten lag. Die Kreuzung der F_1-Generation untereinander ergab fünf verschiedene Körnerfarben, die mit folgender Häufigkeit auftraten:
dunkelrot : rot : hellrot : schwach rot : farblos = 1 : 4 : 6 : 4 : 1

NILSSON-EHLE ging bei seinen Untersuchungen von der Überlegung aus, dass die Körnerfarbe durch das Zusammenwirken zweier Gene zustande kommen könnte (dihybrider Erbgang).
Der intermediäre Phänotyp der uniformen F_1-Generation weist auf eine unvollständige Dominanz der Gene für die Körnerfarbe hin. Die Ausprägung der Farbe rot in der F_2-Generation fällt umso intensiver aus, je mehr für Farbe codierende Allele bei dem einzelnen Individuum vorhanden sind.

Erstes Pigmentgen mit den Allelen A^R und A^W (R für rotes Pigment, W kein Pigment)
Zweites Pigmentgen mit den Allelen B^R und B^W

Parentalgeneration:	$A^RA^RB^RB^R$ dunkelrot	×	$A^WA^WB^WB^W$ farblos
F_1-Generation:	$A^RA^WB^RB^W$ hellrot		

F_2-Generation:

Keimzellen	A^RB^R	A^RB^W	A^WB^R	A^WB^W
A^RB^R	$A^RA^RB^RB^R$ dunkelrot	$A^RA^RB^RB^W$ rot	$A^RA^WB^RB^R$ rot	$A^RA^WB^RB^W$ hellrot
A^RB^W	$A^RA^RB^RB^W$ rot	$A^RA^WB^RB^W$ hellrot	$A^RA^WB^RB^W$ hellrot	$A^RA^WB^WB^W$ schwach rot
A^WB^R	$A^RA^WB^RB^R$ rot	$A^RA^WB^RB^W$ hellrot	$A^WA^WB^RB^R$ hellrot	$A^WA^WB^RB^W$ schwach rot
A^WB^W	$A^RA^WB^RB^W$ hellrot	$A^RA^WB^WB^W$ schwach rot	$A^WA^WB^RB^W$ schwach rot	$A^WA^WB^WB^W$ farblos

Bei **additiver Polygenie** sind an der Ausbildung eines Merkmals mehrere Gene mit sich addierender Wirkung beteiligt. Ein polygenes Merkmal weist durch Beteiligung mehrerer Gene in seiner Ausprägung eine bestimmte Schwankungsbreite auf.

Zusammenfassung

Mendelsche Regeln
zur Weitergabe der Erbanlagen
an die Nachkommen:

1. mendelsche Regel: Uniformitätsregel
2. mendelsche Regel: Spaltungsregel
3. mendelsche Regel: Regel von der Unabhängigkeit und Neukombination der Erbanlagen

Erforschung von Zellkern
und Chromosomen

Die Chromosomen sind die Träger der Erbanlagen (Gene).

- Einschränkung der 3. mendelschen Regel: Sie gilt nur für Gene, die auf verschiedenen Chromosomen liegen.
- Genkopplung: Gene, die auf einem Chromosom liegen, werden gemeinsam weitergegeben.
- Gekoppelte Gene können durch Crossing-over getrennt werden.
- Bei additiver Polygenie hängt die Ausprägung eines Merkmals von der sich addierenden Wirkung mehrerer Gene ab.

gaben

69 Eine reinerbige Petunie mit roten, glatten Blütenblättern wird mit einer ebenfalls reinerbigen Petunie, die blaue, gefranste Blütenblätter besitzt, gekreuzt.
Alle Pflanzen der F_1-Generation haben violettfarbene, glatte Blütenblätter. (Verwenden Sie für die Erbanlagen folgende Buchstaben: b = blau, r = rot, f = fransig; Groß- und Kleinschreibung müssen Sie selbst entscheiden.)

a Geben Sie den Erbgang an.
b Nennen Sie die 1. mendelsche Regel und geben Sie an, wo diese hier Anwendung findet.
c Nennen Sie die Genotypen der Eltern- und der F_1-Generation.
d Ermitteln Sie, wie viele verschiedene Phänotypen in der F_2-Generation auftreten.
e Nennen Sie den Phänotyp, der am häufigsten und den, der am seltensten in der F_2-Generation vorkommt.
f Geben Sie die Phänotypen an, die bei gekoppelter Vererbung der Anlagen für Farbe und Form der Blütenblätter in der F_2-Generation zu erwarten sind und erstellen Sie ein Erbschema.

70 Folgende reinerbige Blütenpflanzen werden miteinander gekreuzt: rote Tulpen mit langem Stiel und weiße Tulpen mit kurzem Stiel.
In der F_1-Generation waren alle Tulpen rot mit einem langen Stiel.
Von 398 Individuen der F_2-Generation waren 292 rot mit langem Stiel, 98 weiß mit kurzem Stiel, vier weiß mit langem Stiel und vier rot mit kurzem Stiel.

- a Geben Sie die Genotypen der P- und der F_1-Generation an.
  Verwenden Sie für die Bezeichnung der Allele die Anfangsbuchstaben des Alphabets.
- b Nennen Sie die verschiedenen Genotypen, die in den Keimzellen der F_1-Generation vorlagen und die rot-langstieligen und die weiß-kurzstieligen Individuen der F_2-Generation ergaben.
- c Erklären Sie das Zustandekommen der rot-kurzstieligen und der weiß-langstieligen Pflanzen der F2-Generation.

71 Nennen Sie die 3. mendelsche Regel. Unter welchen Bedingungen lässt sich diese Regel nicht anwenden?

72 Beschreiben Sie, wie man ermitteln kann, ob eine rot blühende Pflanze reinerbig oder mischerbig ist. (Es sollen nur Pflanzen dieser Rasse zur Verfügung stehen.)

73 Zwei Rinderrassen werden gekreuzt:
Rasse 1: heterozygot schwarz-einfarbig
Rasse 2: homozygot braun-gescheckt
Aus dieser Kreuzung gehen vier verschiedene Phänotypen im Verhältnis 1 : 1 : 1 : 1 hervor.
(Verwenden Sie für die Bezeichnung der Allele die Anfangsbuchstaben des Alphabets.)

- a Geben Sie an, welche der angegebenen Merkmale dominant sind.
- b Nennen Sie die Genotypen der beiden Rinderrassen.
- c Bestimmen Sie, um welche Art von Kreuzung es sich handelt.
- d Erstellen Sie das Kombinationsquadrat für die F_1-Generation und geben Sie die möglichen Phänotypen an.

74 Nennen Sie die 2. mendelsche Regel. Stellen Sie einen monohybriden Erbgang dar, bei dem das Zahlenverhältnis der Phänotypen in der F_1-Generation nicht 3 : 1, sondern 1 : 2 : 1 beträgt.

75 Beim Zuchtkarpfen unterscheidet man vier Formen nach der Beschuppung:

Schuppenkarpfen	Körper regelmäßig beschuppt
Zeilkarpfen (siehe Abb.)	eine regelmäßige Schuppenreihe a. d. Seitenlinie
Spiegelkarpfen	unregelmäßig beschuppt
Lederkarpfen	schuppenlos oder einzelne wenige Schuppen

Die Beschuppung wird durch zwei Gene mit je zwei Allelen (A, a und B, b) bestimmt. Allel A ruft eine regelmäßige Beschuppung hervor; Allel B bewirkt eine Reduktion der Beschuppung. Zeilkarpfen sind immer heterozygot bezüglich des Allelenpaars Bb, Spiegelkarpfen haben nur rezessive Gene.

a Erstellen Sie ein Schema für die Kreuzung von Zeilkarpfen, die für beide Allelenpaare heterozygot sind, mit Spiegelkarpfen unter Verwendung der Buchstabensymbole und ordnen Sie den Genotypen der Folgegeneration die entsprechenden Phänotypen zu.

b Bei Kreuzungen von Lederkarpfen stirbt regelmäßig ein Viertel der Embryonen ab. Ermitteln Sie den Genotyp der nicht lebensfähigen Embryonen mithilfe eines Erbschemas.

76 Eine Frau besitzt zwei dominant vererbte Merkmale: Kurzfingrigkeit und erbliche Schwerhörigkeit. Das eine Merkmal hat sie von der Mutter, das andere vom Vater geerbt. Ihr Mann ist gesund.

a Entscheiden Sie, welche Voraussage für ein künftiges Kind die wahrscheinlichste ist, wenn man annimmt, dass die Allele für beide Merkmale sehr eng nebeneinander auf einem Chromosomenpaar liegen. Begründen Sie Ihre Aussage.

- Das Kind ist schwerhörig oder kurzfingrig.
- Das Kind besitzt beide Merkmale.
- Das Kind besitzt keines der beiden Merkmale.

b Wären die anderen Lösungen von a auch denkbar? Begründen Sie.

7 Humangenetik

7.1 Vererbung der Blutgruppen

Die Blutgruppensysteme des Menschen (neben AB0- und Rhesussystem ca. 50 weitere Systeme) werden **monogen** vererbt, d. h. ein Gen bedingt die Ausprägung eines Merkmals, hier einer bestimmten Blutgruppe. Der Vererbungsmodus entspricht den mendelschen Regeln für einen **dominant-rezessiven Erbgang.**

Das AB0-System

Den Blutgruppen des AB0-Systems liegen drei Allele eines Gens auf dem Chromosom 9 zugrunde: I^A, I^B, i. Durch Mutation eines einzigen Gens sind mehr als zwei Allele entstanden, die am gleichen Genort liegen (eigentlich mehr als drei Allele, da I^A in verschiedenen Untergruppen auftritt).

> Kommt das Gen für ein bestimmtes Merkmal in mehr als zwei unterschiedlichen Ausprägungen **(Allelen)** vor, so spricht man von **multipler Allelie.**

I^A und I^B dominieren über i und werden beide ausgeprägt, wenn sie ein Genpaar bilden **(Kodominanz)**. Die genetische Information der Gene I^A und I^B führt zur Bildung von bestimmten Eiweißstrukturen **(Antigene)** auf der Zellmembran von roten Blutkörperchen. Antigene sind große Moleküle (Proteine, Polysaccharide), die an die Oberfläche von Zellen, Bakterien oder Viren gebunden sind. Gelangen sie in einen Organismus, führen sie als Fremdstoffe zur Bildung von Antikörpern und lösen Abwehrreaktionen (Immunreaktionen) aus.

Genotyp	Phänotyp = Blutgruppe	Antigene	% in Europa
$I^A I^A$ $I^A i$	A	A	42,5
$I^B I^B$ $I^B i$	B	B	14
$I^A I^B$	AB	AB	6,5
i i	0	keine	37

Tab. 7: Blutgruppen des AB0-Systems

Vor der Geburt enthält das Blut eines Kindes noch keine Blutgruppenantikörper. Sie entwickeln sich erst durch Kontakt mit *E. coli*-Bakterien. Diese tragen auf ihrer Zellwand die gleichen Antigene A und B wie die roten Blutkörperchen des Menschen. Zwischen dem 3. und 6. Monat nach der Geburt besiedeln *E. coli*-Bakterien den Darm eines Säuglings und lösen dadurch die Antikörperbildung aus. Bei Blutgruppe 0 werden beide Antikörpertypen gebildet, bei A dagegen nur Anti-B (das A-Antigen wird in diesem Fall als körpereigenes Molekül erkannt).

Zur **Blutgruppenbestimmung** wird eine **Antigen-Antikörper-Reaktion** ausgenutzt. Das Blut enthält Antikörper (Gegenstoffe), die nach dem Schlüssel-Schloss-Prinzip spezielle Antigene binden können. Zu den Antigenen A und B auf den Erythrozyten existieren demnach die „passenden" Antikörper A und B (Tab. 8). Da Antikörper zwei Antigenbindestellen aufweisen, können sie die roten Blutkörperchen untereinander vernetzen, was zu einer sichtbaren Verklumpung (Ausfällung = **Agglutination**) führt.

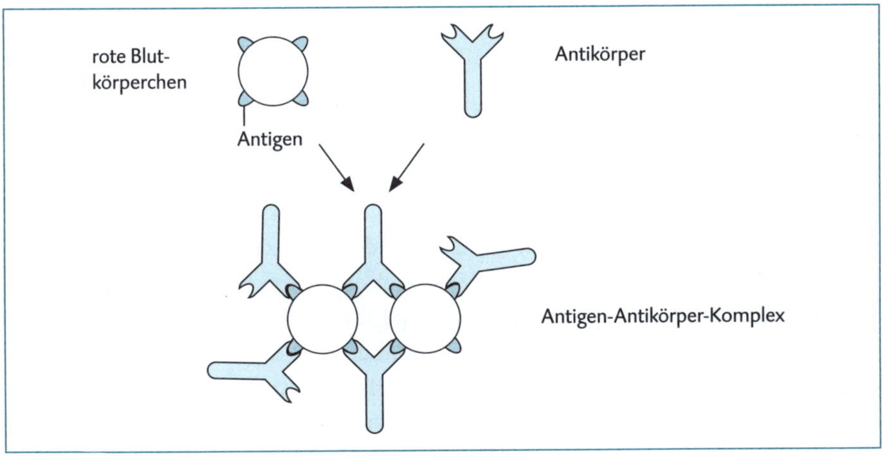

Abb. 76: Schlüssel-Schloss-Prinzip der Antigen-Antikörper-Reaktion

Bei der Blutgruppenbestimmung werden zum Blut der Versuchsperson Testseren gegeben, die die Antikörper A oder B oder beide Antikörper (Kontrolle) enthalten. Aus dem Auftreten oder Ausbleiben von Verklumpungen lässt sich die Blutgruppe festlegen.

Blutgruppe/ Antigene der Blutkörperchen	Antikörper im Blutserum	Verklumpung der Blutkörperchen mit Testserum
A	Anti-B	Anti-A
B	Anti-A	Anti-B
AB	keine	Anti-A, Anti-B
0	Anti-A + Anti-B	–

Tab. 8: Antigene und Antikörper der Blutgruppen; Blutgruppenbestimmung

In etwa 17 % der Fälle von Vaterschaftsklagen kann die Vaterschaft eines Mannes mithilfe des AB0-Systems ausgeschlossen werden **(Vaterschaftsausschlussverfahren)**. Die 14 bei Gericht zugelassenen Blutgruppensysteme führen zur Klärung von über 90 % Vaterschaftsfragen.

Mutter	Kind	ausgeschlossene Blutgruppe des Vaters
0	A, B	0
0	0	AB
A	AB, B	A, 0
B	AB, A	B, 0

Tab. 9: Sich ausschließende Blutgruppenkonstellationen

Das Rhesus-System

Die Rhesuseigenschaft des Bluts wird durch die Antigene C, D und E bestimmt, die auf verschiedenen Bereichen der Oberfläche der roten Blutkörperchen zu finden sind.
Die genetische Information zur Ausprägung der Rhesus-Antigene liegt auf drei sehr eng benachbarten Genorten (C, D, E) und tritt in zwei Allelen auf. Vereinfacht wird der Genkomplex mit D bezeichnet, weil Gen D zur Bildung des Antigens mit der stärksten antigenen Wirkung führt.
Menschen, die den Genotyp DD oder Dd haben und daher Antigene D ausbilden, werden als **rhesuspositiv** bezeichnet. In **rhesusnegativem** Blut kommen – im Unterschied zum AB0-System – normalerweise keine Antikörper vor. Die Bildung von Antikörpern D wird erst ausgelöst, wenn einer rhesusnegativen Person rhesuspositives Blut übertragen wird **(Sensibilisierung)**. Kommt diese Person ein zweites Mal mit rhesuspositivem Blut in Kontakt, tritt eine Antigen-Antikörper Reaktion ein.

Blutgruppe	Genotyp	Antigen	Antikörper D	% in Europa
Rh^+ (positiv)	DD, Dd	D	keine	85
rh^- (negativ)	dd	fehlt	normalerweise keine	15

Tab. 10: Blutgruppen des Rhesus-Systems

Die **Entstehung einer Rhesusunverträglichkeit** kann z. B. bei Schwangerschaften auftreten. Die Schädigung eines Kindes ist dabei nur möglich, wenn eine rhesusnegative Mutter ein rhesuspositives Kind erwartet und bereits durch eine Schwangerschaft mit einem ebenfalls rhesuspositiven Kind sensibilisiert wurde. Die Sensibilisierung tritt ein, wenn durch Risse in der Plazenta während der Geburt geringe Mengen kindlichen Bluts in die Mutter übertreten und dort die Bildung von Antikörpern D auslösen. Bei einer weiteren Schwangerschaft können die kleinen Antikörper D in den kindlichen Blutkreislauf übertreten und, falls das Kind rhesuspositiv ist, zur Zerstörung von roten Blutkörperchen führen. Die Folgen sind Blutarmut, schwere Gelbsucht, Hirnschäden durch Blutabbauprodukte und häufig der Tod des Neugeborenen.

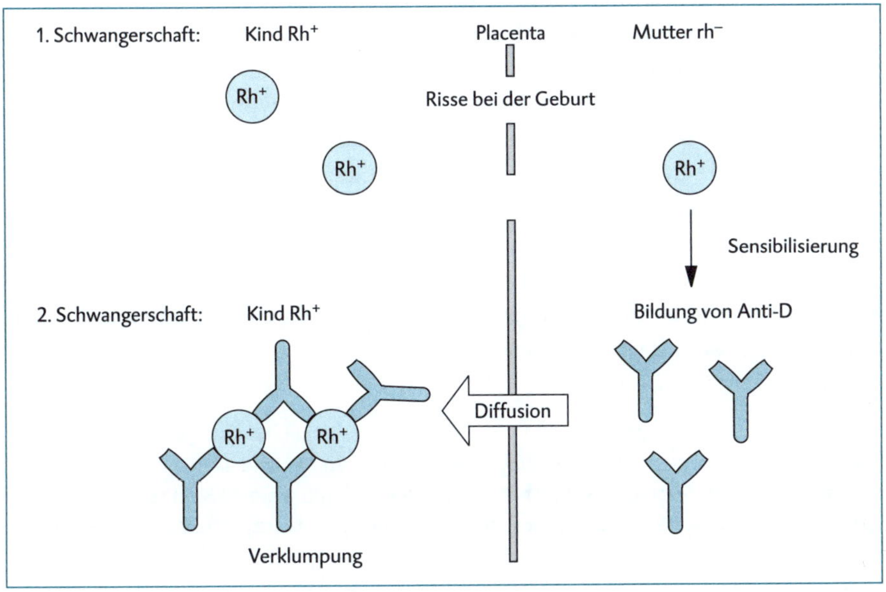

Abb. 77: Rhesus-Unverträglichkeit

Die **Verhinderung einer Rhesusunverträglichkeit** ist durch eine Impfung möglich: Die Injektion von Antikörpern (Anti-D-Immunglobulin) bei einer rhesusnegativen Mutter nach der Geburt eines rhesuspositiven Kindes führt zur Zerstörung der kindlichen Blutkörperchen in ihrem Blut, eine Sensibilisierung ist verhindert. Die gespritzten Antikörper werden später abgebaut.

7.2 Erbgänge von Erbkrankheiten beim Menschen

Ursache für das Auftreten der nachfolgend beschriebenen Erbkrankheiten sind Defekte in einzelnen Genen, die vererbt werden (**monogen** bedingte Krankheiten). Diese Veränderungen des genetischen Materials beruhen auf Mutationen (siehe S. 81).

Autosomal-dominante Erbleiden

Die Vererbung entspricht in diesen Fällen einem monohybriden, dominant-rezessiven Erbgang, d. h., es gelten die mendelschen Regeln.
Kennzeichen von autosomal-dominant vererbten Krankheiten sind:

- Merkmalsträger können homozygot (AA) oder heterozygot (Aa) sein, d. h., das defekte Allel verhält sich dominant.
- Homozygote Träger zeigen häufig eine sehr starke Ausprägung des Leidens, sodass ihre Lebenserwartung gering ist. Bei Heterozygoten kompensiert das intakte, aber rezessive Allel den Gendefekt teilweise.
- Phänotypisch Gesunde tragen die intakten, rezessiven Allele, sie sind auch genotypisch gesund (aa).
- Das Auftreten eines Merkmalsträgers in einer gesunden Familie ist auf eine Neumutation zurückzuführen.
- Die Vererbung ist unabhängig vom Geschlecht, da das betreffende Gen auf einem Autosom liegt.

Wenn bei einer autosomal-dominant vererbten Krankheit ein Elternpaar, das das untersuchte Merkmal in gleicher Ausprägung aufweist (beide mit Merkmal), wenigstens ein Kind mit anderem Erscheinungsbild hat (ohne Merkmal), muss dieses Kind reinerbig rezessiv sein. Die Eltern sind dann zwangsläufig mischerbig (heterozygote Merkmalsträger).

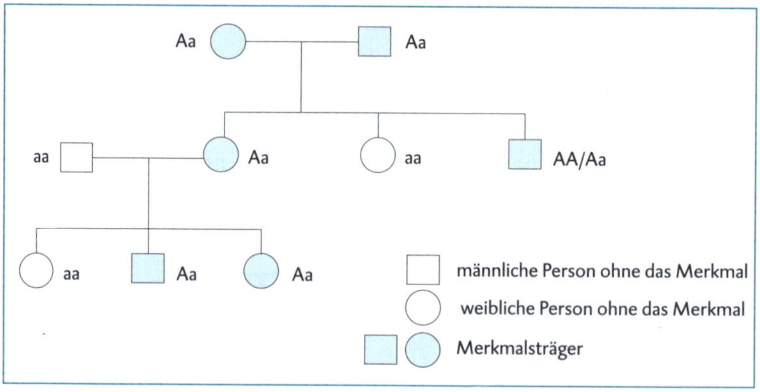

Abb. 78: Modellstammbaum zu einem autosomal-dominanten Erbleiden

Erbkrankheit	Häufigkeit	Krankheitsbild
Vielfingrigkeit	1:5 000	überzählige Finger oder Zehen, normal ausgebildet oder missgebildet
Kurzfingrigkeit	1:200 000	verkürzte oder fehlende mittlere Fingerknochen
Erblicher Zwergwuchs	1:50 000	unproportionierter Zwergwuchs durch verkürzte Gliedmaßen (Störung der Knochenbildung)
Erbliche Schwerhörigkeit	1:330	Störung im knöchernen Labyrinth, Beginn 15. – 40. Lebensjahr

Tab. 11: Beispiele autosomal-dominanter Erbleiden

eispiel

Marfan-Syndrom

Ursache ist ein mutiertes Gen (Häufigkeit ca. 1:10 000). Die Umsetzung seiner genetischen Information führt zu einem defekten Struktureiweiß, das die Ausbildung von übermäßig elastischen Bindegewebsfasern in verschiedenen Körperteilen bedingt.
Die Folgen sind:

- überdehnbare Gelenkkapseln und Sehnen,
- verstärktes Längenwachstum der Knochen (Spinnengliedrigkeit),
- unterentwickelte Skelettmuskulatur,
- Deformation von Linse und Augapfel (→ Kurzsichtigkeit),
- Überdehnung des Aortenbogens, Krampfadern, Herzklappenfehler.

Das veränderte Gen beeinflusst in diesem Fall mehrere Merkmale **(Polyphänie)**. Aus den verschiedenen Einzelsymptomen ergibt sich ein charakteristisches Krankheitsbild (Syndrom).

> Beeinflusst ein einzelnes Gen mehrere Merkmalsausprägungen, spricht man von **Polyphänie** oder Pleiotropie.

Autosomal-rezessive Erbleiden

Kennzeichen von autosomal-rezessiv vererbten Krankheiten sind:

- Merkmalsträger sind homozygot (aa), d. h., das defekte Allel verhält sich rezessiv.
- Phänotypisch Gesunde können homozygot gesund sein (AA), aber auch neben dem intakten Allel ein mutiertes besitzen. Sie sind (selbst merkmalsfreie) Überträger (**Konduktoren**, Aa).
- Das Auftreten eines Merkmalsträgers in einer gesunden Familie ist also nicht zwangsläufig auf eine Neumutation zurückzuführen, sondern das mutierte Allel kann über Generationen verdeckt weitergegeben werden.

- Eine relative Häufung von Merkmalsträgern ist bei Verwandtenehen zu beobachten, da die Wahrscheinlichkeit, dass beide Partner Überträger der rezessiven Krankheit sind, mit dem Verwandtschaftsgrad zunimmt.
- Die Vererbung ist unabhängig vom Geschlecht, da das betreffende Gen auf einem Autosom liegt.

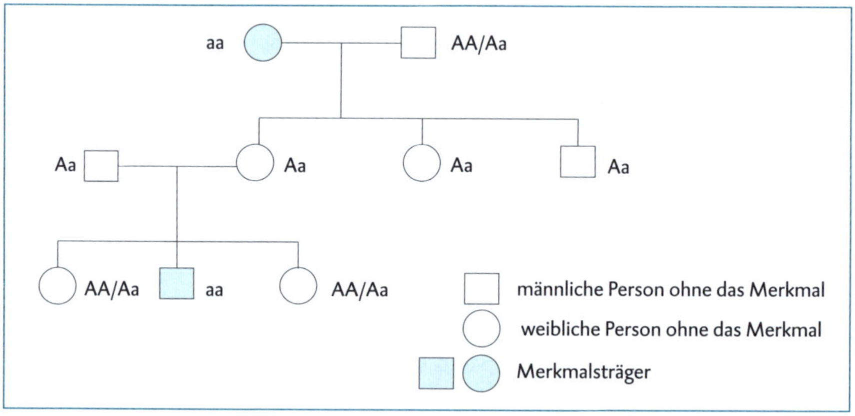

Abb. 79: Modellstammbaum zu einem autosomal-rezessiven Erbleiden

Wenn bei einer autosomal-rezessiv vererbten Krankheit ein Elternpaar, das das untersuchte Merkmal in gleicher Ausprägung aufweist (beide ohne Merkmal), wenigstens ein Kind mit anderem Erscheinungsbild hat (mit Merkmal), so ist das Kind reinerbig rezessiv. Die Eltern sind zwangsläufig mischerbig (heterozygot gesund).

Erbkrankheit	Häufigkeit	Krankheitsbild
Albinismus	1:15 000	Fehlen des Enzyms zur Umwandlung von Tyrosin in Melanin Folge: Pigmentmangel in Haut, Haaren und Augen
Mukoviszidose	1:1 000	Fehlfunktion der exokrinen Drüsen, z. B. Produktion von zähem Schleim in Lunge und Atemwegen
Galaktosämie	1:20 000	Fehlen eines Enzyms bei der Umwandlung von Galaktose (Bestandteil des Milchzuckers) in Glucose Folgen: Leberschäden, Gelbsucht, Schwachsinn
Sichelzellenanämie	häufig unter der schwarzen Bevölkerung in Malariagebieten	Basenaustauschmutation führt zu verändertem Hämoglobin, Sichelform der roten Blutkörperchen bei Sauerstoffmangel Folgen: Blutzersetzung, Leber- und Milzschäden, Anämie; Heterozygote zeigen nur schwache Schäden (eigentlich kodominante Wirkung der Allele A und a)

Tab. 12: Beispiele für autosomal-rezessive Erbleiden

eispiel

Phenylketonurie (PKU)

Den homozygoten Trägern dieser erblichen Stoffwechselstörung, die durchschnittlich bei 1 : 10 000 Neugeborenen auftritt, fehlt das funktionsfähige Enzym Phenylalaninhydroxylase. **Ursache** dafür ist eine Punktmutation (siehe S. 82) im entsprechenden Gen. Das Protein, das dem mutierten Gen entsprechend gebildet wird, hat keine Enzymwirkung und die Umwandlung der Aminosäure Phenylalanin in die Aminosäure Tyrosin unterbleibt. Da im Stoffwechsel zahlreiche enzymgesteuerte Reaktionen hintereinander geschaltet sind, führt der Ausfall der Phenylalaninhydroxylase zum Abbruch einer ganzen Stoffwechselkette. Bei Heterozygoten kompensiert das zweite, intakte Allel den Gendefekt; es wird eine geringere, aber ausreichende Menge des Enzyms gebildet.

Das Fehlen der Phenylalaninhydroxylase führt zu mehreren Symptomen **(Polyphänie)**, wenn die PKU nicht frühzeitig erkannt und therapiert wird:

- Bereits nach wenigen Wochen kommt es zu einem Entwicklungsrückstand des Säuglings und ohne Behandlung zu sehr schweren geistigen Schäden. Vor der Geburt ist der Fetus durch den Stoffaustausch mit dem mütterlichen Körper vor einer Anhäufung von Phenylalanin geschützt. Nach der Geburt steigt der Phenylalaningehalt von Blut und Gewebe durch die Milchnahrung rasch an und kann das 30-fache des normalen Werts erreichen. Ein Teil des Phenylalanins wird in Phenylbrenztraubensäure (Phenylketon) umgewandelt und zusammen mit überschüssigem Phenylalanin im Urin ausgeschieden. Diese anormalen Stoffwechselprodukte bedingen auch den strengen Geruch des Harns von unbehandelten PKU-Kranken.
- Phenylbrenztraubensäure und andere, ebenfalls giftige Abbauprodukte des Phenylalanins beeinträchtigen u. a. die Ausbildung der Myelinscheiden (siehe S. 172) um die Nervenzellen des Großhirns und führen zu Schwachsinn, Krämpfen und Lähmungen.
- Da durch den Enzymmangel die Umwandlung von Phenylalanin in Tyrosin unterbleibt, sinkt der Tyrosinspiegel im Körper. Aus Tyrosin entsteht das Schilddrüsenhormon Thyroxin, das den Grundumsatz im Körper regelt. Ein verminderter Thyroxingehalt führt zu Wachstumsstörungen und Schädigungen des Nervensystems.
- Tyrosin ist außerdem die Vorstufe des Hormons Adrenalin und des Farbstoffs Melanin. Der Melaninmangel von PKU-Kranken zeigt sich in hellen Haaren (blond oder rot), blauen Augen und fahler Haut.

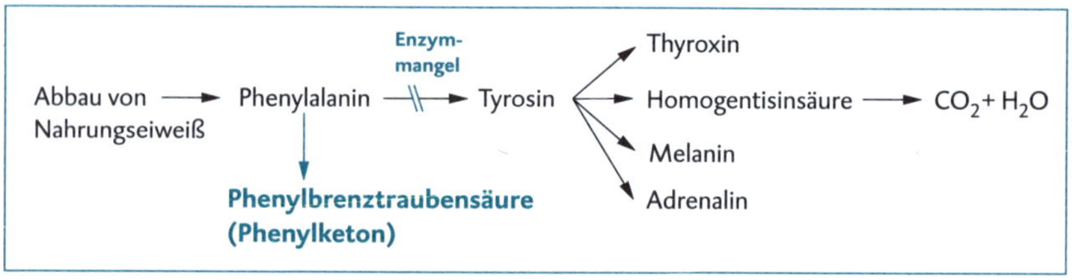

Abb. 80: Phenylalanin-Stoffwechsel beim Menschen

Wichtig für die Behandlung von PKU ist die frühzeitige **Erkennung**:

- Alle Neugeborenen werden einige Tage nach der Geburt auf einen erhöhten Gehalt von Phenylalanin im Blut mittels **Guthrie-Test** untersucht. Blut des Kindes wird auf ein Filterpapierstückchen aufgebracht und dieses auf einen mit Bakterien *(Bacillus subtilis)* bestrichenen Nährboden gelegt. Diese Bakterien können nur bei Phenylalanin-Zufuhr wachsen, da ihre Phenylalaninsynthese durch einen kompetitiven Hemmstoff blockiert wurde (siehe S. 21). Enthält das Blut Phenylalanin, wachsen die Bakterien ringförmig um den Blutfleck, da Phenylalanin die Wirkung des kompetitiven Hemmstoffs aufhebt.
- Beim Windeltest, bei dem zu einer Urinprobe des Kindes gelbe Eisen(III)-chloridlösung gegeben wird, zeigt eine intensiv blau-grüne Färbung Phenylbrenztraubensäure an. Dieser Test ist jedoch weniger spezifisch und kann auch erst später (etwa ab der 3. Lebenswoche) durchgeführt werden als der Guthrie-Test.

Die **Therapie** der PKU besteht in einer **Diät**: Die Kinder erhalten möglichst bald nach der Geburt eine phenylalaninarme, tyrosinreiche Kost. Sie dürfen nur wenig Eiweiß zu sich nehmen, da dieses bis zu 5 % Phenylalanin enthalten kann. Um eine ausreichende Versorgung mit Aminosäuren zu gewährleisten, erhalten sie speziell zusammengestellte Aminosäuregemische, in denen Phenylalanin in geringen, aber genau dosierten Mengen enthalten ist. Phenylalanin darf als essenzielle Aminosäure in der Nahrung nicht völlig fehlen, da es sonst zu Mangelerscheinungen käme.
Wird diese Diät konsequent bis zum 10. Lebensjahr eingehalten, verläuft die Gehirnentwicklung normal. Ab diesem Alter ist das Nervensystem soweit entwickelt, dass keine Schäden durch hohe Phenylalaninkonzentrationen mehr zu erwarten sind. Neuere Untersuchungen zeigen jedoch, dass Frauen mit PKU die Diät weiterführen sollten, da bei einer Schwangerschaft die Gehirnentwicklung des Embryos durch zu hohe Phenylalaninmengen im mütterlichen Blut gestört werden kann.

Gonosomal-rezessive Erbleiden

Kennzeichen gonosomal-rezessiv vererbter Krankheiten sind:

- Das betreffende Gen ist auf dem X-Chromosom lokalisiert.
- Merkmalsträger sind homozygote Frauen (X_aX_a), in diesem Fall verhält sich das defekte Gen rezessiv, und hemizygote Männer (X_aY).
  Hemizygotie: Auf dem Y-Chromosom befinden sich keine dem X-Chromosom entsprechenden Allele. Auch auf dem X-Chromosom liegende rezessive Gene werden im Phänotyp ausgeprägt, deshalb kann man bei Männern vom Phänotyp auf den Genotyp schließen und umgekehrt.
- Merkmalsfreie Überträger können nur Frauen sein (Konduktorinnen: X_AX_a).

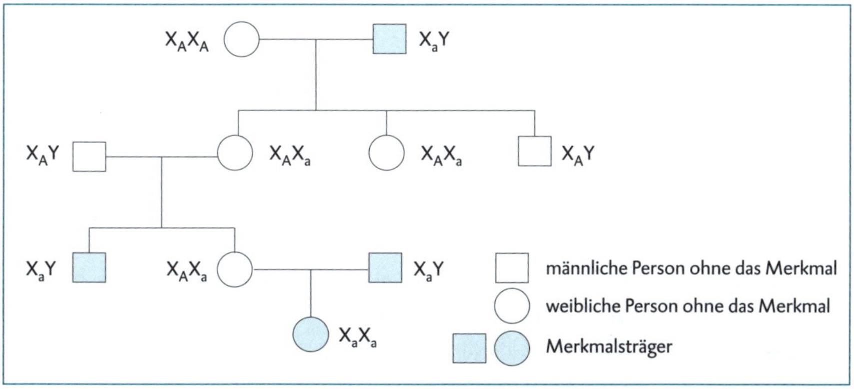

Abb. 81: Modellstammbaum zu einem gonosomal-rezessiven Erbleiden

Bei X-chromosomalen, rezessiven Erbgängen ist die Mehrzahl der Merkmalsträger männlich. Der Großvater mütterlicherseits und die Enkel (mit 50 % Wahrscheinlichkeit) sind Merkmalsträger. Aus einer Ehe zwischen einer Überträgerin und einem gesunden Mann können erkrankte Söhne, aber keine erkrankten Töchter hervorgehen. Erkrankte Väter vererben das defekte Gen nur an die Töchter, nicht an die Söhne.

Beispiel

Bei der **Rotgrünblindheit** können manche Rot- und Grüntöne, aber auch Orange- und Olivtöne nicht unterschieden werden. Personen mit Rotgrünblindheit haben vom Farbspektrum einen anderen Eindruck als Normalsichtige.

Als Ursache für die verschiedenen Formen von Rotgrünblindheit und -schwäche nimmt man Mutationen in zwei eng beieinander liegenden Genorten auf dem X-Chromosom an. Jedes Gen liegt in drei Allelen vor:

für Normalsichtigkeit, Farbschwäche und Farbblindheit. Diese Anomalien treten bei etwa 8 % der Männer und 0,5 % der Frauen auf.

Bei der **Bluterkrankheit** tritt die Blutgerinnung erst nach mehr als 15 Minuten ein (normal: 5–7 Minuten). Starke innere Blutungen durch leichte Prellungen oder schwerer Blutverlust durch Wunden können ohne ärztliche Hilfe zum Tod führen.

Ursache ist das Fehlen eines der 13 Blutgerinnungsfaktoren (Eiweißstoffe und Calciumionen) und zwar meist Faktor VIII (Hämophilie A). Normalerweise führen die Faktoren zur Bildung von Fibrin aus Fibrinogen (Bestandteil des Blutplasmas). Fibrinfäden verfestigen den Blutpfropf aus Blutplättchen in der Wunde. Diese Faktoren stellen primäre Genprodukte dar; ihr Fehlen wird also direkt durch ein defektes Gen verursacht.

7.3 Genetische Familienberatung und pränatale Diagnostik

Ziel der genetischen Diagnostik ist es, mögliche genetische Risiken zu erkennen oder sie auszuschließen. Im Rahmen der genetischen Familienberatung können Voraussagen über das wahrscheinliche Auftreten genetisch bedingter Defekte bei den Nachkommen gemacht werden.

Die genetische Familienberatung wird meist aufgesucht, wenn eine oder mehrere der folgenden Voraussetzungen zutreffen:

- Ein Elternteil leidet an einer Krankheit, die möglicherweise vererbt wird, z. B. Phenylketonurie (siehe S. 135).
- In der Familie eines der beiden Eltern ist bereits eine Erbkrankheit aufgetreten, z. B. angeborene Gehörlosigkeit.
- Die gesunden Eltern haben bereits ein behindertes Kind; am häufigsten ist dies bei der Trisomie 21 (Down-Syndrom) der Fall.
- Die Eltern sind besorgt, dass ihre Keimzellen möglicherweise genetisch geschädigt sind, z. B. durch radioaktive Strahlen oder Röntgenstrahlung.
- Das Alter der Eltern liegt über 35 Jahre; ist die Mutter älter als 35 Jahre, erhöht sich das Risiko für das Auftreten von Trisomie 21 und anderer numerischer Chromosomenaberrationen.
- Die Eltern befürchten eine Schädigung ihres Kindes, weil sie miteinander verwandt sind. Je näher zwei Menschen miteinander verwandt sind, desto ähnlicher sind ihre Erbanlagen. Da sich viele Gene, die zu Krankheiten führen, rezessiv verhalten, ist die Wahrscheinlichkeit einer reinerbigen Kombination bei Verwandten höher als bei Nichtverwandten.

- Die Eltern befürchten mögliche Umwelteinflüsse auf den Embryo in der Gebärmutter, z. B. durch Alkoholmissbrauch, durch die Einnahme von Medikamenten oder Schädigungen des Embryos aufgrund einer Infektionskrankheit während der Schwangerschaft (z. B. Röteln).
- Es liegen frühere Schwangerschaften mit Fehlgeburten ohne gynäkologische Ursachen vor.
- Die Ultraschalluntersuchung zeigt Abweichungen oder erkennbare Defekte beim Embryo oder Fetus.

Risikoabschätzung durch Stammbaumanalyse und Heterozygotentest

Stammbaumanalysen beim Menschen sind nur sinnvoll, wenn die Erbleiden monogen bedingt sind, d. h. nur durch ein einziges Gen hervorgerufen werden und die Gene eine fast völlige Penetranz (Ausprägung im Phänotyp) besitzen. Nur dann finden auch beim Menschen die mendelschen Regeln Anwendung, ohne die Voraussagen über die Wahrscheinlichkeit des Auftretens von Erbkrankheiten nicht gemacht werden können.
Ca. 1 % aller Neugeborenen leidet an irgendeinem monogenen Defekt. Der Defekt kann Gene betreffen, die dominant oder rezessiv und auf den Autosomen oder dem X-Chromosom lokalisiert sind (das Y-Chromosom ist nahezu genleer).
Bei der Familienberatung wird zuerst der **Familienbefund** (Familienanamnese) aufgestellt. Dabei muss nach dem Auftreten des Erbleidens bei möglichst vielen Verwandten eines ratsuchenden Paars geforscht werden, auch bei solchen, die früh verstorben sind sowie bei Fehl- oder Totgeburten. Wenn sich dadurch der Genotyp der Ratsuchenden ermitteln lässt, können Wahrscheinlichkeitsaussagen über das Auftreten der Erbkrankheit bei ihren Nachkommen gemacht werden.

Beispiel

Beispiel für ein **autosomal-dominantes Erbleiden:**

heterozygot erkrankter Partner	×	gesunder Partner
Aa		aa

→ 50 % der Nachkommen sind heterozygote Merkmalsträger, 50 % sind gesund.

Beispiele für ein **autosomal-rezessives Erbleiden:**

heterozygot gesunder Partner	×	homozygot gesunder Partner
Aa		AA

→ Alle Nachkommen sind phänotypisch gesund, jedoch die Hälfte davon ist Träger eines mutierten Allels (heterozygot).

oder

heterozygot gesunder Partner	×	heterozygot gesunder Partner
Aa		Aa

→ 25 % der Nachkommen sind gesund, 50 % der Nachkommen sind zwar phänotypisch gesund, jedoch heterozygot. 25 % der Nachkommen sind erkrankt.

Beispiele für **X-chromosomal-rezessive Erbleiden:**

homozygot gesunde Frau	×	hemizygot kranker Mann
X_AX_A		X_aY

→ Alle Nachkommen sind phänotypisch gesund, die Töchter jedoch Konduktorinnen.

oder

heterozygot gesunde Frau	×	hemizygot gesunder Mann
X_AX_a		X_AY

→ Alle Töchter sind phänotypisch gesund, 50 % davon Konduktorinnen. 50 % der Söhne sind gesund, 50 % krank.

Bei Erkrankungen und Fehlbildungen, die zwar vererbt werden, aber keinem einfachen Erbgang folgen oder durch mehrere Gene bedingt sind, können empirische Risikowerte bei familiär gehäuftem Auftreten angegeben werden.

Beispiel

0,6 % aller Neugeborenen haben einen angeborenen **Herzfehler**. Das Risiko für Geschwister solcher Kinder, ebenfalls mit einem Herzfehler geboren zu werden, beträgt 2 %.
Wenn ein Elternteil mit einer **Lippen-Kiefer-Gaumenspalte** geboren wurde, ist das Risiko für diese Fehlbildung bei seinem ersten Kind 4 % und steigt für ein weiteres Kind auf 17 %, falls das erste die Fehlbildung aufweist. Im Bevölkerungsdurchschnitt beträgt die Häufigkeit für Lippen-Kiefer-Gaumenspalten 0,1–0,2 %.

Mithilfe des **Heterozygotentests** können bei rezessiven Erbkrankheiten heterozygote Träger von Erbanlagen bestimmt werden, z. B. solche für Phenylketonurie oder Konduktorinnen für Bluterkrankheit.
Bei diesem Test wird dem mutmaßlichen Träger eine bestimmte Dosis Phenylalanin verabreicht. Gesunde Personen bauen das ins Blut gelangende Phenylalanin rasch ab, sodass die Konzentration von Phenylalanin kaum ansteigt. Gleichzeitig steigt der Tyrosinspiegel im Blut an, da Tyrosin ein Abbauprodukt des Phenylalanins ist. Heterozygote Träger des Gens für Phenylketonurie (das

rezessiv vererbt wird) sind dagegen am Anstieg der Phenylalaninkonzentration im Blut zu erkennen, während die Tyrosinkonzentration bei ihnen nur leicht zunimmt. Bei Phenylketonurie-Kranken führt die Zufuhr von Phenylalanin zu einem starken Anstieg der Phenylalaninkonzentration im Blut. Die Tyrosinkonzentration bleibt unverändert niedrig. Durch Gendiagnose (siehe S. 163) lassen sich Gendefekte nachweisen, die die Ursache schwerer Erbkrankheiten wie Chorea Huntington oder Sichelzellenanämie sind.

Methoden der pränatalen Diagnostik

Die pränatale Diagnostik stützt sich in erster Linie auf folgende Untersuchungsmethoden:

- **Ultraschalluntersuchung** des Fetus: Die Ultraschall-Sonografie ist im Gegensatz zur Röntgendiagnostik und zur Fruchtwasserentnahme für die Mutter und den Embryo ungefährlich. Sie wird vor allem bei Schwangeren unter 35 Jahren durchgeführt. Schon im dritten Schwangerschaftsmonat kann man beim Fetus in vielen Fällen anhand einer verdickten Nackenfalte feststellen, ob eventuell eine Trisomie 21 vorliegt. Fehlbildungen des Gehirns weisen auf eine Trisomie 13 (Patau-Syndrom) hin.

- **Amniozentese** (Fruchtwasseruntersuchung): Der Schwangeren wird ab der 15. Schwangerschaftswoche durch die Bauchdecke etwas Fruchtwasser aus der Fruchtblase entnommen. Dies geschieht mithilfe einer Kanüle, die in die Fruchtblase eingeführt wird. Mit einer Spritze werden einige Milliliter Fruchtwasser abgesaugt. Das Fruchtwasser enthält immer auch einige fetale Zellen, die durch Zentrifugieren von der Flüssigkeit abgetrennt und anschließend auf einem Nährboden verteilt werden. Die Zellen vermehren sich (Zellkultur) und stehen dann für biochemische Untersuchungen und Chromosomenanalysen zur Verfügung. Das Ergebnis liegt nach ca. drei Wochen vor.

- **Chorionzottenbiopsie:** Die Chorionzotten sind fransige Fortsätze der äußeren Embryonalhülle (Chorion) und stellen Gewebe des ungeborenen Kindes dar.
  Die Entnahme einer Probe kann bereits in der 8.–10. Schwangerschaftswoche erfolgen. Mithilfe eines Katheters werden durch den Muttermund Zottenzellen abgesaugt. Diese Zellen können sofort, ohne Anlegen einer Zellkultur, untersucht werden. Die Schwangere erhält das Ergebnis nach etwa einer Woche.

- **Nabelschnurpunktion:** Diese Untersuchungsmethode kann angewendet werden, wenn Chorionzottenbiopsie und Amniozentese versäumt wurden oder unklare Ergebnisse erbracht haben. Mittels einer Spritze wird durch die Bauchdecke der Schwangeren und durch die Fruchtblase in die Nabelschnur des Fetus gestochen und einige Milliliter Blut entnommen. Das Blut kann sofort zytogenetisch und biochemisch untersucht werden.
- **Chromosomenanalyse:** Durch die Chromosomenanalyse (hierzu ist die Erstellung eines Karyogramms nötig) können autosomale numerische (z. B. Trisomie 21 und 18) und gonosomale numerische Chromosomenaberrationen (z. B. Turner-Syndrom, Klinefelter-Syndrom u. Ä.) festgestellt werden.
- **Biochemische Untersuchungen:** Biochemische Untersuchungen werden sowohl mit dem Fruchtwasser direkt als auch mit den fetalen Zellen bzw. Zellkulturen durchgeführt. Dadurch können Stoffwechselerkrankungen des Embryos, z. B. Galaktosämie und Sichelzellenanämie während der Schwangerschaft erkannt werden und die Behandlung kann schon im Mutterleib während der Embryonalentwicklung beginnen.
- **Gentests:** Durch fetale DNA-Diagnose mithilfe gentechnologischer Methoden lassen sich Krankheiten wie Phenylketonurie, Bluterkrankheit und Mukoviszidose diagnostizieren.

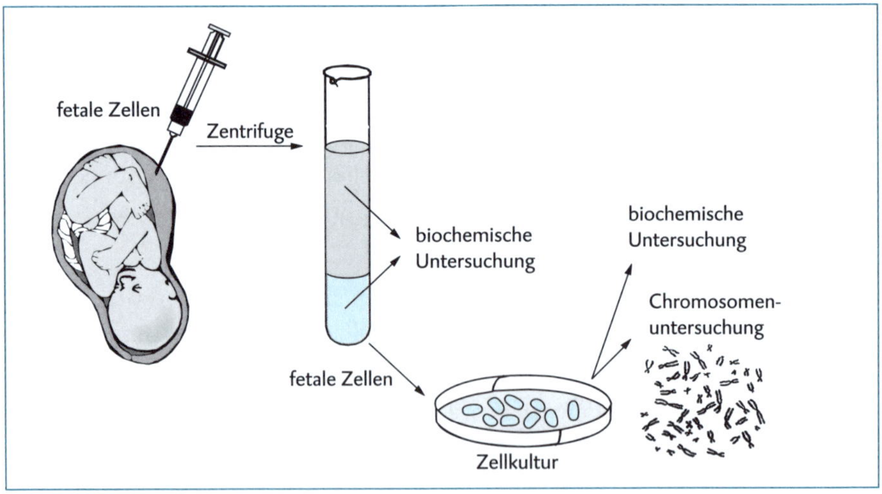

Abb. 82: Pränatale Diagnose durch Amniozentese einer Fruchtwasserprobe

Ethische Analyse

In den meisten Fällen, in denen werdende Eltern eine invasive pränatale Diagnose wie eine Amniozentese oder Chorionzottenbiopsie durchführen lassen, kann eine schwere Behinderung des Kindes ausgeschlossen werden und ihnen so eine Sorge genommen werden. Allerdings erfasst die pränatale Diagnose nur einen Teil genetisch bedingter Krankheiten und vorgeburtlicher Störungen.

Wird die Behinderung eines Kindes bereits vor seiner Geburt festgestellt, stehen die Eltern vor der außerordentlich schweren, psychisch sehr belastenden Entscheidung, das Kind mit seiner Behinderung anzunehmen oder die Schwangerschaft abzubrechen. Erschwerend kommt hinzu, dass das Ausmaß der Behinderung oft nicht klar zu beurteilen ist und häufig auch Therapiemöglichkeiten fehlen. Bei einem positiven Befund entscheidet sich die Mehrzahl der Eltern für einen Schwangerschaftsabbruch.

In der Diskussion um die pränatale Diagnose wird einerseits von Befürwortern mit dem Recht auf ein gesundes Kind argumentiert, andererseits fürchten Eltern, die diese Methoden für sich und ihre Kinder ablehnen, gesellschaftlich unter Druck gesetzt zu werden.

Zusammenfassung

- Die Blutgruppen des Menschen werden monogen vererbt.
- Beim AB0-Blutgruppensystem liegt multiple Allelie vor.
- Das Blutserum enthält Antikörper gegen fremde Blutgruppen des AB0-Systems.
- Bei rhesusnegativen Personen bilden sich Antikörper D erst nach Kontakt mit rhesuspositivem Blut.
- Mutationen (Veränderungen des genetischen Materials) können die Ursache von Erbkrankheiten sein.
- Genmutationen sind die Ursache einiger Erbkrankheiten des Menschen:
  - a Bei autosomal-dominanten Erbleiden liegt das mutierte, die Krankheit auslösende Gen auf einem Autosom und verhält sich dominant. Erkrankte Personen weisen den Genotyp Aa oder (selten) AA auf. Beispiel: Marfan-Syndrom.
  - b Voraussetzung für das Auftreten einer autosomal-rezessiven Erbkrankheit ist der homozygot rezessive Genotyp aa. Heterozygote Personen sind phänotypisch gesund. Beispiel: Phenylketonurie.

c Bei gonosomal-rezessiven Erbleiden des Menschen liegt das mutierte Gen auf dem X-Chromosom. Bei weiblichen Personen bricht die Krankheit nur aus, wenn beide X-Chromosomen das mutierte Gen tragen. Bei männlichen Personen genügt dafür die Mutation auf dem X-Chromosom, da das Y-Chromosom kein entsprechendes Allel aufweist, das den Gendefekt kompensieren könnte (Hemizygotie).
Beispiel: Bluterkrankheit.

- Durch Stammbaumanalyse bei der genetischen Familienberatung können Wahrscheinlichkeitsaussagen über das Auftreten einer Erbkrankheit bei den Nachkommen gemacht werden.
- Die wichtigsten Methoden der pränatalen Diagnose sind Amniozentese und Chorionzottenbiopsie.
- Durch Heterozygotentests können phänotypisch gesunde Träger rezessiver Erbleiden erkannt werden.

Aufgaben

77 Eine Frau erhält bei einer Operation eine Bluttransfusion, wobei ihr Mann als Spender auftritt. (Er besitzt wie seine Frau ebenfalls die Blutgruppe A.) Ein Jahr später kommt ihr erstes gemeinsames Kind mit einer schweren Gelbsucht zur Welt.
Geben Sie für diesen sehr seltenen Fall eine detaillierte Erklärung, die alle Vorgänge bis hin zur Entstehung der Gelbsucht umfasst.

78 Bei rhesusnegativen Frauen kommt es häufig nicht zur Bildung von Antikörpern D, obwohl ihr Kind rhesuspositiv ist, wenn sie z. B. Blutgruppe B besitzen und das Kind Blutgruppe AB aufweist.
Entwickeln Sie eine mögliche Erklärung unter Berücksichtigung des AB0-Blutgruppensystems.

79 Bei der Blutgruppenbestimmung einer Familie ergibt sich, dass der Vater die Blutgruppe A hat und rhesuspositiv ist, während die Mutter die Blutgruppe 0 aufweist und rhesusnegativ ist. Das erste Kind hat die Blutgruppe 0 und ist rhesusnegativ.

a Leiten Sie aus diesen Angaben die Genotypen der Eltern und des Kindes ab. Begründen Sie.

b Geben Sie an, mit welcher Wahrscheinlichkeit ein weiteres Kind die Merkmalskombination Blutgruppe 0/rhesuspositiv haben wird. Fertigen Sie hierzu ein Schema des Erbgangs an.

80 Ein Elternpaar mit den phänotypischen Blutgruppen A und AB hat drei Kinder mit den Blutgruppen A, B und AB. Entscheiden Sie, ob aus genetischer Sicht alle drei Kinder von diesem Elternpaar abstammen können. Begründen Sie.

81 Der nebenstehende Stammbaum zeigt das Auftreten von Phenylketonurie (farbig markiert) in einer Familie:

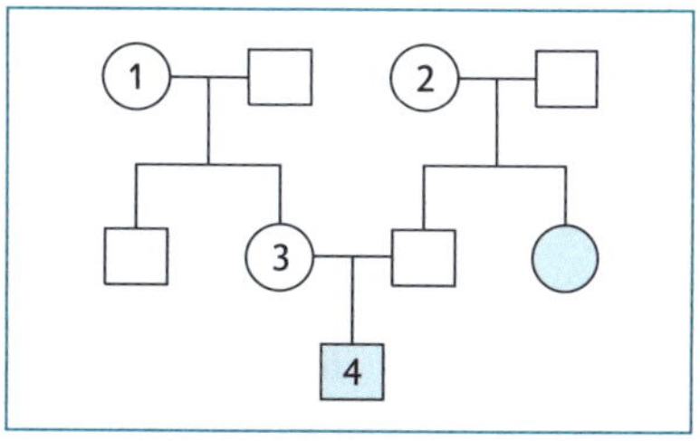

- **a** Geben Sie den Erbgang an. Begründen Sie Ihre Antwort aus dem Stammbaumschema und ordnen Sie den Personen 1–4 die entsprechenden Genotypen zu.
- **b** Erklären Sie, welche Auswirkungen der genetische Defekt auf die Entwicklung des neugeborenen Kindes Nr. 4 hat.
- **c** Geben Sie eine Möglichkeit an, wie sich die Auswirkungen dieses Erbleidens heute verhindern lassen.

82 Albinismus ist eine Pigmentstörung, die autosomal rezessiv vererbt wird. Das folgende Foto, das von der UNICEF zum Foto des Jahres 2009 gekürt wurde, zeigt zwei schwarzafrikanische Mädchen aus Tansania beim Spielen: das an Albinismus erkrankte Mädchen Selina (rechts) und ihre Freundin mit normaler dunkler Pigmentierung (links).

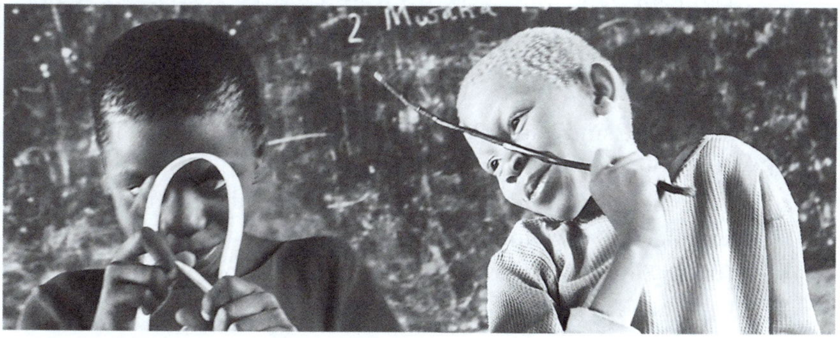

Entscheiden Sie begründet, ob und wenn ja, welcher der zwei folgenden Stammbäume A oder B auf Selina zutreffen könnte.

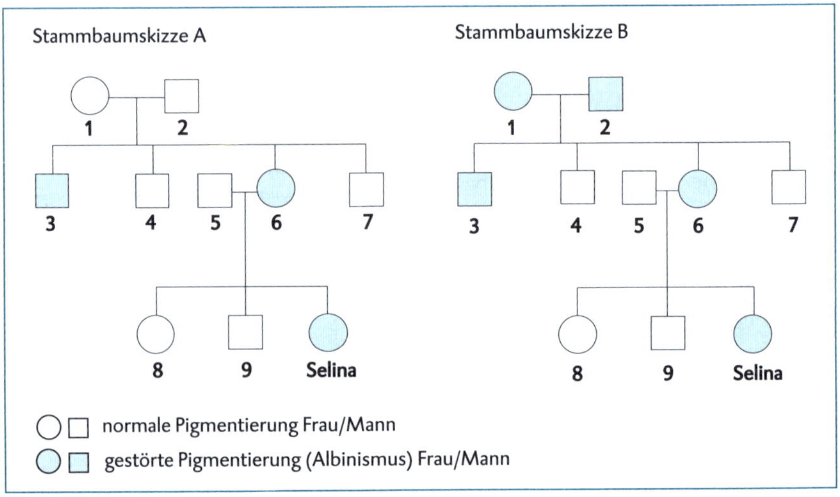

83 Die Krankheit Muskeldystrophie wird X-chromosomal-rezessiv vererbt.

a Eine phänotypisch gesunde Frau heiratet einen Mann, der an Muskeldystrophie erkrankt ist. Aus dieser Ehe gehen ein rotgrünblindes Turner-Mädchen und ein bezüglich einer der beiden Erbkrankheiten nur phänotypisch gesundes Mädchen hervor.
Stellen Sie die Erbgänge durch ein Erbschema mit genauer Legende der Genotypen und Phänotypen dar.

b Das phänotypisch gesunde Mädchen aus a heiratet als Erwachsene einen Mann mit Rotgrünblindheit. Ermitteln Sie, mit welcher Wahrscheinlichkeit die Eltern die beiden Erbkrankheiten an ihre Söhne und Töchter weitervererben. Erstellen Sie ein Erbschema mit genauer Legende.

84 In einer Familie sind Vater, Sohn und Tochter rotgrünblind, nur die Mutter ist farbtüchtig.

a Geben Sie an, von welchem Elternteil der Sohn die Rotgrünblindheit geerbt hat und begründen Ihre Entscheidung.

b Erklären Sie das Auftreten des seltenen Falls einer Rotgrünblindheit bei einer Frau (Tochter).

85 Ein phänotypisch gesundes Ehepaar hat zwei Kinder. Der Sohn leidet an der Erbkrankheit Phenylketonurie. Die gesunde Tochter kommt zur genetischen Familienberatung und fragt nach dem Risiko (Wahrscheinlichkeit), ein krankes Kind zu bekommen.

Geben Sie in Stichpunkten an, was Sie antworten würden. (Beachten Sie alle infrage kommenden Möglichkeiten.)

86 Beschreiben Sie in Stichpunkten, wie man klinisch feststellen kann, ob die Tochter (siehe Aufgabe 85) Überträgerin für Phenylketonurie ist.

87 Zwei phänotypisch gesunde Eltern haben ein an Phenylketonurie erkranktes Kind.

- **a** Ermitteln Sie, mit welcher Wahrscheinlichkeit (Angabe in Prozent) ihr zweites Kind an Phenylketonurie erkranken wird. Begründen Sie.
- **b** Bestimmen Sie die Wahrscheinlichkeit (in Prozent), mit der beide Kinder eines Elternpaars, von denen jeder Überträger für Phenylketonurie ist, die Krankheit Phenylketonurie zeigen.

88 Im Karyogramm einer gesunden Frau zeigt sich, dass die homologen Chromosomen Nr. 21 miteinander verklebt sind. Auch bei ihrem Partner tritt diese Chromosomenanomalie auf.

- **a** Ermitteln Sie für diese zukünftigen Eltern die Wahrscheinlichkeit, ein Kind mit Down-Syndrom zu bekommen. Geben Sie den Erbgang (Kombinationsquadrat) dafür an.
- **b** Geben Sie an, wie hoch die Wahrscheinlichkeit ist, dass diese Frau mit einem Partner ohne Chromosomenanomalie ein Kind mit Down-Syndrom bekommt. Begründen Sie.

89 Bestimmen Sie, mit welcher Wahrscheinlichkeit die Nachkommen einer Frau mit Down-Syndrom und eines gesunden Mannes ebenfalls von Trisomie 21 betroffen sein werden. Begründen Sie kurz und erstellen Sie eine Skizze.

90 Bei einem Elternpaar ist die Mutter Überträgerin der Rotgrünblindheit und der Bluterkrankheit (beide Krankheiten werden X-chromosomal-rezessiv vererbt). Der Vater ist phänotypisch gesund. Die Mutter erwartet Zwillinge und zwar, wie die Ultraschalldiagnose ergab, ein Mädchen und einen Jungen. Geben Sie die Wahrscheinlichkeiten an, mit denen der Junge oder das Mädchen krank sein wird.

91 Der Großvater einer bluterkranken Frau war selbst Bluter, seine beiden Töchter und sein Sohn waren phänotypisch gesund.

- **a** Beurteilen Sie, ob der Vater oder die Mutter der Bluterin von diesem Großvater abstammen. Begründen Sie Ihre Antwort.
- **b** Geben Sie an, ob der Vater der Bluterin ebenfalls phänotypisch krank ist. Begründen Sie.

c Geben Sie die Wahrscheinlichkeit an, mit der die Brüder der Bluterin ebenfalls von dieser Krankheit betroffen sind.

92 Nennen Sie die Methoden der pränatalen Diagnostik in der genetischen Familienberatung. Zählen Sie weitere Methoden auf, die in der genetischen Familienberatung Anwendung finden.

8 Gentechnik

Die Gentechnik beschäftigt sich mit der Erforschung der Methoden zur Herstellung neu kombinierter DNA **(rekombinante DNA)**. Mit den Ergebnissen dieser Forschung wurde eine Vielzahl von praktischen Anwendungsmöglichkeiten entwickelt.

8.1 Grundlegende Methoden der Gentechnik

Ein Grundprinzip der Gentechnik ist es, fremde Erbinformationen in eine Zelle (meist eine Bakterienzelle) einzuschleusen, sodass diese dann einen ihr fremden Stoff, entsprechend der eingefügten Erbinformation, produzieren kann.

Voraussetzungen hierfür waren

- die Entdeckung bestimmter molekularer „Scheren“, die den DNA-Doppelstrang spezifisch schneiden können (**Restriktionsenzyme** oder Restriktionsendonukleasen),
- die Herstellung von Transportmitteln zur Übertragung von DNA **(Vektoren)**,
- die Entwicklung der Methoden zur raschen **Sequenzanalyse** (Bestimmung der Reihenfolge der Basenpaare) der DNA bzw. RNA sowie
- die chemische Synthese von Nukleinsäuren (DNA bzw. RNA) in einem computergesteuerten Apparat **(chemische Synthese von Genen)**.

Enzyme in der Gentechnik

- **Restriktionsenzyme:** Restriktionsenzyme sind Enzymeiweißmoleküle (Endonukleasen), die die DNA an bestimmten Stellen mit einer Sequenz von 4–6 Basen schneiden. Die Schnitte – Durchtrennen des Phosphorsäure-Zucker-Rückgrates in beiden DNA-Strängen – erfolgen in der Regel so, dass einsträngige, komplementäre Enden („klebrige Enden“, *sticky ends)* entstehen. Wenige Restriktionsenzyme schneiden die DNA glatt durch, sodass die beiden Schnitte, die das Enzym setzt, sich dann direkt gegenüberliegen („glatte Enden“, *blunt ends)*.

> **Restriktionsenzyme** schneiden doppelsträngige DNA an spezifischen Erkennungssequenzen, den **Basenpaar-Palindromen**, also punktsymmetrischen Basenfolgen, die in beiden Richtungen gelesen denselben Sinn ergeben (wie z. B. das Wort Regallager).

Auf die doppelsträngige DNA angewendet bedeutet dies: Eine Erkennungssequenz für ein Restriktionsenzym ist ein Basenpaar-Palindrom aus 4–6 Basenpaaren, deren Sequenz von beiden 5'-Enden der doppelsträngigen DNA her gelesen die gleiche ist. Dreht man den DNA-Abschnitt um 180°, so bleibt die Abfolge der Basenpaare gleich.
(Einzelsträngige DNA wird stets in 5' → 3'-Richtung angegeben und die Basensequenz von links nach rechts gelesen. Bei doppelsträngiger DNA wird der „obere" Strang in 5' → 3'-Richtung geschrieben, der „untere", komplementäre Strang in 3' → 5'-Richtung (siehe S. 64).

Beispiel

Funktionsweise der Restriktionsenzyme am Beispiel der Restriktionsendonuklease *Eco*RI von *Escherichia coli*:
Das Enzym *Eco*RI besteht aus zwei identischen Untereinheiten, die sich symmetrisch an den oberen und den unteren Strang der DNA anlagern.

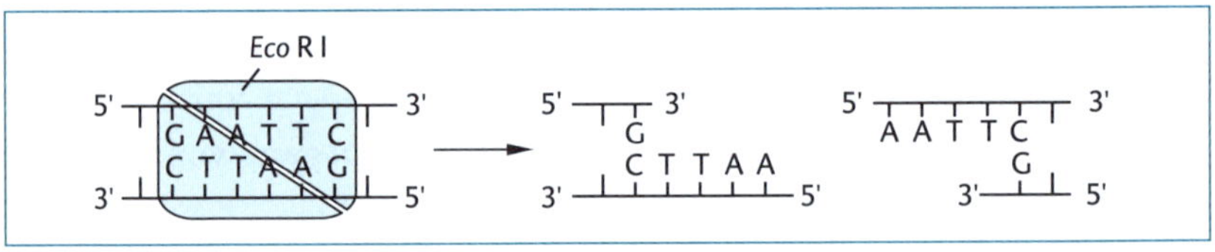

Abb. 83: Schnittstelle beim Restriktionsenzym EcoRI

- **Ligasen:** Die überstehenden „klebrigen Enden" von DNA-Restriktionsfragmenten können sich unter Ausbildung von Wasserstoffbrückenbindungen wieder paaren. Dabei ist es gleichgültig, von welchem Organismus die DNA-Fragmente mit solchen Enden stammen. Zur Verknüpfung von DNA-Fragmenten zu einem stabilen neuen DNA-Molekül sind Enzyme, die Ligasen, nötig. Eine Ligase schließt die Lücken in den Zucker-Phosphat-Ketten beider Stränge durch Ausbildung kovalenter Bindungen. Ligasen können auch ein Nukleotid an eine Kette anfügen. Sie sind somit die „Klebstoffe" der Gentechnik.

- **DNA-Polymerase:** Soll z. B. ein DNA-Einzelstrang kopiert und ein DNA-Doppelstrang aufgebaut werden, setzt man die DNA-Polymerase ein. Der Einzelstrang wird als Matrize nach den Regeln der komplementären Basenpaarung kopiert (siehe S. 64). Fast alle Polymerasen benötigen für ihre Funktion einen Starter, den sog. **Primer**. Dabei handelt es sich um einen Teilbereich auf der Matrizen-Nukleinsäure, der bereits doppelsträngig ist.

- **Reverse Transkriptase** (RNA-abhängige DNA-Polymerase): Will man aus isolierter mRNA das entsprechende Gen, d. h. DNA, herstellen, so setzt man die Reverse Transkriptase ein, ein Enzym aus Retroviren, das eine RNA-Matrize in ein DNA-Molekül umschreiben kann. Das derart kopierte DNA-Molekül wird copy-DNA oder **cDNA** genannt (siehe S. 157).

Vektoren

Vektoren (Genfähren) sind als Transportmittel zur Übertragung von Fremd-DNA in Wirtszellen unentbehrliche Instrumente der Gentechnik. Um diese Aufgabe zu erfüllen, müssen Vektoren folgende **Eigenschaften** aufweisen:

- Sie müssen **replizierbar** sein. Daher muss es eine Erkennungssequenz (Startstelle) für Replikationsenzyme *(origins of replication,* „ori") geben.
- Sie müssen einfach und in großen Mengen zu **isolieren** sein. Viele Plasmide liegen in zahlreichen Kopien in einer Zelle vor und können leicht durch Zentrifugation isoliert werden. Viren und Bakterien sind leicht in großen Mengen in Wirtszellen zu kultivieren und zu isolieren.
- Sie sollten geeignete **Schnittstellen** für verschiedene Restriktionsenzyme besitzen, um den Einbau von Fremd-DNA zu ermöglichen. Der Einbau darf keine wesentlichen Funktionen des Vektors stören. Der jeweils verwendete Vektor muss mit dem gleichen Restriktionsenzym (oder einem mit gleicher Erkennungssequenz) aufgeschnitten werden wie die Spender-DNA (→ gleiche *sticky ends).*
- Sie müssen der Wirtszelle eine besondere Eigenschaft verleihen, damit die Träger des Vektors erkannt und selektiv vermehrt werden können. Genetische **Marker** für die **Selektion** sind z. B. Gene, die Resistenz gegen Antibiotika verleihen oder ein Gen für ein Enzym, das die Wirtszelle (Mangelmutante) selbst nicht bilden kann.

  Je nach Wirtszelle verwendet man unterschiedliche spezifische Vektoren. Für die DNA-Übertragung auf Bakterien (meist *E. coli)* verwendet man vor allem Plasmide und Bakteriophagen (Viren, die Bakterien befallen). Zur Übertragung von Fremd-DNA auf Pflanzenzellen setzt man veränderte Ti-Plasmide (**t**umor**i**nduzierend) des *Agrobacterium tumefaciens* und modifizierte Pflanzenviren ein. Auf tierische Zellen können fremde Gene durch modifizierte Affenviren übertragen werden.

Plasmide als Vektoren: Plasmide sind kleine ringförmige DNA-Moleküle in Bakterien mit einer begrenzten Anzahl von Genen (ca. 2 000–10 000 Nukleotide). Die Plasmidgene codieren keine wesentlichen Funktionen für die Bakterienzelle, befähigen diese jedoch oft zu ungewöhnlichen Stoffwechselleistungen, die ihr nützlich sein können (z. B. Antibiotikaresistenz).

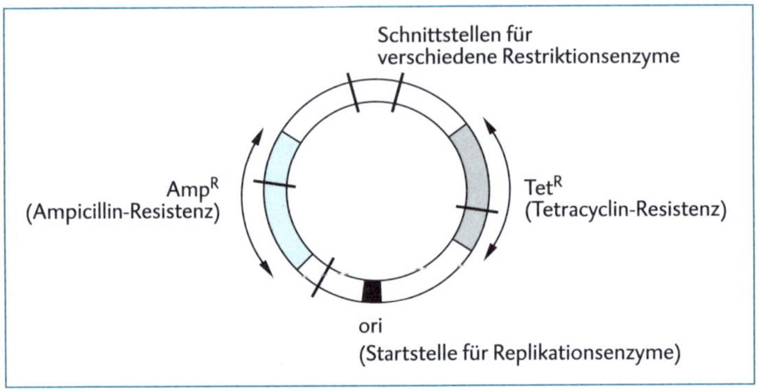

Abb. 84: Plasmid pBR 322

Viren als Vektoren: Viren sind subzelluläre Lebensformen, die genetische Information übertragen. Viren als Vektoren haben gegenüber Plasmiden den Vorteil, dass man größere DNA-Fragmente zur Genübertragung einbauen kann als in Plasmide und eine hohe Zahl von Nachkommen erhält.

Herstellung rekombinanter DNA

Die meisten gentechnischen Veränderungen basieren auf folgendem Prinzip:

1. **Isolierung der DNA des Spenderorganismus** und Zerlegung dieser DNA in Fragmente brauchbarer Größe: Die Membranen der Zellen und Zellkerne der Spenderzellen werden zerstört und die Proteine enzymatisch abgebaut („verdaut"). Aus der Lösung kann die DNA mit Ethanol gefällt werden. Sie wird durch Restriktionsenzyme in kleine DNA-Fragmente (mehrere tausend Basenpaare) zerlegt. Nur kleine DNA-Abschnitte sind stabil genug, um kloniert, d. h. in ein anderes Bakterium übertragen, und dort vervielfältigt werden zu können. Größere Fragmente enthalten möglicherweise unerwünschte Gene, deren Produkte die Wirtszelle belasten können.

2. **Isolierung und Aufschneiden eines geeigneten Vektors** für den Einbau von Spender-DNA (Passagier-DNA): Zum Aufschneiden des Vektors wird dasselbe Restriktionsenzym eingesetzt, das zum Zerschneiden der Spender-DNA verwendet wurde.

3 **Hybridisierung:** Verknüpfung der Vektor-DNA mit der Spender-DNA durch Ligasen.

4 **Transformation:** Übertragung der neu kombinierten (rekombinierten) Vektor-DNA auf Zellen eines Empfängerorganismus, eines Wirtes (meist *E. coli*-Bakterien). Durch chemische Behandlung der Wirtszelle (Bakterien-, Tierzelle) mit Calciumionen bzw. durch Applikation kurzer elektrischer Impulse können die Zellmembranen der Wirtszellen für die Hybrid-DNA durchlässig gemacht werden.

5 **Selektive Identifizierung** und Vermehrung der Wirtszellen, die den rekombinierten Vektor aufgenommen haben, also die gewünschte Genkombination besitzen. Es entsteht eine Population von Zellen mit identischem Erbgut, ein **Klon**. Man spricht daher von DNA-Klonierung.

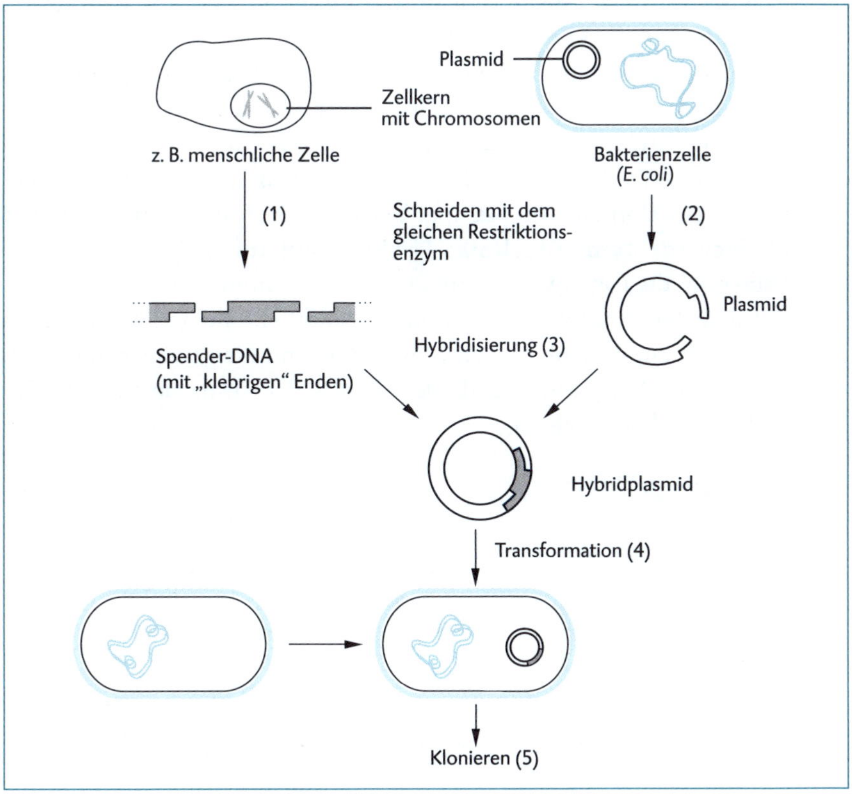

Abb. 85: Herstellung rekombinanter DNA

Da bei der Transformation nur sehr wenige Bakterien (durchschnittlich nur jede zehnmillionste Bakterienzelle) einen Vektor (z. B. ein Plasmid) aufnehmen, müssen die Bakterienzellen mit dem gewünschten Hybridvektor (Hybridplasmid) aus den vielen Bakterien ohne Plasmid bzw. mit unverändertem Plasmid herausgesucht werden.

Durch die Wahl eines geeigneten Plasmid-Vektors mit bestimmten Genen als Marker (z. B. Antibiotika-Resistenzgene für Ampicillin und Tetracyclin) und durch spezielle Wachstumsbedingungen kann man die Bakterienzellen mit Hybridvektor selektiv heranzüchten **(Hybridvektor-Klonselektion)**.

Beispiel

Wird Fremd-DNA durch Verwendung eines entsprechenden Restriktionsenzyms in das Tetracyclin-Resistenzgen des Vektors pBR 322 (siehe Abb. 84, S. 152) integriert, fällt die Funktion des Resistenzgens aus **(Prinzip der Markerinaktivierung)**.
Die behandelten Bakterien werden auf Nährböden mit Ampicillin ausgestrichen, wo sich nur die Kolonien bilden können, die ein (verändertes oder unverändertes) Plasmid aufgenommen und mit ihm die Ampicillin-Resistenz erworben haben. Danach werden die gewachsenen Kolonien mit einem sterilen Samtstempel auf einen Nährboden mit Tetracyclin übertragen (**Stempeltechnik**; Replika-Plattierung). Hier wachsen nur Bakterien, die das unveränderte Plasmid aufgenommen haben; Bakterien mit dem Hybridvektor können keine Kolonien bilden. Durch Vergleich der Koloniemuster auf beiden Nährböden sind die gewünschten Kolonien auf dem Ampicillin-Nährboden identifizierbar, da sie auf dem Tetracyclin-Nährboden fehlen.

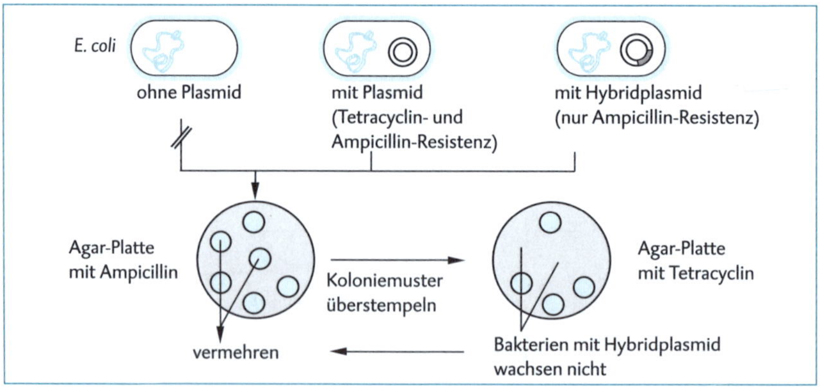

Abb. 86: Klonselektionstechnik

Genbibliothek

Unter einer Genbibliothek versteht man eine Sammlung von DNA-Fragmenten, die in ihrer Gesamtheit das Genom eines Organismus repräsentieren. Die verschiedenen Bruchstücke (durch Behandlung der DNA mit Restriktionsenzymen gewonnen) werden nach dem Einbau in Bakterienplasmide in Bakterienkolonien (Klonen) aufbewahrt. Man weiß jedoch nicht, welche Gene oder Teile von Genen sich in einzelnen Bakterienklonen befinden. Man bezeichnet diese Methode deshalb als **Schrotschussklonierung**.

8.2 Spezielle Verfahren in der Gentechnik

Klonidentifizierung mit Gen-Sonden: Koloniehybridisierung

Um ein bestimmtes Gen in Bakterienklonen mit Hybridvektoren (z. B. in einer Genbibliothek) aufzufinden, muss man zumindest einen kleinen Teil der Aminosäuresequenz des Genproduktes kennen. Man synthetisiert unter Berücksichtigung des genetischen Codes einsträngige, radioaktiv markierte DNA-Stücke mit definierter Basensequenz. Diese bezeichnet man als **Gen-Sonden** oder DNA-Sonden.

Mit einer Gensonde kann man Kolonien von Bakterien mit Vektoren identifizieren, die ein Fremd-DNA-Fragment mit einem zur Sonde komplementären DNA-Abschnitt enthalten.

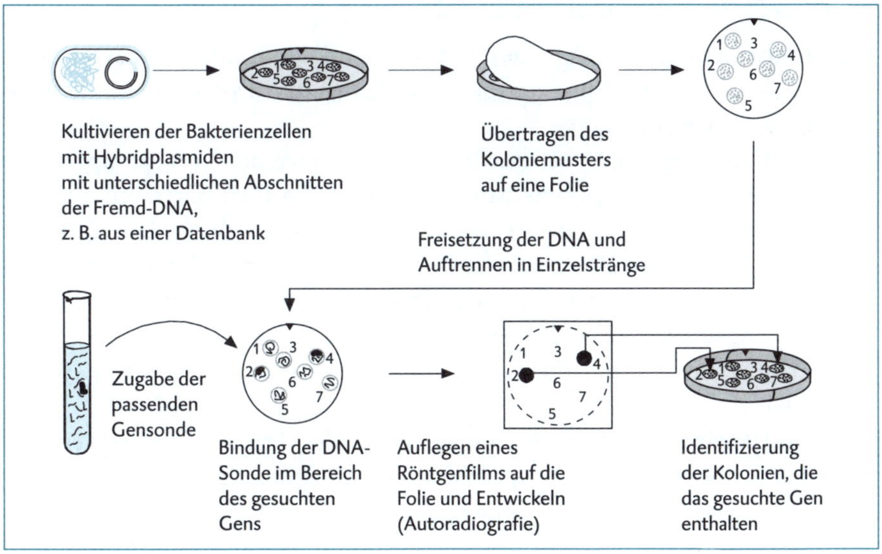

Abb. 87: Koloniehybridisierung

Zur Klonidentifizierung lässt man Bakterien mit der rekombinanten DNA auf einem Nährboden wachsen und überträgt das Koloniemuster auf eine Folie (aus Nitrocellulose). Auf dieser lysiert man die Bakterien mit NaOH-Lösung und denaturiert, d. h. man zerlegt die freigesetzte DNA in Einzelstränge. Die hinzugefügte, radioaktiv markierte Gen-Sonde hybridisiert mit einem komplementären DNA-Abschnitt. Die Autoradiografie der fixierten und gewaschenen Folie zeigt die Lage der Bakterienkolonien, die den gesuchten DNA-Abschnitt enthalten (siehe Abb. 87, S. 155). Von der Agar-Platte weg können Proben solcher Kolonien in Nährlösungen vermehrt werden. Damit wird auch das gesuchte Gen vervielfältigt und steht dann in ausreichender Menge für weitere Untersuchungen zur Verfügung.

Gewinnung von Spender-DNA auf direktem Weg

Mithilfe der **Polymerase-Kettenreaktion** (*polymerase chain reaction*, PCR), die inzwischen eine der wichtigsten Techniken der molekulargenetischen Forschung darstellt, können theoretisch ohne aufwendige Klonierungsschritte unbegrenzt viele Kopien eines DNA-Abschnittes hergestellt werden. Es genügen bereits geringste Spuren, im Extremfall sogar ein einziges DNA-Molekül. Anwendung findet die PCR daher beim Nachweis von (Punkt-)Mutationen z. B. bei Gentests, beim Nachweis von Genen aus Gewebeproben für die Gerichtsmedizin (Täteridentifizierung) oder beim Vergleich von DNA-Sequenzen verschiedener Organismen (Vaterschaftstest). Die Vermehrung der DNA mittels der PCR läuft in drei Schritten ab:

1 **Denaturierung:** Der DNA-Doppelstrang wird durch Erhitzen auf 94 °C in seine beiden Einzelstränge zerlegt. Diese dienen nun als Matrize für die Synthese neuer DNA.

2 **Hybridisierung:** Zur Synthese von neuer DNA werden kurze doppelsträngige Bereiche als Startpunkte benötigt. Kurze, künstlich hergestellte Oligonukleotide, sog. Primer, deren Basenfolge komplementär zu dem Ende des zu amplifizierenden DNA-Stücks ist, binden in diesem Schritt bei einer etwas niedrigeren Temperatur (je nach Primer 50–70 °C) an die 3' Enden der einsträngigen Matrize. Durch die Zugabe zweier unterschiedlicher Primer können so Anfang und Ende der vervielfältigten Sequenz genau definiert werden.

3 **Amplifikation:** Ausgehend vom 3'-Ende der Primer synthetisiert die DNA-Polymerase nun aus zugegebenen Nukleotidbausteinen die zum Matrizenstrang komplementäre Sequenz.

Dieser Zyklus kann in speziellen Apparaten bis zu 40-mal hintereinander ablaufen. Dabei werden die DNA-Abschnitte mit jedem Zyklus exponentiell vermehrt. Man benutzt dazu die besonders hitzestabile *Taq*-Polymerase aus *Thermus aquaticus* (ein Tiefseebakterium aus heißen Quellen), das auch bei Temperaturen über 90 °C nicht zerstört wird.

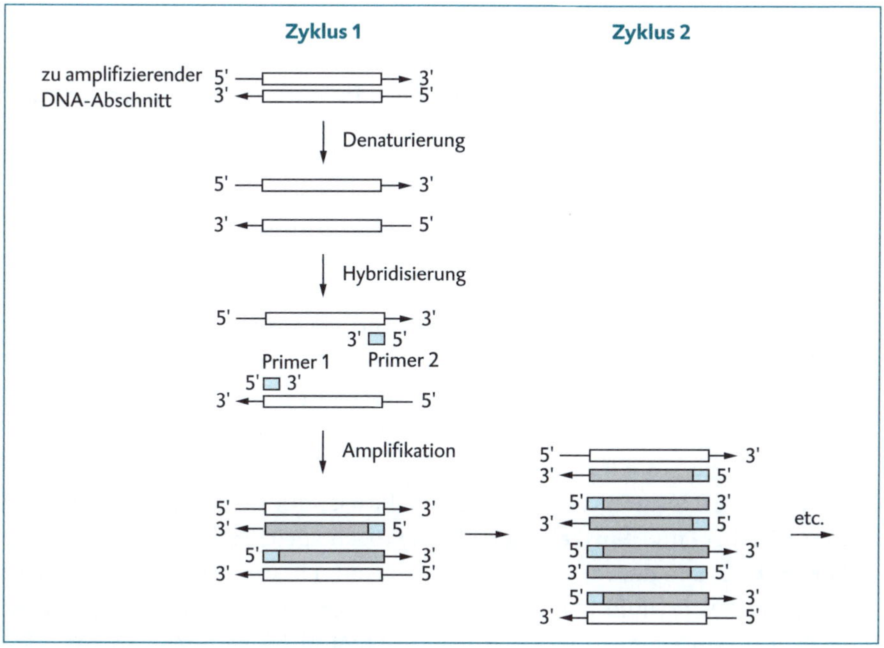

Abb. 88: Polymerase-Kettenreaktion (PCR)

Bei Eukaryoten sind in die Gene DNA-Abschnitte ohne Information über das zu bildende Protein (Introns) eingebaut. Werden solche sog. Mosaikgene (siehe S. 80) in Bakterien übertragen, ist die Genexpression nicht möglich. Durch folgende Methoden kann ein „bakteriengerechtes" Gen hergestellt werden:

- **Herstellung von copy-DNA** (cDNA) aus mRNA durch das Enzym Reverse Transkriptase: Aus Zellen, in denen das gewünschte Gen besonders aktiv ist, wird die entsprechende prozessierte mRNA (siehe S. 81) gewonnen. Sie dient als Matrize für die Herstellung eines komplementären DNA-Strangs mithilfe der Reversen Transkriptase (siehe S. 151). Werden zur mRNA das Enzym Reverse Transkriptase, ein Primer und die vier DNA-Nukleotide zugesetzt, entsteht zunächst ein RNA-DNA-Hybrid-Doppelstrang. Der RNA-Strang wird enzymatisch abgebaut und der zurückbleibende DNA-Strang mit DNA-Polymerase zum Doppelstrang aufgebaut. Die so entstandene cDNA umfasst nur die codierenden Bereiche (Exons) eines Gens. Einsträngige cDNA kann (durch radioaktive Nukleotide oder mit fluoreszierenden Farbstoffen markiert) als cDNA-Sonde zur Klonidentifizierung dienen.

- **Chemische Totalsynthese** von definierten Kopien eukaryotischer Gene: Eine einsträngige Sequenz des Gens wird aus Nukleotiden neu synthetisiert. Die Sequenz lässt sich aus der Aminosäuresequenz des entsprechenden Proteins ermitteln, da der genetische Code bekannt ist. Das zum Doppelstrang ergänzte Gen kann in Vektoren integriert, in Wirtszellen kloniert und zur Expression gebracht werden.

8.3 Anwendung der Gentechnik bei Bakterien, Pflanzen und Tieren

Anwendung der Gentechnik bei Bakterien und Zellkulturen

Mithilfe gentechnisch veränderter Bakterien und Eukaryotenzellen (in Zellkulturen) können viele **Medikamente** meist preiswerter, reiner und besser verträglich hergestellt werden als durch bisherige Verfahren. Bis jetzt werden gentechnisch u. a. hergestellt:

- **Insulin:** ein Hormon der Bauchspeicheldrüse, das überschüssigen Blutzucker in Leber- und Muskelzellen als Glykogen speichert und für Diabetiker benötigt wird. In die zur Produktion von Insulin bestimmten Bakterien wird ein spezielles Plasmid übertragen. Dieses sogenannte **Expressionsplasmid** enthält neben einem Markergen das lac-Operon (siehe S. 78). In das erste Strukturgen des Operons wurde das Insulingen integriert. Wird einer solchen Bakterienkultur Laktose zugesetzt, beginnt die Transkription am Operon. Laktose wirkt als Induktor, doch statt des Laktose spaltenden Enzyms wird Proinsulin produziert. Bakterien, die Proinsulin in großer Menge produziert haben, werden aus der Kulturflüssigkeit entnommen und ihre Zellen aufgebrochen. Nach der Abtrennung des Proinsulins von den übrigen Zellbestandteilen muss es noch in aktives Insulin umgewandelt werden.
- Der **Blutgerinnungsfaktor** (Faktor VIII), der zur Behandlung von Blutern nötig ist, wird in transgenen Säugerzellen oder Hefezellen produziert.
- **Interferon** stärkt die Immunabwehr gegen Virusinfektionen und bestimmte Tumore.
- Impfstoff gegen **Hepatitis B**: Durch die gentechnisch gewonnenen Antigene ist eine aktive Immunisierung gegen diese schwere Form der Leberentzündung möglich.

- **Erythropoetin (EPO)**, ein Wachstumsfaktor aus den Nieren, regt das rote Knochenmark zur Neubildung von roten Blutkörperchen an. Mit gentechnisch gewonnenem EPO kann die Anämie (Blutarmut), an der Dialysepatienten häufig leiden, behandelt werden.

Viele Enzyme, die in der Biotechnologie benötigt werden, sind gentechnisch hergestellt, z. B.:
- Protease Chymosin (Labferment) zur Käseherstellung
- Enzyme zur Stärkeverzuckerung: Umwandlung von Stärke in Zuckersirup
- Proteasen, Lipasen, Amylasen in Waschmitteln
- Pektinasen zum Abbau pflanzlicher Zellwände bei der Fruchtsaftgewinnung

Die Herstellung gentechnisch veränderter Bakterien und ihre Nutzung erfordern strenge **Sicherheitsmaßnahmen**, um eine unbeabsichtigte Freisetzung solcher Organismen oder ihrer DNA in die Umwelt zu verhindern. Jedes dieser gentechnischen Experimente durchläuft ein Beurteilungsverfahren, um es in eine bestimmte Sicherheitsstufe einzuordnen. Transgene Mikroorganismen dürfen außerhalb der Labors oder gentechnologischer Produktionsstätten nicht lebensfähig sein. Ihre Fähigkeit, sich zu vermehren und genetisches Material zu übertragen, muss stark eingeschränkt sein.

Nutzung der Gentechnik in der Pflanzenzüchtung

Die bisher erfolgreichste Methode des Gentransfers bei Pflanzen beruht auf einem in der Natur vorkommenden DNA-Transfermechanismus, bei dem Bodenbakterien des Stammes *Agrobacterium tumefaciens* als Vermittler dienen. Diese Bakterien besitzen neben ihrem Bakterienchromosom das **Ti-Plasmid** (**t**umor**i**nduzierend). Bei Befall mit *Agrobacterium tumefaciens* entstehen Wucherungen am Wurzelhals der Pflanzen (Wurzelhalsgallen), die durch die tumorinduzierenden Gene hervorgerufen werden. Diese Gene befinden sich in der T-Region des Ti-Plasmids, die beiderseits von sog. border-Sequenzen umgeben ist. Die T-Region wird durch einen der Konjugation ähnlichen Vorgang von den Bakterien in verletzte Pflanzenzellen übertragen. Der konjugative Transfer wird durch Virulenzgene außerhalb der T-Region gesteuert. Die T-DNA wird im Zellkern der Pflanzenzelle in ein Chromosom integriert und exprimiert. Um die nachteilige tumorauslösende Wirkung zu vermeiden, werden die entsprechenden Gene durch Fremd-DNA (z. B. Gene für die Resistenz gegen bestimmte pflanzliche Krankheitserreger oder das Herbizid) ersetzt. Die zukünftigen Wirtspflanzen werden nun nicht mehr geschädigt.

Um Pflanzenzellen mit dem veränderten Plasmid von unveränderten Pflanzenzellen unterscheiden zu können, wird ein Markergen, z. B. ein Antibiotika-

Resistenzgen, in die T-DNA eingebaut. Die Technik entspricht dem Verfahren bei *E. coli* und seinem Plasmid.

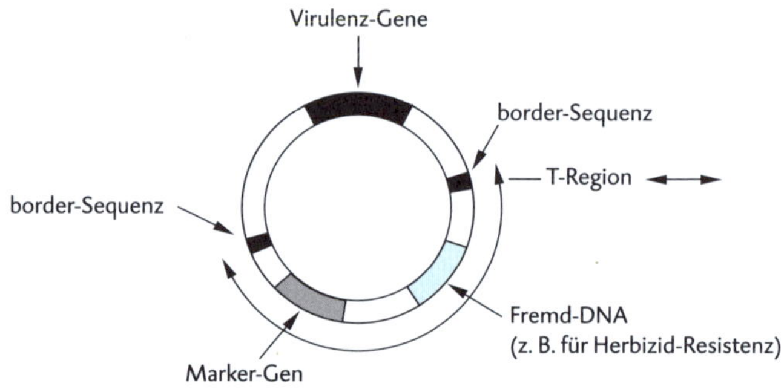

Abb. 89: Ti-Plasmid

Agrobakterien mit modifiziertem Ti-Plasmid übertragen die T-DNA in pflanzliche Protoplasten (zellwandlose Zellen). Auf Nährböden mit dem Antibiotikum, gegen das erfolgreich transformierte Zellen resistent sind, können transformierte Pflanzenzellen selektiert werden. Sie wachsen zu Zellhaufen heran, die sich zu jungen Pflänzchen differenzieren. Nach mehreren Testserien (z. B. ob die Resistenzgene stabil ins Genom eingebaut sind) kann ein Antrag auf Zulassung von Freilandversuchen gestellt werden.

Beispiele transgener Pflanzen:
- Herbizidresistenter Mais und Raps: Beide Pflanzenarten wurden gentechnisch gegen das Totalherbizid Basta® resistent gemacht.
- Schädlingsresistenter Bt-Mais: Durch den Einbau eines Gens aus dem Bakterium *Bacillus thuringiensis* stellen die Maiszellen ein giftiges Protein her, das die Raupen des Maiszünslers absterben lässt.
- Antimatsch-Tomate: Das Gen für das Enzym Pektinase wird ausgeschaltet. Der Abbau der Zellwände durch die Pektinase verzögert sich stark, dadurch steigt die Haltbarkeit der Tomate. Allerdings leidet der Geschmack darunter.

Die **Risiken** bei der Freisetzung eines genetisch manipulierten Lebewesens hängen in erster Linie von folgenden Faktoren ab:
- dem Fortpflanzungs- und Verbreitungspotenzial des Organismus,
- seiner Lebensdauer (das Risiko einer unkontrollierten Ausbreitung bei mehrjährigen Pflanzen ist größer als bei einjährigen Pflanzen),
- der Stabilität seines Erbguts und
- den Möglichkeiten eines natürlichen Gentransfers.

Freilandversuche mit transgenen Pflanzen oder Mikroorganismen könnten folgende Gefahren mit sich bringen:

- Zerstörung des ökologischen Gleichgewichts durch die Ausbreitung der transgenen Pflanze, die durch ihre höhere Vitalität einheimische Pflanzen verdrängt,
- Bedrohung der natürlichen Vielfalt durch schädlingsresistente Pflanzen: Pflanzenfressende Tierarten an den transgenen Pflanzen sowie Folgeglieder in diesen Nahrungsketten werden ebenfalls geschädigt,
- Entwicklung resistenter Schädlingspopulationen,
- Veränderte Proteine in den Nutzpflanzen können das Allergierisiko steigern,
- Verringerung der Sortenvielfalt der Kulturpflanzen, dadurch genetische Verarmung,
- Gefahr der Monopolbildung, da Herbizid und resistentes Saatgut im Paket gekauft werden muss,
- horizontaler Gentransfer über Pollen auf artverwandte Pflanzen könnte z. B. zur Verbreitung von Resistenzgenen auf Wildpflanzen führen,
- bedenkenloserer Herbizideinsatz, da er herbizidresistenten Nutzpflanzen nicht schadet.

Nutzung der Gentechnik in der Tierzüchtung

Beim ersten historischen Experiment eines Gentransfers wurde einer Maus das Rattenwachstumshormon-Gen implantiert, woraufhin die transgenen Jungmäuse zu einer Riesengröße heranwuchsen.

Eine Möglichkeit, **transgene Tiere** zu erhalten, ist die DNA-Mikroinjektion. In den Zellkern befruchteter Säugereizellen (z. B. von Mäusen, Schafen, Schweinen) wird mithilfe einer sehr dünnen Pipette Fremd-DNA (z. B. menschliches Wachstumsgen) injiziert. Bei einem geringen Prozentsatz (ca. 1 %) der Versuche erfolgt der Einbau der Fremd-DNA in ein Chromosom. Nach der Rückimplantation der transgenen Eizelle in das Muttertier entwickelt sich ein Nachkomme, der in allen Zellen dieses Fremdgen aufweist. Zu den Anwendungsmöglichkeiten der Gentechnik bei Tieren gehören u. a.:

- Tiere als Produktionsstätten von Impfstoffen und pharmazeutisch verwertbaren Produkten *(Gene Pharming)*: Transgene Tiere wie Kaninchen, Schafe und Rinder produzieren nach der Anweisung menschlicher Gene z. B. Humaninsulin, Interferon oder den menschlichen Blutgerinnungsfaktor.
- Erzeugung von transgenen Nutztieren, die z. B. schneller wachsen, mehr Milch oder Wolle produzieren, mehr und besseres Fleisch haben, krankheits- und stressresistenter sind. Beispiel: Karpfen mit Wachstumshormon-Gen der Forellen → wachsen schneller, werden schwerer.

- Entwicklung therapeutischer Konzepte für Erbkrankheiten und Krebserkrankungen. Durch Forschung mit tierischen Geweben lässt sich die große Zahl an Tierversuchen verringern. Die Erforschung von gentechnischen Therapiemöglichkeiten beim Menschen (z. B. Krebstherapie, monogene Erbleiden) kann zunächst an genmanipulierten Tieren, insbesondere an transgenen Labortieren erfolgen.

Mit der Produktion von transgenen Tieren gehen einige **Risiken** einher:
- Die Erzeugung überzüchteter Tiere ist ethisch nicht vertretbar. Transgene Schweine (mit Somatotropingen) haben zwar eine effizientere Futterverwertung und wachsen ca. 11 % schneller als Kontrolltiere. Bei Versuchen wurden 6 % jedoch tot geboren, 20 % starben nach 3–4 Monaten, 30 % starben, bevor sie sechs Monate alt wurden. Die überlebenden Schweine wiesen zusätzlich vielfältige Beeinträchtigungen auf, z. B. Haut- und Gelenkerkrankungen, Magengeschwüre oder Lungenentzündungen.
- Die Tierprodukte können für den Menschen ungesund sein, z. B. durch Rückstände von Hormonen.
- Transgene Tiere, die entweichen, verdrängen natürliche Artgenossen und verringern die genetische Vielfalt der Art.

8.4 Gendiagnostik und Gentherapie in der Humanmedizin

In der Humanmedizin gibt es zahlreiche Anwendungsmöglichkeiten für molekulargenetische Diagnose oder gentechnische Veränderung der Erbsubstanz einzelner Zellen, Gewebe oder ganzer Organismen:
- Untersuchung bestimmter Chromosomenbereiche, Aufklärung der Feinstruktur,
- Lokalisation, Isolierung und Sequenzanalyse von normalen und durch Mutation defekten Allelen mithilfe von Gensonden,
- prä- und postnatale Diagnose zahlreicher Erbkrankheiten (genetische Beratung),
- genetischer Fingerabdruck (engl. *DNA-Fingerprinting*) in der Kriminalistik,
- Gentherapie bei Körperzellen und Keimzellen.

Mit der Möglichkeit der genetischen Analyse des Menschen treten ernst zu nehmende **ethische und soziale Fragen** auf. Solche z. T. heftig diskutierten Fragen sind u. a.:
- **Wer** soll berechtigt sein, das Genom eines Menschen untersuchen zu lassen, um z. B. festzustellen, ob bestimmte Gene verändert sind?

- Darf die Kenntnis der Gene eines Menschen genutzt werden, um die **Eignung** für einen bestimmten Beruf oder Arbeitsplatz zu prüfen?
- Führt die Kenntnis des Genoms zu einer Einteilung der Menschen in verschiedene **genetische Klassen** im Hinblick auf zu erwartende Krankheiten oder mutmaßliche Lebensdauer (z. B. bei Versicherungen, Krankenkassen)?
- Darf man die technisch bereits vorhandene Möglichkeit, **Embryonen** mit besonders vielen erwünschten bzw. besonders wenigen nachteilig veränderten Genen für eine Schwangerschaft **auszuwählen**, nutzen?

Gendiagnose beim Menschen

Eine Methode der Gendiagnose stellt die Analyse des **Restriktionsfragment-Längenpolymorphismus** (RFLP) dar. Sie erfolgt mithilfe von Restriktionsenzymen: Dieselben Restriktionsenzyme spalten die genomische DNA einer Person, die z. B. aus einer Blut- oder Spermaprobe gewonnen wurde, immer in das gleiche Gemisch unterschiedlich langer DNA-Fragmente. Außer bei eineiigen Zwillingen besitzen keine zwei Menschen eine DNA mit identischer Basenfolge. Das DNA-Fragmentlängen-Bandenmuster ist deshalb ein unverwechselbarer **genetischer Fingerabdruck** eines Menschen.
Eine zweite Gendiagnose-Methode basiert darauf, dass die DNA-Bereiche des Menschen, die keine genetische Information enthalten, besonders viele Unterschiede aufweisen. Oft sind das Abschnitte, in denen sich bestimmte, sehr kurze Basenfolgen unterschiedlich häufig wiederholen **(repetitive Sequenzen)**. Da Mutationen in diesen Bereichen keine Merkmalsänderung zur Folge haben und damit nicht der Selektion unterliegen, bleiben sie erhalten. Diese von Mensch zu Mensch verschiedenen Bereiche werden als **polymorphe Bereiche** bezeichnet. Die veränderte Basenfolge in diesen Abschnitten lässt Schnittstellen für ein bestimmtes Restriktionsenzym verschwinden oder entstehen. Deshalb erhält man durch die Behandlung polymorpher DNA-Abschnitte verschiedener Menschen mit dem gleichen Restriktionsenzym ein für jeden einzelnen dieser Menschen typisches Gemisch aus DNA-Fragmenten.

Das Verfahren des genetischen Fingerabdrucks auf der Grundlage repetitiver Sequenzen läuft in folgenden Schritten ab:

1. **Isolierung** von DNA, z. B. aus Zellen der Mundschleimhaut bzw. des Bluts oder aus Speichel- und Spermaresten.
2. Vervielfältigung bestimmter polymorpher Bereiche der DNA mithilfe der **PCR** (siehe S. 156); zur Absicherung werden drei verschiedene polymorphe Abschnitte untersucht.

3 Behandlung der polymorphen Bereiche mit bestimmten **Restriktionsenzymen**. Es entstehen unterschiedlich lange Restriktionsfragmente.
4 **Gel-Elektrophorese** des Gemisches: Die Proben werden auf eine Gelschicht aufgebracht, an die eine Spannung angelegt wird. Die unterschiedlich langen DNA-Stücke (aufgrund der Phosphatgruppen negativ geladen) wandern im Gleichspannungsfeld zum Pluspol und trennen sich entsprechend ihrer Länge auf. Es entsteht ein Bandenmuster. Die Banden werden durch Fluoreszenz oder radioaktive Markierung sichtbar gemacht.

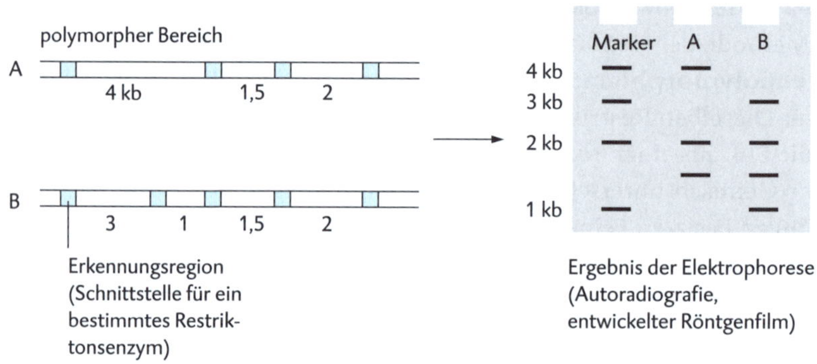

Abb. 90: Prinzip des genetischen Fingerabdrucks, die Abstände der Schnittstellen sind in Kilobasen (1 kb = 1 000 Basenpaare) angegeben.

Der genetische Fingerabdruck anhand repetitiver Sequenzen wird heutzutage standardmäßig in der Kriminalistik durchgeführt, da hier häufig nur geringe DNA-Mengen zur Verfügung stehen. Um die Ergebnis-Wahrscheinlichkeit der Analyse zu maximieren, werden acht bestimmte Loci untersucht, die in der Anzahl der Sequenzwiederholungen von Mensch zu Mensch stark variieren.

Auf derselben Methode beruht auch die Aufspürung des Allels für Chorea Huntington (erblicher Veitstanz, ein autosomal-dominantes Erbleiden) auf dem Chromosom 4 des Menschen. Im Normalallel ist ein bestimmtes Triplett (CGA) 6- bis 39-mal hintereinander vorhanden, im mutierten Allel liegt es ca. 40- bis 100-mal vor. Diese Mutation (Vervielfachung des Tripletts) bewirkt eine veränderte Tertiärstruktur des codierten Proteins, was im späteren Leben zu der unheilbaren Nervenerkrankung führt.

Gentherapie bei Körperzellen des Menschen

Die Ziele der **somatischen Gentherapie** sind der Transfer und die Expression des intakten Gens in Körperzellen, die ein entsprechendes defektes Gen enthalten.

Die Methoden, intakte DNA-Stücke in menschliche Zellen einzuschleusen, sind noch mit vielen Problemen behaftet. Ein erfolgversprechender Weg scheint über den Einsatz von **Retroviren** gefunden zu sein, deren krankheitserregende Wirkung und Vermehrungsfähigkeit vor dem Einbau eines menschlichen Gens zerstört wird. Die erste erfolgreiche somatische Gentherapie beim Menschen wurde 1990 an einem Mädchen durchgeführt, das an einer angeborenen schweren Immunschwächekrankheit (SCID) litt. Ursache ist ein Gendefekt, der in T-Lymphozyten zu einem bestimmten Enzymmangel führt, sodass diese für die Immunabwehr ausfallen.

Zuerst musste das intakte Gen in einen modifizierten Retrovirus-Vektor kloniert werden. Mithilfe des Retrovirus-Vektors übertrug man dann das intakte Gen in Lymphozyten, die man dem Knochenmark des Mädchens als Stammzellen entnommen hatte. Die transgenen und *in vitro* vermehrten Lymphozyten wurden dem Kind anschließend durch Transfusion zurückübertragen. Sie siedelten sich in Lymphorganen an und ermöglichten den Aufbau einer wirksamen Immunabwehr.

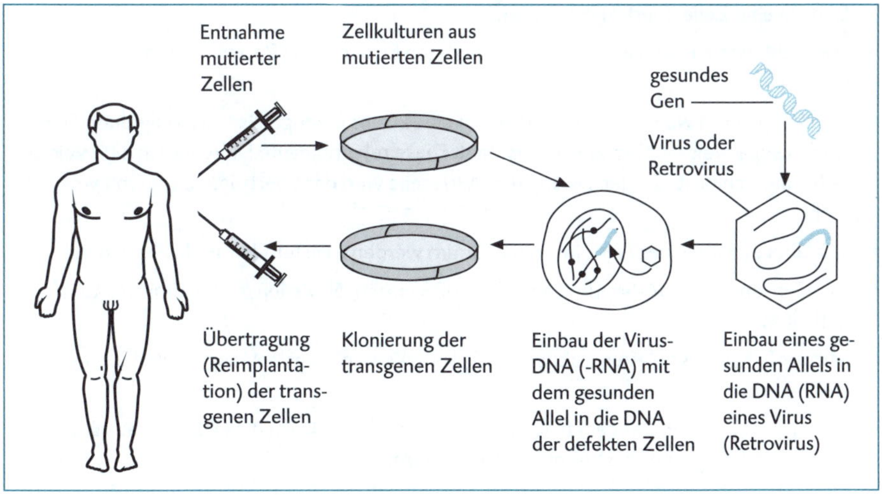

Abb. 91: Das Prinzip der somatischen Gentherapie

Auf längere Sicht besteht die Hoffnung, auf diese Weise viele schwere Krankheiten, z. B. die Sichelzellenanämie oder die Mukoviszidose (siehe S. 134), heilen zu können. Diese Therapie ist eine Art „Organersatz im Kleinen", mit dem Vorteil, dass die Transplantation gentherapierter eigener Körperzellen keine Abstoßungsreaktionen hervorruft. Viele Schwierigkeiten und Risiken begrenzen jedoch die Erfolgschancen. So ist z. B. eine Schädigung des Patienten durch nicht einwandfreie Funktion der transplantierten Gene möglich. Auch eine erneute Virulenz der Retroviren oder die Entstehung von Krebs wäre denkbar.
Die Gentherapie von Keimbahnzellen des Menschen ist in der Bundesrepublik Deutschland nach dem Embryonen-Schutz-Gesetz verboten. Viele Gruppen unserer Gesellschaft (z. B. Kirchen, Parteien des deutschen Bundestags) lehnen einen Eingriff in die Keimbahn grundsätzlich ab. Er könnte den Menschen zum manipulierbaren Objekt machen und zu einem funktionalistischen Menschenbild und zur Menschenzucht führen. Beides kann von bestimmten Ideologien abhängig sein. Auf lange Sicht muss die Frage diskutiert werden, ob der Mensch bewusst seine eigene Evolution steuern soll und darf.

Zusammenfassung

- Unter dem Begriff „Gentechnik" fasst man alle Verfahren zusammen, durch die fremde Gene in eine Zelle übertragen werden.
- Die wichtigsten in der Gentechnik verwendeten Enzyme sind Restriktionsenzyme und Ligasen.
- Durch Klonieren werden größere Mengen eines Gens erzeugt: Das zu klonierende Gen wird in einen Vektor (Genfähre) eingebaut. Diese rekombinante DNA wird in eine Wirtszelle eingeschleust. Bei der Teilung der Wirtszelle wird das übertragene Gen mit vermehrt.
- Zur Übertragung eines Gens in ein Bakterium werden meistens Plasmide verwendet.
- Mit Gensonden (DNA-Sonden) kann geprüft werden, ob Zellen ein bestimmtes Gen enthalten.
- Mit der Polymerase-Kettenreaktion (PCR) lassen sich geringste Mengen DNA identisch vermehren.
- Durch das Verfahren des genetischen Fingerabdrucks lässt sich die DNA z. B. aus Blutspuren eindeutig einer bestimmten Person zuordnen.

gaben

93 Beschreiben Sie die Aufgaben von Restriktionsenzymen in der Gentechnik.

94 a Erklären Sie, was man unter einem Basenpaar-Palindrom versteht.
b Erklären Sie, welche Rolle Basenpaar-Palindrome in der Gentechnik spielen.

95 Beschreiben Sie stichpunktartig die Arbeitsweise der Gentechnik.

96 Nennen Sie Forschungsbereiche, in denen die Gentechnik heute schon für den Menschen kommerzielle Anwendung findet.

97 Erläutern Sie, welche Bedeutung die Gentechnik für die Kriminologie hat.

98 Nennen Sie mögliche Risiken der Gentechnik bei Pflanzen, Tieren und dem Menschen.

99 a Beschreiben Sie kurz, wozu eine DNA-Sonde dient.
b Erklären Sie, wie mit einer DNA-Sonde gearbeitet wird.

100 Geben Sie an, was die Reverse Transkriptase bewirkt.

101 Erklären Sie, was ein Ti-Plasmid ist und wozu es verwendet wird.

102 Erbmaterial, das aus archäologischem Material, wie z. B. Bernstein oder Mumien, gewonnen werden kann, ist meist schlecht erhalten und nur in sehr geringen Mengen vorhanden.
Beschreiben und erklären Sie ein gentechnisches Verfahren, mit dem die Vervielfältigung von DNA möglich ist.

Neuronale Informationsverarbeitung

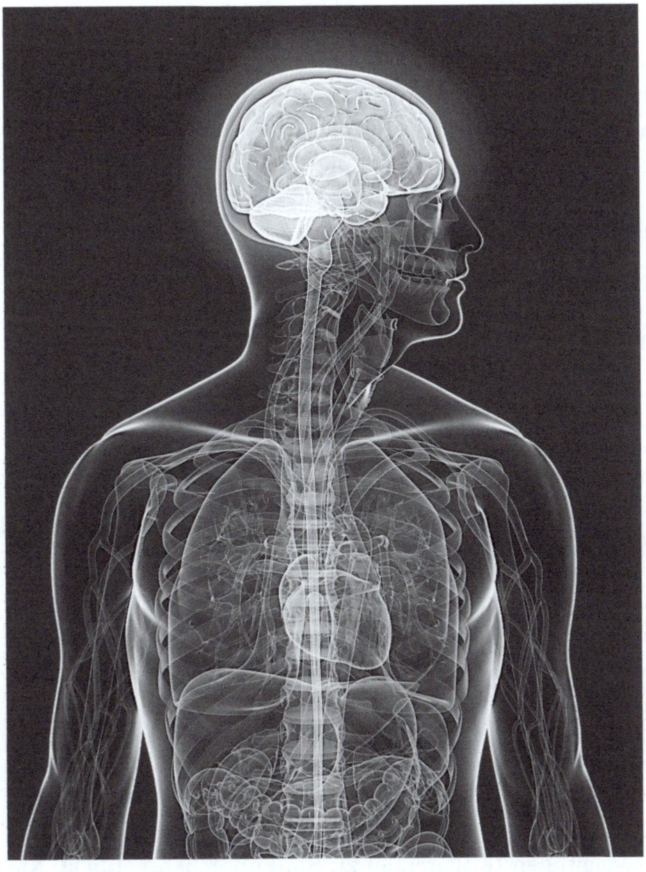

Das menschliche Gehirn ist ein Wunderwerk der Natur. Es besteht aus rund 100 Milliarden Neuronen, die über geschätzte 100 Billionen Synapsen parallel miteinander vernetzt sind. Die oberste Schaltzentrale unseres Körpers ist dadurch zu einer enorm hohen Rechenleistung und Speicherkapazität fähig. Das Gehirn ist folglich das Organ des Körpers, das im Verhältnis zu seiner Masse den höchsten Energie- und Sauerstoffbedarf hat.

9 Neuronen als Bausteine des Nervensystems

Der Mensch informiert sich mithilfe seiner Sinnesorgane und des Nervensystems über seine Umwelt. Aus der Umgebung eintreffende **Reize** werden von Sinneszellen (spezialistierte Nervenzellen) in elektrische **Erregung** umgewandelt. **Neuronen (Nervenzellen)** leiten diese Erregung weiter. Die vielen Milliarden Nervenzellen des menschlichen Körpers bilden untereinander zahlreiche Kontakte aus, die eine **Verarbeitung** der Information ermöglichen. Als Folge dieser Verarbeitung werden Erregungen über Nervenzellen zu **Erfolgsorganen** geleitet, um dort eine **Reaktion** auszulösen.

9.1 Bau und Funktion eines Neurons

An einem typischen Neuron lassen sich drei Zellabschnitte unterscheiden:

- Der **Zellkörper** (Soma) ist von einer Zellmembran umgeben und hat meist eine kugelige oder birnenförmige Gestalt (Durchmesser von 5–100 µm). In das Zytoplasma sind die typischen Zellorganellen einer tierischen Zelle eingebettet: Zellkern, Mitochondrien, Golgi-Apparat, endoplasmatisches Retikulum und Ribosomen. Zentriolen, die an der Ausbildung des Spindelapparats bei der Mitose beteiligt sind, fehlen. Neuronen sind daher nach der Embryonalentwicklung nicht mehr teilungsfähig.
- Als **Dendriten** werden die kurzen, verästelten Fortsätze eines Neurons bezeichnet. Sie werden zum Ende hin immer dünner und erreichen eine Länge von einigen Zehntelmillimetern.
- Das **Axon** (der Neurit) eines Neurons fällt häufig durch seinen gleichbleibenden geringen Durchmesser und seine Länge auf (bei manchen Neuronen im Rückenmark des Menschen über einen Meter lang). Der Anfangsbereich des Axons ist kegelförmig verdickt (Axonhügel). Am Ende sind das Axon bzw. seine Endverzweigungen (Kollaterale) zu Endknöpfchen verdickt. Mit diesen Endknöpfchen nimmt ein Neuron Kontakt zu anderen Nervenzellen auf (Synapse).

Eine Nervenzelle (ein **Neuron**) besteht aus den Zellabschnitten **Soma** (Zellkörper), **Dendriten** (kurze Fortsätze) und **Axon** (langer Fortsatz) mit Endknöpfchen **(Synapse)**.

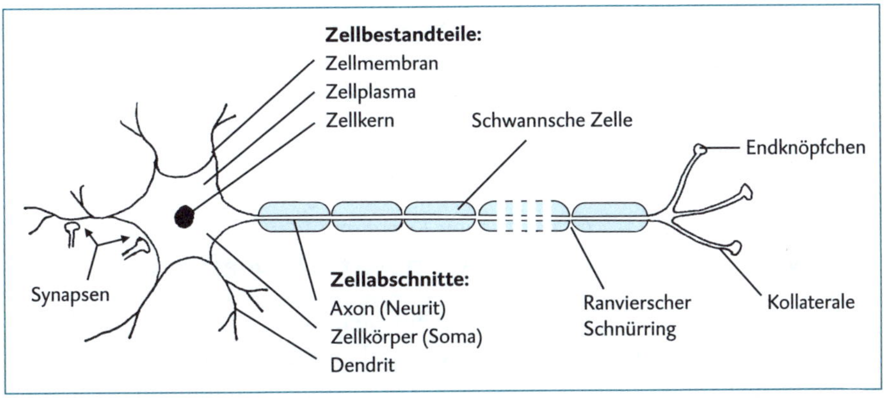

Abb. 92: Bau eines Neurons

Die drei Zellabschnitte erfüllen unterschiedliche Aufgaben bei der **Informationsweitergabe**: Über die Dendriten werden Erregungen zum Soma geleitet. An der Membran des Zellkörpers erfolgt die Verarbeitung der Informationen, die über mehrere Dendriten angekommen sind, zu der Erregung, die im Axon weitergeleitet wird. Über das Axon und die Kollateralen erreicht die Erregung die Endknöpfchen und wird in der Synapse auf andere Neurone übertragen.
Trotz des gemeinsamen Grundbauplans variieren Nervenzellen erheblich in Größe, Gestalt und Anordnung von Zellkörper und Fortsätzen. Dendriten können unverzweigt, aber auch baumförmig verästelt sein. Neben Neuronen mit einem Axon kommen auch solche mit zwei oder mehreren dieser Fortsätze vor.

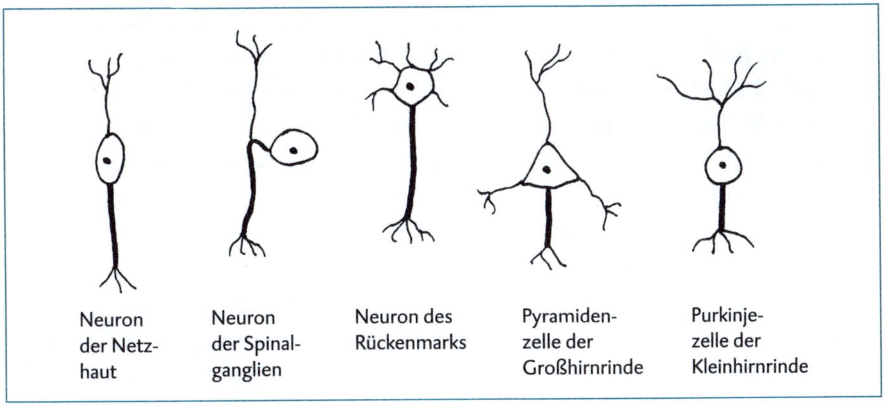

Abb. 93: Formen von Neuronen

Neuronen können auch zu **Sinneszellen** spezialisiert sein. Die einfachste Form stellt die Sinnesnervenzelle dar, deren Soma im Inneren des Körpers liegt. Über einen langen, reizaufnehmenden Fortsatz ist sie z. B. mit einem Skelettmuskel verbunden. Die sensible Endigung dieses Fortsatzes registriert die Dehnung von Muskelfasern als Reiz.

9.2 Myelinisierte und nicht myelinisierte Nervenfasern

Am Aufbau des Nervengewebes sind beim Menschen (und anderen höheren Vielzellern) die **Gliazellen** beteiligt. Sie umgeben die Nervenzellen und füllen v. a. im Gehirn die Räume zwischen den Nervenzellen aus (deshalb auch „Nervenleim"). Gliazellen erfüllen mehrere Aufgaben:
- Stütz- und Schutzfunktion (ähnlich wie Bindegewebe)
- Stoffwechselfunktion (Versorgung der Neuronen mit Nährstoffen und Sauerstoff)
- Umhüllung und Isolierung der Axone

Die Axone außerhalb von Gehirn und Rückenmark (Axone des peripheren Nervensystems) werden schlauchartig von speziellen Gliazellen, den **Schwannschen Zellen**, umhüllt. Man unterscheidet zwei Typen von Nervenfasern:

- **Markhaltige** oder **myelinisierte Nervenfasern:** Die Schwannschen Zellen wickeln sich während ihres Wachstums (im Kindes- und Jugendalter) mehrmals um das Axon. Das Zytoplasma mit Zellkern und Zellorganellen befindet sich in der äußeren Windung. Die inneren Windungen bestehen aus jeweils zwei aufeinanderliegenden Zellmembranen. Diese dicht gepackten Schichten aus Lipiden und Proteinen werden als Myelin und die gesamte Hülle als Myelin- oder **Markscheide** bezeichnet. Aufgrund ihres hohen Lipidgehalts erscheint die Myelinscheide im Lichtmikroskop weiß. Da Lipide nur eine sehr geringe elektrische Leitfähigkeit besitzen, wirkt die Markscheide isolierend.
  Die Kette der Schwannschen Zellen, die das Axon umhüllen, ist nicht lückenlos und glatt, sondern weist an den Grenzen zwischen zwei Schwannschen Zellen Einschnürungen auf, die als **Ranviersche Schnürringe** bezeichnet werden. In diesen etwa 1 µm breiten Bereichen ist die Zellmembran weitgehend ungeschützt (siehe Abb. 92, S. 171). Der Abstand von zwei Schnürringen beträgt 1–3 mm, entsprechend der Breite einer Schwannschen Zelle. Markhaltige Nervenfasern kommen nur bei Wirbeltieren vor.

- **Marklose** oder **nichtmyelinisierte Nervenfasern:** Die Schwannsche Zelle umgibt das Axon nur locker. Es bilden sich weder Myelinscheide noch Ranviersche Schnürringe. Oft sind mehrere Axone zusammen in eine Schwannsche Zelle eingebettet. Die Nervenfasern der Eingeweidenerven von Wirbeltieren sowie die Nervenfasern der meisten Wirbellosen gehören diesem Typ an.

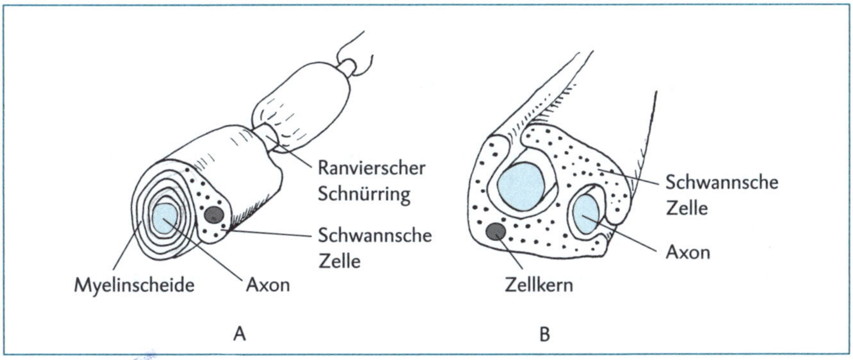

Abb. 94: Schema einer markhaltigen (A) und einer marklosen Nervenfaser (B)

Eine Nervenfaser besteht aus einem Axon und den umhüllenden Schwannschen Zellen. **Markhaltige** Nervenfasern weisen eine **Markscheide** aus Myelin auf, die das Axon isoliert. **Marklosen** Nervenfasern fehlt diese isolierende Hülle.

Mehrere hundert parallel liegende Nervenfasern werden zusammen mit versorgenden Blutgefäßen in einer Hülle aus Bindegewebe zu einem Bündel zusammengefasst und durchziehen als **Nerven** (z. B. Ischiasnerv) den Körper.

Zusammenfassung

- Nervenzellen (Neuronen) sind die Bausteine des Nervensystems. Sie bestehen aus dem Zellkörper, den Dendriten und einem Axon. Dendriten leiten Erregungen zum Zellkörper hin, das Axon leitet sie weg.
- Markhaltige Nervenfasern sind Axone, die von einer Myelinscheide (Markscheide) umgeben sind. Die Myelinscheide wird aus der Membran von Schwannschen Zellen gebildet. Sie ist in gleichmäßigen Abständen von Ranvierschen Schnürringen unterbrochen.
- Bei marklosen Nervenfasern sind die Axone nur locker von Schwannschen Zellen umhüllt.
- Nerven bestehen aus einem Bündel von Nervenfasern, umhüllt von Bindegewebe.

Aufgaben

103 Ordnen Sie den Abschnitten einer Nervenzelle die entsprechende Funktion zu.

104 Beschreiben Sie die Aufgaben der Gliazellen.

105 Nennen Sie die Stoffe, die hauptsächlich im Myelin vorkommen.
Geben Sie die physikalische Eigenschaft des Myelins an, die für die Funktion der Nervenfaser besonders wichtig ist.

106 Beschreiben Sie die Entwicklung der Myelinscheide.

10 Elektrochemische Vorgänge in Nervenzellen

10.1 Das Ruhepotenzial

In unerregtem Zustand ist das Zytoplasma aller intakten Neuronen gegenüber ihrer Umgebung negativ geladen.

Messung des Ruhepotenzials

Eine Nervenzelle wird in eine Salzlösung gelegt, deren Zusammensetzung der extrazellulären Flüssigkeit eines tierischen Gewebes entspricht. Zur Ableitung des Ruhepotenzials sticht man eine Mikroelektrode (dünn ausgezogene Glaskapillare, mit Salzlösung gefüllt) in das Neuron ein. Die zweite Elektrode befindet sich in der umgebenden Lösung. Zwischen den beiden Elektroden wird eine Potenzialdifferenz (Spannung) von 70 bis 100 mV gemessen. Das Innere der Nervenzelle ist gegenüber der Membranaußenseite negativ aufgeladen. Dieses Membranpotenzial der unerregten Nervenzelle wird als Ruhepotenzial bezeichnet und meist mit –70 mV angegeben.
Für Versuche dieser Art haben sich Axone von Tintenfischneuronen bewährt, da sie sehr dick sind (Durchmesser ca. 0,5 mm) und keine Markscheide aufweisen (marklose Nervenfasern).

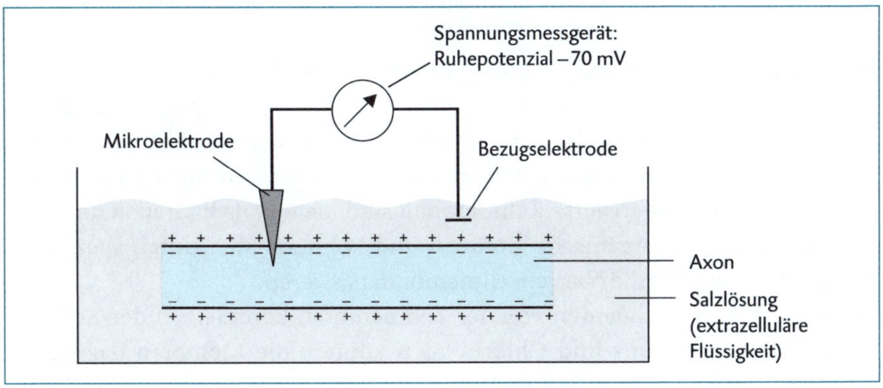

Abb. 95: Messung des Ruhepotenzials (intrazelluläre Ableitung)

Entstehung des Ruhepotenzials

Im Inneren eines Neurons und an seiner Membranaußenseite lässt sich eine **charakteristische Verteilung von Ionen** nachweisen. Da im wässrigen Medium nur Ionen als Ladungsträger infrage kommen, wird die Erklärung für das Entstehen des Ruhepotenzials als **Ionentheorie** bezeichnet.

Das Zellplasma eines Neurons enthält eine hohe Konzentration an positiv geladenen Kaliumionen K^+ und negativ geladenen organischen Anionen (Protein- und Aminosäureionen, abgekürzt A^-). Die Gewebeflüssigkeit, die das Neuron umgibt, ist reich an positiv geladenen Natriumionen Na^+ und negativ geladenen Chloridionen Cl^-.

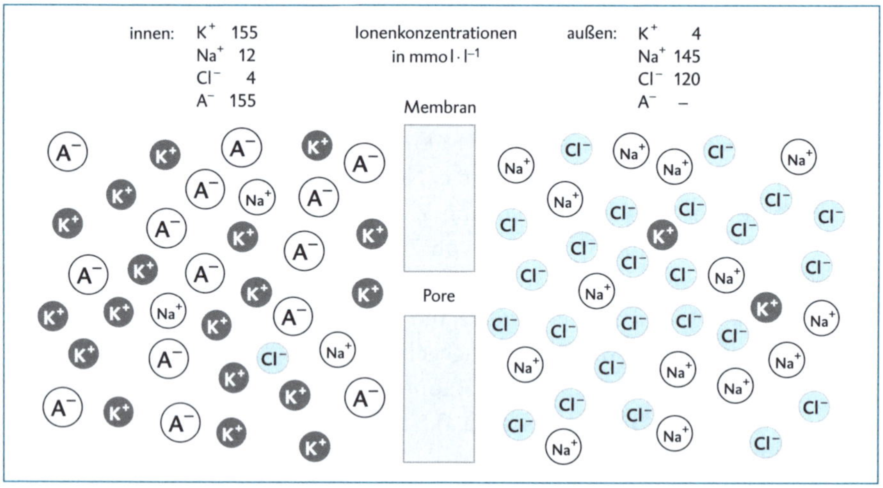

Abb. 96: Verteilung der Ionen an der ruhenden Membran des Axons während des Ruhepotenzials

Die Membran der Nervenzelle besitzt eine **selektive Permeabilität**: Sie weist Poren auf, die von Proteinmolekülen gebildet werden (Porenproteine, Tunnelproteine, Ionenkanäle; siehe S. 6/7). Ob ein Ion einen Ionenkanal passieren kann, hängt von seiner Ladung und vor allem von seiner Größe im hydratisierten Zustand ab. Hydratisierte Kaliumionen sind kleiner als hydratisierte Natrium-, Chlorid- und organische Anionen und können daher durch spezifische Kalium-Ionenkanäle die Nervenzellmembran passieren.

Organische Anionen werden von der Zellmembran komplett in der Zelle zurückgehalten. Natrium- und Chloridionen können die Membran dagegen in geringem Umfang passieren. Die Wanderung der Ionen erfolgt durch **Diffusion**. Ursache dafür ist die thermische **Eigenbewegung der Teilchen**, die zu Zusammenstößen zwischen den Teilchen führt und sie so in Bewegung setzt. Die Zahl der Zusammenstöße steigt mit der Konzentration der Teilchen. Herrscht in dem den Teilchen zur Verfügung stehenden Raum eine ungleiche Verteilung (**Konzentrationsgefälle**, Konzentrationsgradient), erhält die Bewegung der Teilchen eine Richtung vom Ort höherer Konzentration zum Ort niedriger Konzentration, bis ein **Konzentrationsausgleich** erreicht ist.

Aufgrund der Konzentrationsverhältnisse der Ionen und der Permeabilität der Membran können die Kaliumionen aus dem Zellinneren an die Außenseite der Membran diffundieren und umgekehrt. Da an der Innenseite der Membran fast 40-mal soviele Kaliumionen vorkommen wie außen, können wesentlich mehr dieser Ionen die Membran nach außen passieren. Das Konzentrationsgefälle für die Kaliumionen von innen nach außen führt also zu einem **Kaliumionen-Ausstrom**.

Wenn diese Diffusion ungebremst weitergehen würde, käme es zum Konzentrationsausgleich. Die dagegenwirkende Kraft ist das elektrische Potenzial der Ionenladungen. Jedes Kaliumion, das nach außen wandert, bringt auch eine positive Ladung an die Membranaußenseite. Da die anderen Ionen die Membran nicht oder nur wenig überqueren können, kommt es zu einer **Ladungstrennung**. An der Außenseite der Membran entsteht ein Überschuss an positiven Ladungen, im Innenraum dagegen herrscht ein Überschuss an negativen Ladungen. Daraus entsteht eine **elektrische Spannung** (Potenzialdifferenz, Ladungsdifferenz). Der Ausstrom der K^+-Ionen verringert sich, da die sich aufbauende positive Ladung der Membranaußenseite die positiv geladenen Kaliumionen abstößt. Gleichzeitig werden Kaliumionen im negativen Innenraum stärker festgehalten und auch der Einstrom von K^+-Ionen begünstigt. Im Gleichgewichtszustand zwischen den beiden entgegengerichteten Kräften ist der Ein- und Ausstrom der Kaliumionen gleich groß. Das Ruhepotenzial entspricht im Wesentlichen diesem Kalium-Gleichgewichtspotenzial.

Das **Ruhepotenzial** beruht auf der **selektiven Permeabilität** der Zellmembran und den unterschiedlichen Konzentrationen der Ionen im Innen- und Außenraum einer Nervenzelle. Das Konzentrationsgefälle der Kaliumionen bewirkt einen Ausstrom von Kaliumionen aus der Zelle. Die sich aufbauende Potenzialdifferenz wirkt der Diffusion der Kaliumionen entgegen. Wenn das Bestreben nach **Konzentrationsausgleich** und das nach **Ladungsausgleich** gleich groß sind, ist das Ruhepotenzial erreicht.

Aufrechterhaltung des Ruhepotenzials

Außer für die Kaliumionen ist die Membran aber auch noch für die Chlorid- und Natriumionen in geringem Maße permeabel.

Die Chloridionen diffundieren entsprechend dem Konzentrationsgefälle (außen : innen = 30 : 1) von der Membranaußenseite ins Zellinnere, wenn auch in geringem Umfang (geringe Permeabilität der Membran). Dieser Einstrom negativer Ladungen wird zwar durch den ohnehin schon bestehenden Überschuss

an negativen Ladungen an der Membraninnenseite begrenzt, erhöht aber die Potenzialdifferenz geringfügig (das Membranpotenzial wird etwas „negativer"). Das Konzentrationsverhältnis der Natriumionen beträgt außen : innen = 12 : 1. Positiv geladene Natriumionen dringen von außen in geringer Menge in die Nervenzelle ein (Na^+-Leckstrom). Sie vermindern dadurch die Potenzialdifferenz (das Membranpotenzial wird „weniger negativ"). Durch die eingewanderten Natriumionen können Kaliumionen entsprechend ihrem Konzentrationsgefälle die Zelle verlassen. Die Zelle würde also auf Dauer gesehen Kaliumionen verlieren (K^+-Leckstrom) und das Ruhepotenzial müsste stetig abnehmen.
Die Erhaltung der Ionenverteilung des Ruhepotenzials wird durch eine **Natrium-Kalium-Pumpe** erreicht. Natriumionen werden nach außen und Kaliumionen nach innen transportiert, jeweils **entgegen ihrem Konzentrationsgefälle**. Das in der Membran sitzende Transportmolekül (Membranprotein) bindet pro „Umlauf" drei Natriumionen an der Membraninnenseite und transportiert sie zur Membranaußenseite. Gleichzeitig befördert die Na-K-Pumpe zwei Kaliumionen in umgekehrter Richtung. Dieser **aktive Transport** läuft nur unter Verbrauch von Stoffwechselenergie ab, die durch die Spaltung eines ATP-Moleküls bereitgestellt wird (siehe S. 13).

Die **Na-K-Pumpe** hält das Ruhepotenzial unter Energieverbrauch aufrecht, indem sie Natrium- und Kaliumionen entgegen ihrem Konzentrationsgefälle über die Membran transportiert.

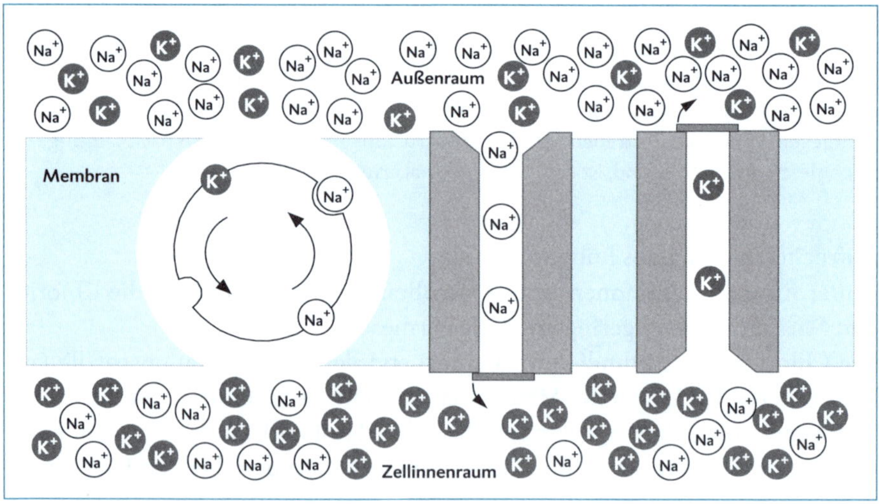

Abb. 97: Längsschnitt durch die Axonmembran mit Na- und K-Poren und Na-K-Pumpe

10.2 Das Aktionspotenzial

Die **Erregung** einer Nerven-, Sinnes- oder Muskelzelle besteht in einer kurzzeitigen **Änderung des Ruhepotenzials.**

Überblick über die Erregungsbildung und -übertragung im Nervensystem

Unter natürlichen Bedingungen lösen physikalische oder chemische **Reize** in einer Sinneszelle diese **Potenzialänderung** aus. Die so erzeugte Erregung wandert über die Sinneszelle bis zu ihrem Endknöpfchen. Über das Endknöpfchen steht die Sinneszelle in Kontakt mit einer Nervenzelle. In dieser sog. **Synapse** erfolgt die Erregungsübertragung auf das Neuron auf chemischem Wege (siehe S. 192). Im Dendriten oder Zellkörper des nachgeschalteten Neurons ändert sich daraufhin das Ruhepotenzial, es entsteht ein **postsynaptisches Potenzial PSP** (siehe S. 193). Die PSPs, die durch Erregungsübertragung in vielen Synapsen erzeugt werden, pflanzen sich (unter Abschwächung) zum Anfang des Axons, dem Axonhügel, fort und lösen dort ein **Aktionspotenzial** aus. Das Aktionspotenzial wandert (ohne Abschwächung) über das Axon (siehe Abb. 98) bis in die Endknöpfchen der Nervenzelle und wird dann synaptisch auf eine weitere Nervenzelle oder eine Muskelzelle übertragen.

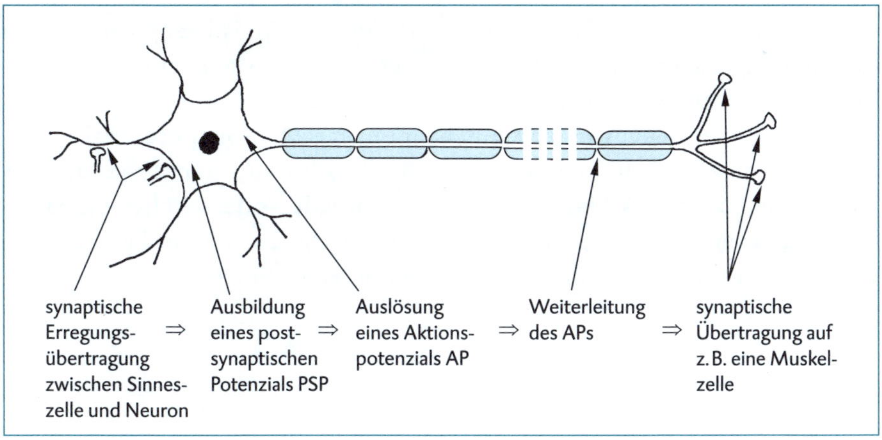

Abb. 98: Erregungsübertragung in einem Neuron

Experimentelle Auslösung und Ableitung eines Aktionspotenzials

Um ein Aktionspotenzial in einem Versuch auszulösen, wird ein Axon durch einen kleinen Stromstoß gereizt. Dazu muss die Versuchsanordnung zur Messung des Ruhepotenzials (siehe Abb. 95, S. 175) folgendermaßen erweitert werden: In unmittelbarer Nähe zur Mikroelektrode sticht man eine zweite

Glaselektrode in das Axon ein, die Gegenelektrode befindet sich in der umgebenden Lösung. Die Glaselektrode wird mit dem positiven Pol einer Stromquelle verbunden, die Bezugselektrode mit dem negativen.

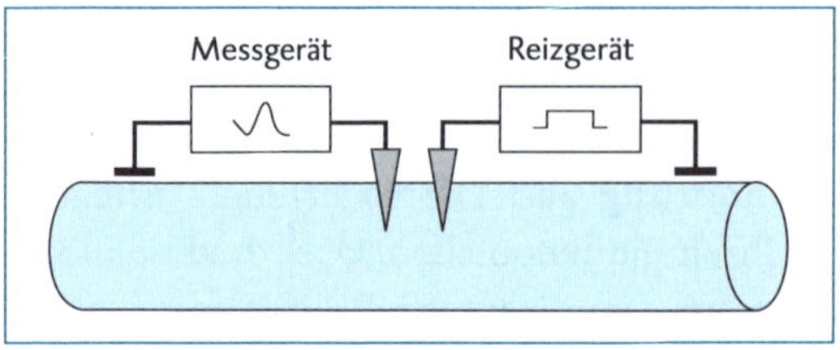

Abb. 99: Versuchsaufbau zur Auslösung von Aktionspotenzialen

Die Stromzufuhr führt zur Verringerung des Membranpotenzials, das Ruhepotenzial ist weniger negativ. Da die Polarisierung der beiden Membranseiten abgeschwächt ist, spricht man von **Depolarisation**.
Bei unterschwelliger Reizung (schwachen Stromstößen) erfolgt eine geringe Potenzialabnahme. Da diese Depolarisation auf den Ort der Reizung beschränkt bleibt, wird sie **lokales Potenzial** genannt. Die Erhöhung der Reizstärke führt zu entsprechend höheren lokalen Potenzialen.
Wird durch einen Reiz bestimmter Stärke (Reizschwelle) das Schwellenpotenzial (–40 bis –50 mV) erreicht oder überschritten, läuft die Änderung des Membranpotenzials selbsttätig weiter. Es entsteht ein Spitzenpotenzial von ca. + 30 mV. Eine Potenzialumkehr ist eingetreten: Die Membraninnenseite ist kurzzeitig positiv gegenüber der Außenseite geladen. Da dieses Potenzial als Erregung weitergeleitet werden kann, nennt man es **Aktionspotenzial**.
Das Anlegen von noch größeren Reizströmen führt zu keiner Erhöhung des Aktionspotenzials: Das Aktionspotenzial ist ein **Alles-oder-Nichts-Signal**, es wird entweder vollständig ausgelöst oder gar nicht. Es erreicht bei stärkeren Reizströmen jedoch schneller nach Reizbeginn seinen Spitzenwert.

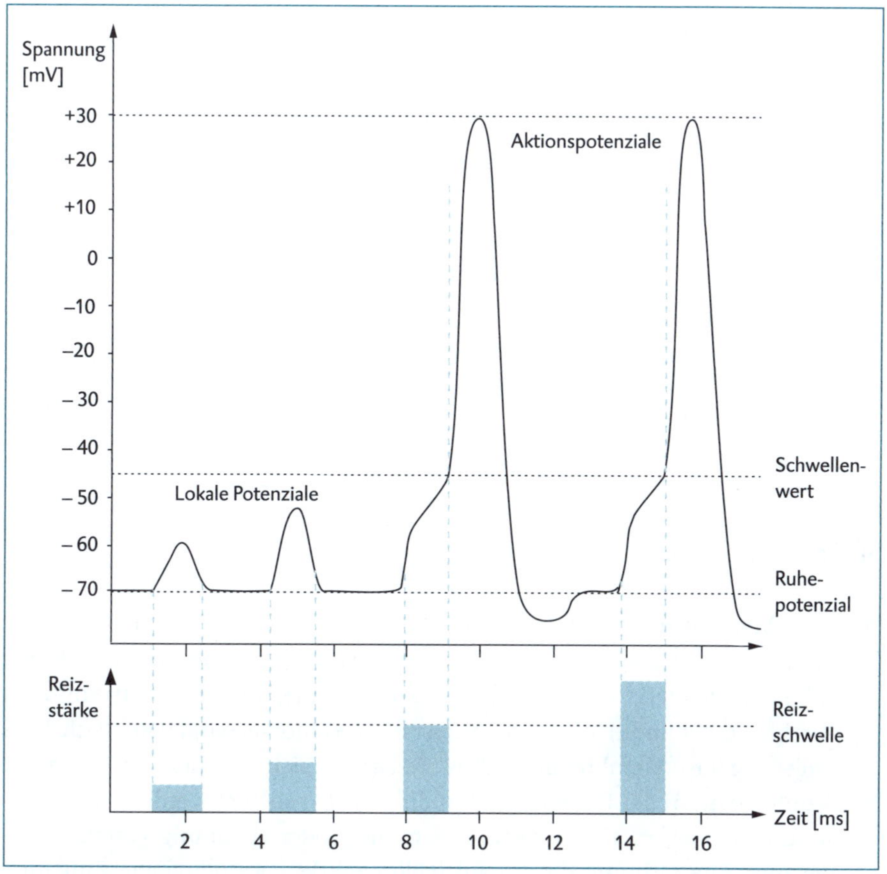

Abb. 100: Reizung eines Axons und dadurch ausgelöste Änderungen des Membranpotenzials

Entstehung eines Aktionspotenzials nach der Ionentheorie

Der typische Verlauf eines Aktionspotenzials lässt sich durch Änderungen in der Permeabilität der Membran für Natrium- und Kaliumionen erklären. Zusätzlich in der Membran vorhandene, spannungsabhängige Tunnelproteine für Natrium- und Kaliumionen werden zeitversetzt geöffnet. Die Folge sind Ionenbewegungen, die die beobachteten Potenzialänderungen auslösen. Im Folgenden ist der Verlauf der Spannungsänderungen während des Aktionspotenzials nach der Ionentheorie beschrieben.

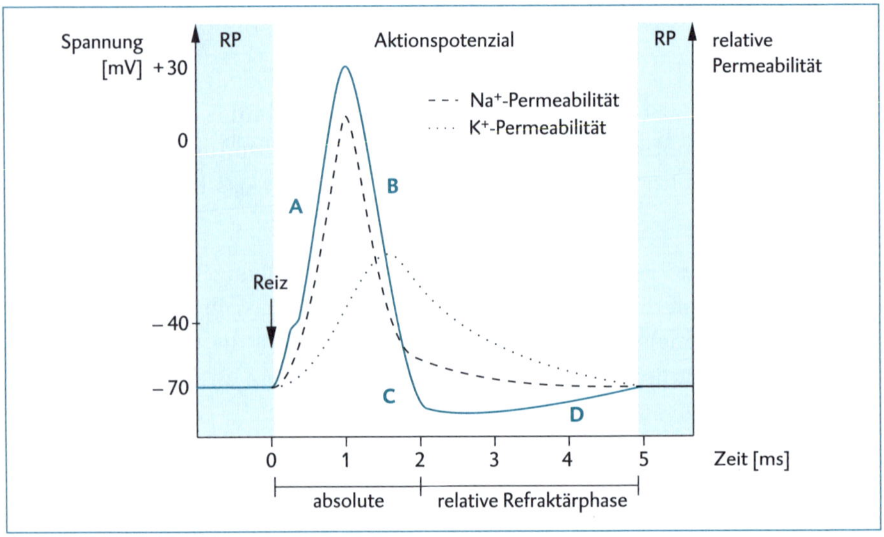

Abb. 101: Verlauf des Aktionspotenzials, RP = Ruhepotenzial

A Depolarisation und Potenzialumkehr: Ein überschwelliger Reiz führt zu einer ersten Depolarisation der Membran. In der Membran des Axons befinden sich Na^+-Ionenkanäle (Tunnelproteine, die nur Natriumionen durchlassen können), die im Ruhezustand geschlossen sind. Durch die Verringerung des Membranpotenzials verändert sich die räumliche Gestalt (Konformation) der Proteine, sodass die Kanäle geöffnet werden. Solche Ionenkanäle werden als **spannungsabhängig** oder spannungsgesteuert bezeichnet. Die Öffnung der Ionenkanäle bewirkt eine plötzliche Zunahme der Permeabilität der Membran für Natriumionen. Entsprechend dem Ladungs- und Konzentrationsgefälle strömen Natriumionen ins Axoninnere und bewirken durch ihre positive Ladung eine zunehmende Depolarisation (wie eine weitere Reizung). Dies erhöht die Na^+-Permeabilität weiter. Dieser Aufschaukelungsprozess mit **positiver Rückkopplung** führt zu einem explosionsartigen Einstrom von Natriumionen und dadurch schließlich zur Potenzialumkehr nach ca. 1 ms.

B Repolarisation: Zeitlich verzögert steigt durch die Depolarisation auch die Permeabilität der Membran für Kaliumionen durch Öffnung spannungsabhängiger K^+-Ionenkanäle. Zu diesem Zeitpunkt sinkt die Na^+-Permeabilität bereits wieder. Dadurch verlassen erstens positive Ladungen in großer Zahl (K^+-Ionen) das Axoninnere und zweitens gelangen immer weniger positive

Ladungen (Na^+-Ionen) hinein, sodass das Membranpotenzial wieder negative Werte erreicht.

C **Hyperpolarisation:** Da die gesteigerte K^+-Permeabilität nur langsam wieder auf den normalen Wert absinkt, ist der Kaliumionen-Ausstrom so groß, dass die Repolarisation kurzfristig sogar über das Ruhepotenzial hinausgeht.

D **Rückkehr zum Ruhepotenzial:** Um die Ausgangskonzentrationen an Kaliumionen innerhalb und an Natriumionen außerhalb der Nervenzelle (bzw. des Axons) wiederherzustellen, werden durch die Natrium-Kalium-Pumpe Natriumionen aus der Zelle heraus befördert und dabei Kaliumionen in die Zelle gebracht.
Die Zahl der Ionen, die während eines Aktionspotenzials die Membran passieren, ist nur sehr gering. Die Änderung der Ionenverteilung kann daher durch die Pumpe schnell ausgeglichen werden.

Während eines **Aktionspotenzials** kommt es durch Öffnung von spannungsabhängigen Natriumionen-Kanälen und Einstrom von Na^+-Ionen zu einer kurzzeitigen **Depolarisation** (Ladungsumkehr) der Axonmembran. Durch anschließende Öffnung von Kaliumionen-Kanälen und Ausstrom von K^+-Ionen erfolgt die **Repolarisation**, die Wiederherstellung der Ladungsverhältnisse. Dabei kommt es durch Überschuss an ausströmenden K^+-Ionen zu einer **Hyperpolarisation**. Die **Natrium-Kalium-Pumpe** stellt anschließend unter Energieverbrauch die Ionenverhältnisse des Ruhepotenzials wieder her.

Refraktärphasen

Wird bei der künstlichen Auslösung von Aktionspotenzialen der zeitliche Abstand von zwei gleich starken Reizen auf 5 ms und weniger verkürzt, erreichen die Aktionspotenziale nicht mehr den Spitzenwert von +30 mV. Dieser Zustand verminderter Erregbarkeit wird als **relative Refraktärphase** bezeichnet. In dieser Phase sinkt die K^+-Permeabilität und die Na-K-Pumpe tauscht Natriumionen gegen Kaliumionen, die Membran ist daher noch nicht wieder vollständig erregbar.
Beträgt der zeitliche Abstand 2 ms und weniger, kann kein zweites Aktionspotenzial am gleichen Reizort ausgelöst werden. Das Axon ist für kurze Zeit an dieser Stelle unerregbar. Es befindet sich in der **absoluten Refraktärphase**, in der der Aufschaukelungsprozess bereits abläuft und anschließend die Na^+-Permeabilität wieder sinkt. Während der Refraktärphase sind die Na^+-Ionenkanäle inaktiviert und durch erneute Reizung nicht beeinflussbar.

Durch die absolute Refraktärphase wird die maximale Zahl von Aktionspotenzialen pro Sekunde bestimmt. Bei einem zeitlichen Abstand von 2 ms sind höchstens 500 Aktionspotenziale pro Sekunde auslösbar. In intakten Nervensystemen wird die Erregung jedoch höchstens mit ca. 200 Impulsen pro Sekunde übertragen.

10.3 Weiterleitung von Aktionspotenzialen im Axon

Um die Weiterleitung eines Aktionspotenzials messen zu können, wird die Versuchsanordnung zur Ableitung eines Aktionspotenzials (siehe Abb. 99, S. 180) um einige Messgeräte erweitert. Die dazugehörigen Elektrodenpaare befinden sich am Axon in verschiedenen Abständen zur gereizten Stelle. Bei überschwelliger Reizung wird auf allen Messgeräten ein Aktionspotenzial angezeigt. Die zeitliche Verzögerung mit zunehmendem Abstand vom Reizort ist sehr gering.

Erregungsleitung in marklosen Nervenfasern – kontinuierliche Erregungsleitung

An der Membranstelle, an der sich ein Aktionspotenzial (AP) gebildet hat, herrscht Potenzialumkehr gegenüber der Umgebung. Entlang des Axons grenzen innerhalb und außerhalb positive und negative Ladungen ohne trennende Membran aneinander. Durch die gegensätzlichen Ladungen entsteht ein elektrisches Spannungsfeld, das Ionenverschiebungen (Ionenströme, „Kreisströmchen“) längs der Membran auslöst. An den noch unerregten Membranstellen wird dadurch das Membranpotenzial erniedrigt. Dort öffnen sich die spannungsgesteuerten Na^+-Kanäle und lassen ein neues Aktionspotenzial entstehen.

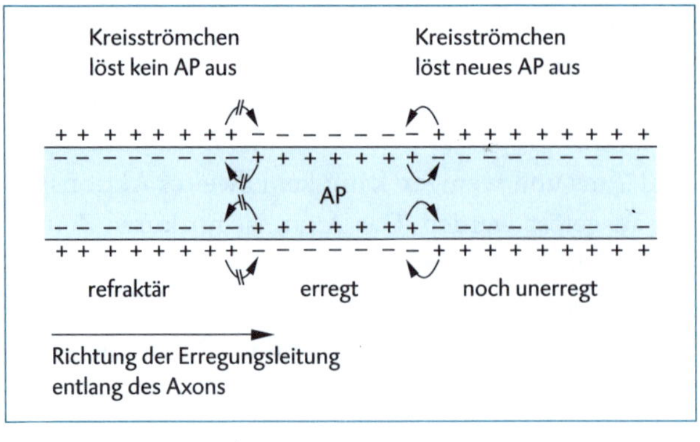

Abb. 102: Kontinuierliche Erregungsleitung

Jedes Aktionspotenzial ist also der auslösende Reiz für das Entstehen neuer Aktionspotenziale an benachbarten Membranstellen. Die Fortleitung eines Aktionspotenzials geschieht durch **ständige Neubildung**. Auf diese Weise wandert die Erregung **ohne Abschwächung** kontinuierlich über das ganze Axon. Da nach Ablauf eines Aktionspotenzials die Membran für kurze Zeit unerregbar ist (absolute Refraktärphase), kann das Aktionspotenzial nur **in einer Richtung** weiterlaufen, zu den Axonendknöpfchen.

Erregungsleitung in markhaltigen Nervenfasern – saltatorische Erregungsleitung

Im Axon mit Markscheide wird die Erregung prinzipiell ähnlich weitergeleitet. Da das Myelin isolierend wirkt und im Bereich der Schwannschen Zellen fast keine Natriumkanäle vorkommen, können an diesen Stellen der Axonmembran keine Aktionspotenziale entstehen. Nur an den Ranvierschen Schnürringen steht die Membran in Kontakt mit der umgebenden Gewebsflüssigkeit und weist in diesen Bereichen besonders viele Na^+-Poren auf. Da die Schnürringe etwa 1 mm voneinander entfernt sind und sich das Spannungsfeld der Potenzialumkehr ca. 1–2 mm über die gereizte Membranstelle erstreckt, setzen Ionenwanderungen („Kreisströmchen") zwischen dem erregten und dem benachbarten, nicht erregten Schnürring ein und lösen dort ein Aktionspotenzial aus. Die Erregung „springt" sozusagen von Schnürring zu Schnürring (lat. *saltare,* springen).

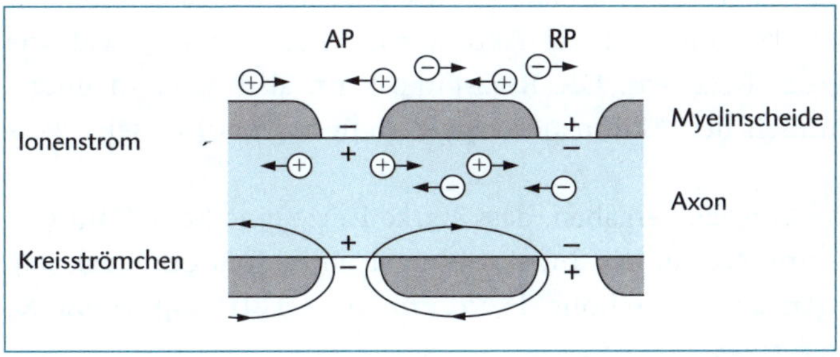

Abb. 103: Saltatorische Erregungsleitung

Die saltatorische Erregungsleitung an markhaltigen Nervenfasern hat verschiedene Vorteile gegenüber der kontinuierlichen Erregungsleitung:

- Durch eine hohe Erregungsleitungsgeschwindigkeit von 50–100 m/s gegenüber 5–10 m/s bei marklosen Fasern bietet sie durch **schnellere Reaktionen** einen Überlebensvorteil. Die relativ zeitaufwendigen Depolarisationsvorgänge erfolgen nur an den Schnürringen, also insgesamt seltener. Die Vorgänge im myelinisierten Bereich verlaufen sehr schnell.

- Die Geschwindigkeit der Erregungsleitung steigt bei kontinuierlicher Erregungsleitung mit zunehmendem Faserdurchmesser. Um die gleiche Leitungsgeschwindigkeit zu erzeugen, können markhaltige Nervenfasern also einen wesentlich **geringeren Durchmesser** haben als marklose (myelinisierte Nervenfaser einer Katze: Durchmesser 4 µm, Riesenaxon des Regenwurms: Durchmesser 100 µm). Dadurch wird Baumaterial gespart und weniger Platz verbraucht.
- Für die saltatorische Erregungsleitung wird auch **weniger Energie** gebraucht, da die Energie verbrauchende Na-K-Pumpe nur an den Schnürringen arbeiten muss. Im Laufe der Evolution hat sich der Abstand der Schnürringe von 1–3 mm als Kompromiss zwischen Spannungsabfall im elektrischen Feld der Potenzialumkehr (durch den Widerstand des Zellplasmas) und Energieverbrauch durch die Ionenpumpe ergeben.

Die **Richtung der Erregungsleitung** wird durch die **Refraktärzeit** bestimmt.
An **marklosen Nervenfasern** erfolgt die Weiterleitung der Aktionspotenziale **kontinuierlich**. An markhaltigen, **myelinisierten Nervenfasern** entstehen Aktionspotenziale dagegen nur an Ranvierschen Schnürringen. Diese **saltatorische** Erregungsleitung spart Zeit und Energie.

Codierung der Reizstärke bei der Erregungsleitung

Ein Aktionspotenzial ist ein Alles-oder-Nichts-Signal, d. h., ein Reiz muss so stark sein, dass die Auslöseschwelle überschritten wird. Der dann erreichte Spitzenwert der Depolarisation ist bei Aktionspotenzialen gleich, egal wie stark überschwellig der Reiz war. Die Reizstärke kann also nicht in unterschiedlichen Amplituden der Aktionspotenziale codiert (verschlüsselt) werden.

Neurophysiologische Versuche ergaben, dass starke Reize eine hohe Zahl von Aktionspotenzialen pro Zeiteinheit am Axonhügel eines Neurons auslösen. Starke Reize erzeugen also eine hohe **Frequenz der Aktionspotenziale**, schwache Reize eine geringe.

Die Reizstärke wird durch die **Frequenz der Aktionspotenziale** codiert (Frequenzmodulation).

Zusammenfassung

- In einem Axon und an seiner Membranaußenseite liegen unterschiedliche Ionenkonzentrationen vor: Im Axoninneren ist die Konzentration der Kaliumionen höher und die der Natrium- und Chloridionen geringer als im extrazellulären Raum.
- Die Axonmembran besitzt eine selektive Permeabilität für Kaliumionen.
- Das Konzentrationsgefälle der Kaliumionen und das Ladungsgefälle sind einander entgegengerichtet: Es stellt sich eine gleich bleibende Potenzialdifferenz ein, das Ruhepotenzial.
- Die Leckströme der Natriumionen im Ruhepotenzial werden durch die Natrium-Kalium-pumpe (unter Energieverbrauch) ausgeglichen und erhalten so das Ruhepotenzial.
- Ein Aktionspotenzial ist eine plötzliche Änderung des Membranpotenzials, sodass die Membraninnenseite kurzfristig positiv gegenüber der Außenseite geladen ist (Ladungsumkehr).
- Die Veränderung der Ladungsverhältnisse wird durch einen überschwelligen Reiz ausgelöst, der die Permeabilität der Membran verändert.
- Die Veränderung der Permeabilität der Membran kommt durch eine zeitlich versetzte Öffnung von spannungsgesteuerten Natrium- und Kaliumionenkanälen zustande.
- Eine erhöhte Permeabilität der Membran für Natriumionen führt zu einem Na^+-Einstrom und damit zu einer Depolarisation der Membran. Die danach erhöhte K^+-Permeabilität der Membran bewirkt einen K^+-Ausstrom und dadurch die Repolarisation.
- Die Natrium-Kalium-Pumpe gleicht die Ionenverschiebungen beim Aktionspotenzial aus.
- Während und kurz nach einem Aktionspotenzial ist die gereizte Membranstelle nicht oder nur schwer erregbar (Refraktärphase).
- Die Fortleitung eines Aktionspotenzials erfolgt durch ständige Neubildung.
- Die Refraktärphase legt die Richtung der Erregungsleitung fest.
- An markhaltigen Nervenfasern können Aktionspotenziale nur an den Ranvierschen Schnürringen entstehen (saltatorische Erregungsleitung). Markhaltige Nervenfasern leiten die Erregung schneller und unter geringerem Energieverbrauch als marklose Nervenfasern.

Aufgaben

107 Definieren Sie den Begriff „Ruhepotenzial".

108 Am Axon einer Nervenfaser wird ein Messgerät angelegt, um das Ruhepotenzial zu messen: Skizzieren Sie die genaue Anordnung der Elektroden und beschriften Sie die Skizze.

109 Überprüfen Sie folgende Aussagen über das Zustandekommen des Ruhepotenzials auf ihre Richtigkeit:

- **a** K^+-Ionen diffundieren durch die Axonmembran, bis es zu einem Konzentrationsausgleich kommt.
- **b** Die Verteilung der Cl^--Ionen zu beiden Seiten der Membran trägt zum Aufbau des Ruhepotenzials bei.
- **c** Organische Anionen verhindern, dass sich die K^+-Ionen durch Diffusion von der Membranaußenseite entfernen.
- **d** Das Ruhepotenzial bleibt auch nach der Vergiftung der Na-K-Pumpe über Tage hinweg konstant.
- **e** Die Verteilung der Na^+-Ionen spielt für die Höhe des Ruhepotenzials nur eine untergeordnete Rolle.
- **f** Das Ruhepotenzial entsteht aufgrund einer elektrischen Reizung des Axons.

110 Untersuchen Sie, ob sich der Wert des Ruhepotenzials von –70 mV verändert, wenn man die folgenden Experimente durchführt. Begründen Sie jeweils Ihre Antwort in Stichpunkten.

- **a** Zugabe von KCl in das Außenmedium der Nervenzelle
- **b** Zugabe von NaCl in das Außenmedium der Nervenzelle
- **c** Zugabe von Ammoniumchlorid (NH_4Cl) in das Innenmedium der Zelle

111 Beschreiben Sie, wie sich eine Temperaturerniedrigung auf das Ruhepotenzial auswirkt und begründen Sie, warum dies so ist.

112 Eine Nervenfaser wird in eine schwache Blausäurelösung (Cyanwasserstoffsäure) gelegt. Entscheiden Sie, ob das Messgerät eine andere Spannung als –70 mV anzeigen wird. Begründen Sie kurz.

113 Erläutern Sie, wie das Ruhepotenzial einer Nervenzelle beeinflusst wird, wenn man destilliertes Wasser in das Außenmedium träufelt. Begründen Sie Ihre Antwort genau.

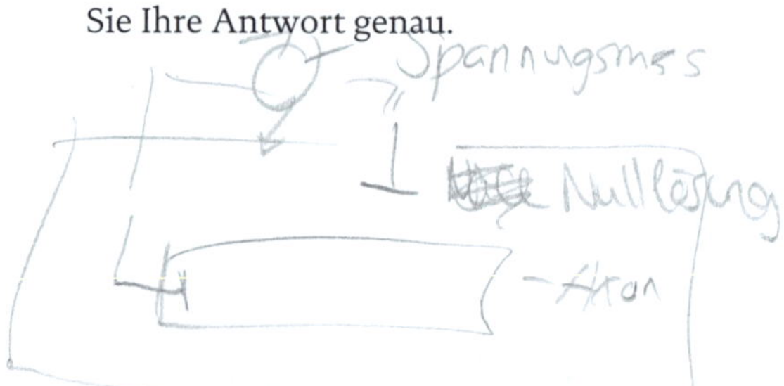

114 Am freipräparierten Tintenfischaxon lässt sich über längere Zeit immer das gleiche Ruhepotenzial messen. Erklären Sie, warum bei Abwesenheit von Sauerstoff und ansonsten gleichbleibenden Versuchsbedingungen das Ruhepotenzial nach einiger Zeit positiver wird.

115 **a** In der folgenden Abbildung sind die an einen Nerv angelegten künstlichen Reizspannungen wiedergegeben. Übernehmen Sie den unteren Teil der Abbildung in Ihre Unterlagen und zeichnen Sie die im Axon auftretenden Potenzialänderungen ein, die auf einem Messgerät registriert werden (Messwerte ergänzen).

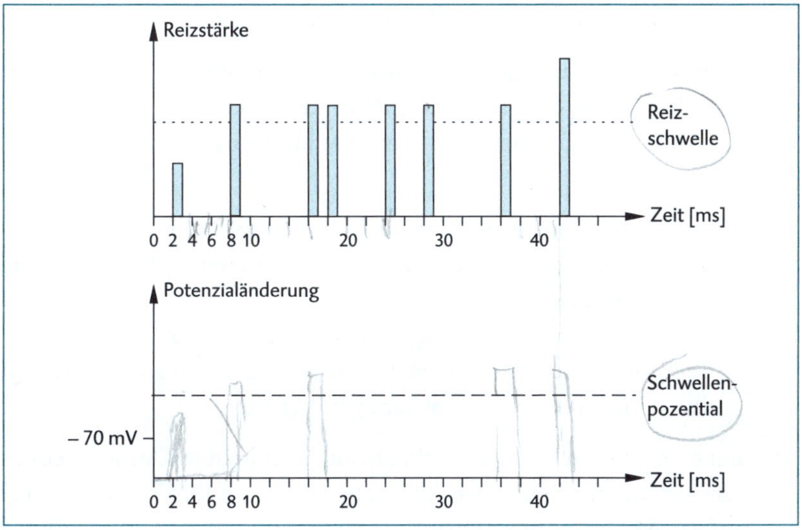

b Erklären Sie, wie die genaue Anordnung der zuführenden und ableitenden Elektroden aussehen muss.

116 Eine Nervenfaser wird in eine Salzlösung gelegt, die nur die Hälfte der Menge an Natriumchlorid enthält, die normalerweise in der extrazellulären Flüssigkeit vorkommt. Um die normale Salzkonzentration der Lösung zu erreichen, wurde Kaliumchlorid zugesetzt.

a Geben Sie an, wie sich das Ruhepotenzial dieser Nervenfaser ändert. Begründen Sie.

b Geben Sie an, wie sich das Aktionspotenzial dieser Nervenfaser bei einer künstlichen Reizung ändert. Begründen Sie.

117 Nennen Sie die Vorteile, die markhaltige gegenüber marklosen Nervenfasern haben.

118 Erklären Sie, warum die Ranvierschen Schnürringe bei den myelinisierten Axonen nicht noch seltener verteilt, d. h. weiter voneinander entfernt, sind.

119 Erklären Sie, wie die saltatorische Erregungsleitung zustande kommt, wo sie sich ereignet und wie sie funktionell zu bewerten ist.

120 Geben Sie an, was passiert, wenn man in die Mitte eines Axons eine Reizelektrode einführt, mit deren Hilfe man
- a das Ruhepotenzial um 10 mV positiver macht,
- b das Ruhepotenzial um 50 mV positiver macht,
- c das Ruhepotenzial um 10 mV negativer macht.

121 Erläutern Sie, was geschieht, wenn das Axon einer Nervenzelle durch zwei ins Innere des Axons führende Reizelektroden am Axonanfang und am Axonende gleichzeitig überschwellig positiv gereizt wird. Begründen Sie.

122 An einer myelinisierten Nervenfaser werden drei Schnürringe experimentell blockiert. Das Aktionspotenzial breitet sich dennoch über das ganze Axon aus.
- a Ziehen Sie eine Schlussfolgerung aus dieser Beobachtung.
- b Begründen Sie, ob die Geschwindigkeit der Erregungsübertragung dadurch gleich bleibt oder ob sie sich verändert.

123 Bei einem Axon wird ein Teil der Natriumionen im Außenmedium durch Calciumionen ersetzt. Begründen Sie, welchen Einfluss diese Maßnahme auf das Aktionspotenzial hat.

124 Erklären Sie, wieso Nerven hinsichtlich der Informationsleitung (etwa im Gegensatz zu Telefondrähten) Einbahnstraßen sind. Geben Sie an, welche anatomische Notwendigkeit in Bezug auf die Erregungsleitung vom und zum Gehirn sich daraus ergibt. Begründen Sie Ihre Antwort.

125 In einer Nährlösung (NaCl, KCl und Glucose als Energielieferant) befinden sich drei miteinander verbundene marklose Nervenzellen (von links nach rechts: 1, 2 und 3). Jeweils in die Mitte der drei Axone wurden Glaselektroden eingeführt. Das mittlere Axon (2) wird mithilfe der Glaselektrode um 50 mV depolarisiert. Geben Sie an, ob sich das Ruhepotenzial des linken Axons (1) und das Ruhepotenzial des rechten Axons (3) verändern wird. Begründen Sie.

126 Erklären Sie, inwiefern bei der Erregungsleitung in marklosen Nervenfasern eine positive Rückkopplung eine Rolle spielt.

127 Vergleichen Sie das lokale Potenzial und das Aktionspotenzial.

128 Ein isoliertes Axon wird einige Zeit in Kaliumcyanidlösung gelegt. Erklären Sie, welche Konsequenzen sich daraus für aufeinanderfolgende Aktionspotenziale ergeben, wenn anschließend mehrmals hintereinander gereizt wird.

129 Geben Sie an, welche Aussagen richtig sind.
Nachdem der Spitzenwert eines Aktionspotenzials überschritten ist, wird die Repolarisation der Membran bewirkt durch

- **a** die geringe Erhöhung der intrazellulären Na^+-Konzentration bei der Erregung.
- **b** den Ausstrom von Kaliumionen.
- **c** das Abbrechen des Na^+-Einstroms.
- **d** die Wiederherstellung der ursprünglichen Permeabilitätsverhältnisse.
- **e** das Entfernen der eingedrungenen Natriumionen durch die Natrium-Kalium-Pumpe.

130 Geben Sie an, durch welche der folgenden Faktoren die Leitungsgeschwindigkeit einer Nervenfaser erhöht wird.

- **a** Vergrößerung des Faserdurchmessers
- **b** Verkleinerung der Ruhepotenzialdifferenz um 10 mV
- **c** Vorhandensein einer Myelinscheide
- **d** Erniedrigung der extrazellulären Na^+-Konzentration
- **e** Erhöhung der extrazellulären K^+-Konzentration

11 Erregungsübertragung an einer chemischen Synapse

Die Verbindungsstelle zwischen einem Neuron und einer Nerven-, Muskel- oder Drüsenzelle wird als **Synapse** bezeichnet. Wenn das Endknöpfchen eines Neurons mit einem Dendriten, dem Soma oder dem Axon einer anderen Nervenzelle verbunden ist, spricht man von einer **zentralen** oder interneuralen Synapse. Erfolgt die Erregungsübertragung von einer Nerven- auf eine Muskelzelle, handelt es sich um eine **neuromuskuläre** Synapse.
Mikroskopische Untersuchungen haben gezeigt, dass das Endknöpfchen und die nachfolgende Zelle sich nicht direkt berühren, sondern durch einen schmalen, zwischen 10 und 50 nm breiten Spalt getrennt sind. Die Übertragung der Erregung erfolgt mithilfe eines chemischen Stoffes **(Transmitter)**. Dieser Mechanismus lässt die Erregungsübertragung nur in einer Richtung zu. Synapsen haben also eine Art **Ventilfunktion**.

Die Erregungsübertragung an **chemischen Synapsen** erfolgt immer durch spezielle Stoffe, die als **Transmitter** oder Überträgerstoffe bezeichnet werden.

11.1 Bau und Funktion einer neuromuskulären Synapse

Das kolbenförmige Endknöpfchen liegt mit seiner glatten präsynaptischen Membran der postsynaptischen Membran der Muskelfaser gegenüber. Die postsynaptische Membran ist mit zahlreichen Proteinmolekülen besetzt, die als **Rezeptoren** fungieren. Die beiden Membranen sind durch den ca. 20 nm breiten **synaptischen Spalt** getrennt. Im Endknöpfchen befinden sich viele **synaptische Bläschen**, die mit dem Transmitter **Acetylcholin** gefüllt sind.

A Ein Aktionspotenzial erreicht das Endknöpfchen und bewirkt die Öffnung von spannungsgesteuerten Calciumporen. Da das Innere wenig Calciumionen (Ca^{2+}) enthält, erfolgt ein Einstrom von **Calciumionen** in das Endknöpfchen.

B Dadurch wird das Verschmelzen von 100–200 synaptischen Bläschen mit der präsynaptischen Membran (Exozytose, siehe S. 8) und die Ausschüttung des **Transmitters** Acetylcholin ausgelöst (pro Bläschen mehrere Tausend Moleküle).

C Die Transmittermoleküle diffundieren sehr schnell (< 0,1 ms) durch den synaptischen Spalt und verbinden sich mit spezifischen **Rezeptoren** an der postsynaptischen Membran.

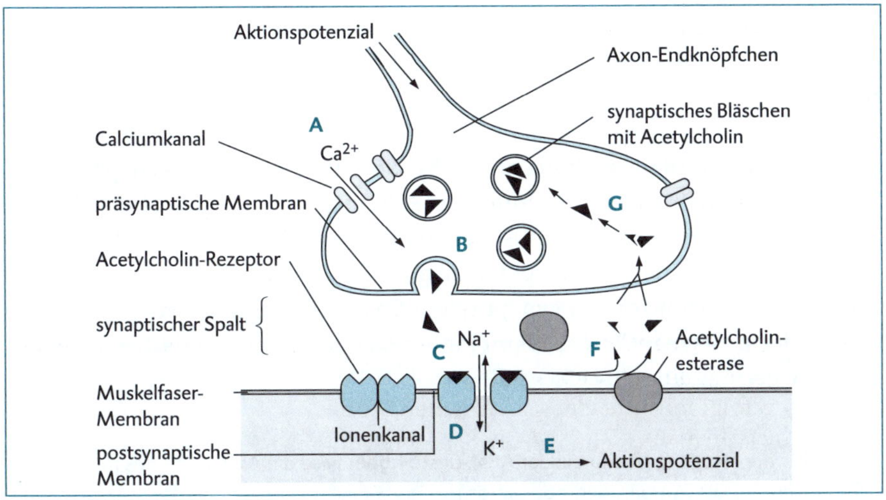

Abb. 104: Schema der chemischen Erregungsübertragung in der neuromuskulären Synapse

D Mit der Bindung des Acetylcholins verändern die Rezeptoren ihre Raumstruktur. Dadurch öffnen sich Ionenporen (chemisch gesteuerte oder ligandenabhängige Ionenkanäle) in der Membran, die für Na^+- und K^+-Ionen durchlässig sind. **Na^+-Ionen** strömen ein und wenige K^+-Ionen aus. Die so entstandene Depolarisation der Membran wird als **Endplattenpotenzial** (allgemein: postsynaptisches Potenzial PSP) bezeichnet. Der zeitliche Verlauf eines PSP ähnelt dem eines lokalen Potenzials (siehe S. 180).

E Das Endplattenpotenzial breitet sich passiv über die postsynaptische Membran aus. Im elektrischen Spannungsfeld treten Ionenwanderungen ein. Sie führen aber nicht zu einem Aktionspotenzial, da der K^+-Ausstrom viel schneller erfolgt als beim Axon. Das Endplattenpotenzial löst erst außerhalb des synaptischen Bereichs ein **Aktionspotenzial** aus, das über die ganze Muskelfaser fortgeleitet wird und zur Kontraktion des Muskels führt.

F Die Acetylcholin-Moleküle werden sofort durch das im synaptischen Spalt und an der postsynaptischen Membran vorkommende Enzym **Acetylcholinesterase** in die unwirksamen Bestandteile Essigsäure und Cholin gespaltet, sodass die Bindung des Transmitters an den Rezeptor nur ca. 1 ms dauert. Dadurch wird die Permeabilität der postsynaptischen Membran sofort aufgehoben.

G Die Spaltstücke werden in das Endknöpfchen aufgenommen, unter Energieverbrauch (ATP-Spaltung) zusammengesetzt und wieder in den synaptischen Bläschen gespeichert.

Zentrale Synapsen arbeiten wie die neuromuskulären, als Transmitter fungieren bei ihnen neben Acetylcholin z. B. Noradrenalin, Dopamin und Serotonin.

Codierung der Erregungsstärke an der Synapse und in der Postsynapse

Viele im Endknöpfchen ankommende Aktionspotenziale lösen die Abgabe von Transmittern in den synaptischen Spalt aus vielen synaptischen Bläschen aus. Die Frequenz der Aktionspotenziale wird also umcodiert in die Konzentration des Transmitters im synaptischen Spalt. Eine hohe Transmittermenge löst an der postsynaptischen Membran ein starkes postsynaptisches Potenzial aus, eine geringe ein schwaches PSP.

Je stärker die Erregung (Frequenz der APs), desto höher wird die Amplitude des postsynaptischen Potenzials (Amplitudenmodulation).

11.2 Erregende und hemmende Synapsen

In Nervensystemen kommen zwei Typen von Synapsen vor, die eine Verrechnung der Impulse, die ein Neuron erhält, ermöglichen:

- **Erregende Synapsen** erzeugen in der postsynaptischen Zelle ein postsynaptisches Potenzial, das stärker positiv ist als das Ruhepotenzial (Depolarisation) = **erregendes postsynaptisches Potenzial EPSP**.
- **Hemmende Synapsen** verringern das Ruhepotenzial in der postsynaptischen Zelle, d. h. es wird stärker negativ (Hyperpolarisation) **= inhibitorisches (hemmendes) postsynaptisches Potenzial IPSP**.

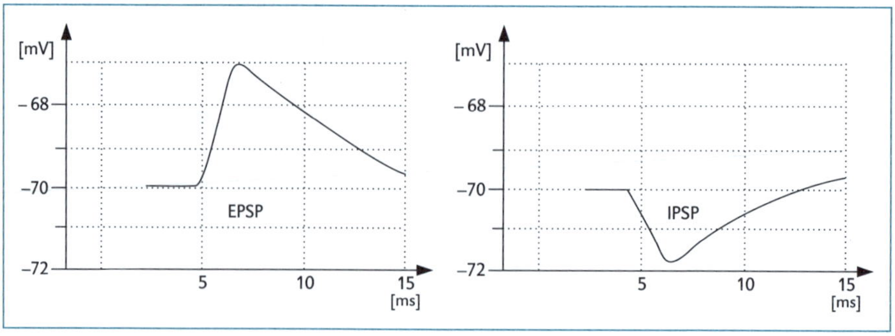

Abb. 105: EPSP und IPSP an einer Postsynapse im Vergleich

Erregende Synapsen erzeugen eine Depolarisation der postsynaptischen Membran, hemmende Synapsen eine Hyperpolarisation.

Die Funktionsweise erregender Synapsen wurde in Kapitel 11.1 dargestellt. Die Endknöpfchen hemmender Synapsen setzen andere Transmitter frei (z. B. GABA Gammaaminobuttersäure), die eine Öffnung von Chloridionenkanälen in der postsynaptischen Membran bewirken. Der Einstrom von negativ geladenen Chloridionen verstärkt die negative Aufladung an der Innenseite der postsynaptischen Membran.

Jedes Neuron ist an den Dendriten und am Zellkörper mit einer Vielzahl von Synapsen (mehrere Tausend) besetzt. Ständig sind viele dieser Synapsen erregt, sodass sich die von ihnen erzeugten postsynaptischen Potenziale summieren können. Die Differenz eines PSPs zum Ruhepotenzial beträgt nur wenige Millivolt (siehe Abb. 105, S. 194), d. h., ein PSP nur einer erregenden Synapse kann die Auslöseschwelle für ein AP nicht erreichen. Ein PSP hält jedoch länger an als ein AP (siehe Abb. 101, S. 182). Kommen in einer Synapse Aktionspotenziale mit hoher Frequenz an, überlagern sich in der Postsynapse die noch nicht abgeklungenen PSPs zu einem Membranpotenzial mit größerer Amplitude. Eine erregende Synapse erzeugt dann ein stärker positives EPSP, eine hemmende Synapse ein stärker negatives IPSP. Diese Addition vorangegangener Potenzialänderungen wird als **zeitliche Summation** bezeichnet.

Werden an einem Neuron gleichzeitig mehrere Synapsen erregt, können sich die entstandenen PSPs überlagern. Die Potenzialänderungen breiten sich als elektrischer Strom in der Membran aus und beeinflussen sich gegenseitig. Sind die zusammentreffenden PSPs alle erregend, wird das EPSP positiver. Gleichzeitig vorhandene IPSPs vermindern das EPSP in einer Art Subtraktion. Dieser Effekt wird als **räumliche Summation** bezeichnet.

Da sich in der Membran der Dendriten und des Zellkörpers keine spannungsgesteuerten Natrium- und Kaliumionenkanäle befinden, kann sich hier kein Aktionspotenzial ausbilden. Nur die Membran am **Axonhügel** ist mit diesen spannungsabhängigen Ionenkanälen durchsetzt und in der Lage, ein Aktionspotenzial aufzubauen. Nach Verrechnung der EPSPs und IPSPs an der Nervenzellmembran muss das resultierende PSP noch so stark sein, dass die Auslöseschwelle zum AP überschritten werden kann.

Um ein Aktionspotenzial auszulösen, muss die Verrechnung von EPSPs und IPSPs durch räumliche und zeitliche Summation ein Membranpotenzial ergeben, das die Membran des Axonhügels über den Schwellenwert depolarisiert.

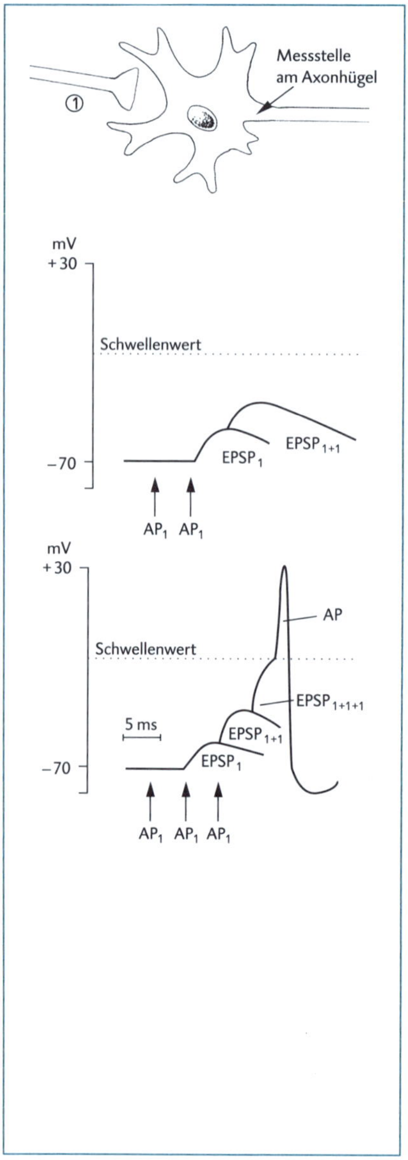

Abb. 106: Zeitliche Summation von EPSPs und Depolarisation am Axonhügel nach Eintreffen von APs in schneller Folge. Erst nach Eintreffen von drei APs in schneller Folge über das Axon (1) ist durch zeitliche Summation der EPSPs die Depolarisation der Membran des Axonhügels ausreichend, um ein neues AP aufzubauen.

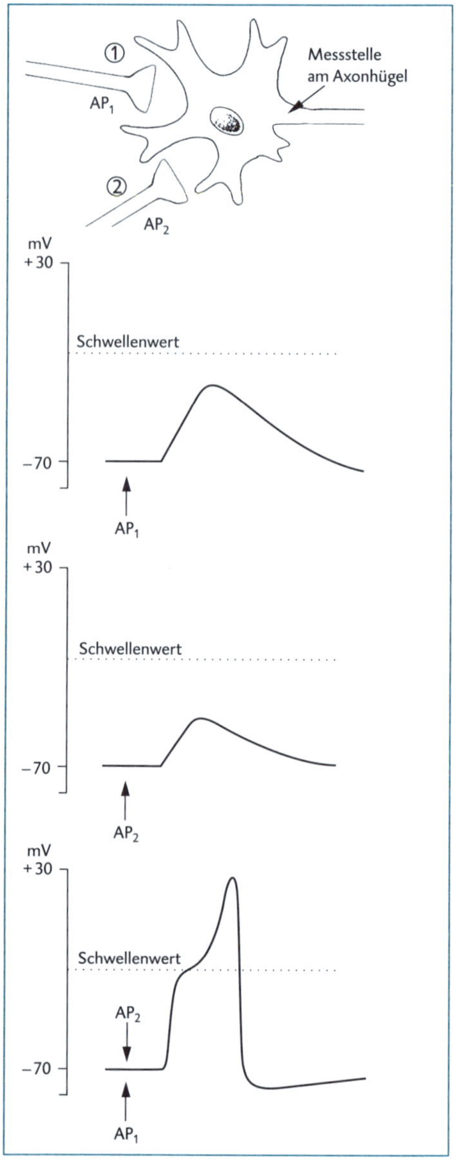

Abb. 107: Räumliche Summation bei erregenden Synapsen. Summation der EPSPs und Depolarisation am Axonhügel nach gleichzeitigem Eintreffen von je einem AP an einer Synapse. Bei gleichzeitigem Eintreffen von einem AP auf Axon (1) und einem AP auf Axon (2) ist durch räumliche Summation der EPSPs die Depolarisation der Membran des Axonhügels ausreichend, um ein neues AP aufzubauen.

11.3 Wirkung von Synapsengiften

Das indianische Pfeilgift **Curare** besetzt die Rezeptoren der postsynaptischen Membran von Synapsen der quergestreiften Muskulatur, die als Transmitter Acetylcholin benutzen. Wegen seiner dem Acetylcholin ähnlichen Molekülstruktur konkurriert Curare mit dem Transmitter um die Bindung an die Rezeptoren. Da die Ionenkanäle jedoch nicht von Curare geöffnet werden, unterbleibt die Erregungsübertragung. Es kommt zu Lähmungen der Skelettmuskulatur und zum Tod durch Atemlähmung (sog. **schlaffe Lähmungen**). Da die Bindung der Curaremoleküle an die Rezeptoren wieder gelöst werden kann, wird Curare bei Operationen (unter künstlicher Beatmung) verwendet, bei denen eine vollständige Entspannung bestimmter Muskelgruppen notwendig ist. Die Tätigkeit des Herzmuskels wird von Curare nicht beeinflusst.
Nicotin wirkt ähnlich wie Acetylcholin: Es verbindet sich mit den Rezeptoren der postsynaptischen Membran und die Ionenkanäle werden geöffnet. Nicotin wird aber von der Acetylcholinesterase nicht gespalten. Eine übermäßige Erregung der Muskulatur ist die Folge, da zur Wirkung des Acetylcholins die von Nicotin noch dazukommt. Zu starke und unregelmäßige Muskelkontraktionen bewirken Muskelzittern. In hohen Dosen aufgenommen (20–50 mg Nicotin durch Injektion oder über den Darm ins Blut), wären Krämpfe der Atemmuskulatur tödlich. In geringen Mengen wirkt Nicotin beruhigend und verdauungsanregend und führt zu einem Absinken der Hauttemperatur. Nicotin beeinflusst in ähnlicher Weise auch Synapsen des Parasympathicus (dies hat die Anregung der Darmmuskulatur sowie die Hemmung von Herz und Kreislauf zur Folge) und Sympathicus (verursacht Kontraktion von Blutgefäßen), in denen Acetylcholin als Transmitter wirkt.
Organische Phosphorsäureester, z. B. **Insektizide** wie E 605 oder Malathion, **Kampfgase** wie Tabun oder Sarin hemmen das Enzym Acetylcholinesterase. Die Ionenkanäle werden durch das länger vorhandene Acetylcholin immer wieder geöffnet. Es kommt zu einem übermäßigen Na^+-Einstrom und dadurch zu einer Übererregung, bis schließlich der Ioneneinstrom aufhört. Vergiftungen dieser Art führen zu starken Krämpfen und zum Tod durch Atemlähmung (sog. **starre Lähmung**).
Anaerobe Bakterien in verderbendem Fleisch erzeugen das **Botulinusgift**. Es hemmt die Ausschüttung von Acetylcholin aus den synaptischen Bläschen und unterbindet die Erregungsübertragung. Zum Tod durch Atemlähmung führen bereits 1 ng/kg Körpergewicht ($1\ ng = 1 \cdot 10^{-9} g$)!

11.4 Wirkung von Drogen und Medikamenten

Als **Drogen (Suchtmittel)** werden Stoffe bezeichnet, die „eine direkte Wirkung auf das zentrale Nervensystem besitzen und bei Zuführung einen als mangelhaft empfundenen Zustand mindern, zum Verschwinden bringen oder die einen subjektiv als angenehm empfundenen Zustand herbeiführen" (Definition nach WHO). Nach dieser Definition sind folgende Substanzen zu den Drogen zu zählen:

- Genussmittel wie Alkohol, Nicotin und Koffein
- Illegale Rauschgifte wie Cannabisprodukte (Haschisch, Marihuana), Halluzinogene (z. B. LSD), Opiate (Morphin, Heroin) und Kokain
- Aufputschmittel (Stimulanzien) wie Amphetamine, Ecstasy
- Arzneimittel wie Schmerz- und Schlafmittel, Neuroleptika
- Schnüffelstoffe wie Lösungsmittel oder Ether

Entstehung von physischer und psychischer Abhängigkeit

Wiederholter Drogenkonsum führt zuerst zur Entwicklung einer **Toleranz**: um eine gleichbleibende Drogenwirkung zu erhalten, muss die Dosis gesteigert werden. Schließlich entsteht eine **Abhängigkeit**. Ein Mensch ist drogenabhängig, wenn er einen seelischen Zustand zu erreichen sucht, den er nicht mehr aus sich selbst heraus, sondern nur durch Einnahme von Drogen erreichen kann. „Diesem Verlangen werden die Kräfte des Verstandes untergeordnet. Es beeinträchtigt die freie Entfaltung einer Persönlichkeit und zerstört die sozialen Bindungen und die sozialen Chancen eines Individuums." (K. WANKE, Deutsche Hauptstelle für Suchtfragen)

Bei **physisch (körperlich) abhängig** machenden Rauschdrogen (wie z. B. Alkohol, Nicotin, Heroin, bestimmten Schlafmitteln) treten nach dem Absetzen Entzugserscheinungen, wie z. B. Schweißausbrüche, Angst, Fieber, Tränenfluss, Muskelschmerzen, Blutdruckschwankungen, Appetitlosigkeit, Erbrechen u. Ä. auf. Die Zellen des Organismus gewöhnen sich allmählich an das Rauschmittel, es wird in den Zellstoffwechsel mit eingebaut. Wird die Droge dem Körper entzogen, kommt es zu den genannten Entzugserscheinungen.

Manche Rauschmittel wie z. B. LSD, Kokain und Haschisch führen nicht zur körperlichen Abhängigkeit. Es besteht jedoch beim Konsumenten ein starkes, manchmal auch unbezwingbares Verlangen zur weiteren Drogeneinnahme. In diesem Fall spricht man von **psychischer Abhängigkeit**.

Cannabis (Marihuana, Haschisch)

Marihuana sind die getrockneten Blätter und Blüten der weiblichen Pflanze des indischen Hanfs. Haschisch ist das Harz dieser Pflanzen. Der Unterschied zwischen Marihuana und Haschisch ist nur quantitativer Art. Der in der indischen Hanfpflanze enthaltene Wirkstoff THC (Tetrahydrocannabinol) ist im Haschisch fünf- bis siebenmal stärker konzentriert als im Marihuana.

Im Gegensatz zum Alkohol hält sich das THC im Organismus sehr lange, seine Halbwertszeit – das ist die Zeit, in der die Hälfte der konsumierten Droge abgebaut wird – beträgt 7–10 Tage. Dies hat zur Folge, dass es selbst bei einmaligem Haschischgenuss zu einem „flash back", zu einem erneuten Rückfall in den Rauschzustand, kommt, ohne dass weiterer Haschgenuss notwendig ist. Die große Halbwertszeit des THC erklärt auch die Beobachtung, dass Haschischkonsumenten bei längerem Genuss oft immer geringere Mengen benötigen, um in euphorische Stimmung zu kommen. Allerdings wird bei chronischem Missbrauch die Dosis ebenfalls gesteigert.

THC besetzt Rezeptoren bestimmter zentraler Synapsen des **Belohnungssystems des Gehirns**. Dieses System signalisiert, ob eine Situation angenehm (belohnend) oder unangenehm (bestrafend) ist. Unter natürlichen Bedingungen wird das Belohnungssystem aktiviert, wenn Verhaltensweisen ausgeführt werden, die das Überleben eines Individuums (z. B. Nahrungsaufnahme) oder die Arterhaltung (z. B. Sexualverhalten) sichern. THC imitiert einen der natürlichen Transmitter dieses Systems und erzeugt viele zusätzliche Impulse. Dadurch kommt es nicht nur zur Steigerung der sinnlichen Wahrnehmungen (vor allem der Farben und Töne), Entspannung und euphorischen Rauschzuständen, sondern nach längerem Haschischgenuss auch zu Störungen des Denk- und Konzentrationsvermögens. Unter dem Einfluss von Haschisch erhöhen sich Reaktionszeiten und Risikobereitschaft, sodass sein Konsument verkehrsuntüchtig wird. Bei höherer Dosierung können Desorientiertheit sowie akustische und optische Halluzinationen mit Angstgefühlen auftreten. Dauerkonsum von Haschisch führt zu einem Nachlassen der intellektuellen Fähigkeiten und vor allem der Gedächtnisleistung. Leistungsbereitschaft in Schule bzw. Beruf und Urteilsfähigkeit gehen ebenfalls zurück. Physische Abhängigkeit tritt bei Haschisch und Marihuana nicht auf.

LSD (Lysergsäurediethylamid)

LSD gehört zu der Gruppe der Halluzinogene. Grundstoff ist ein Lysergsäurealkaloid, das im Mutterkornpilz enthalten ist. LSD wirkt bereits in Dosierungen von 0,1 mg ($1 \cdot 10^{-4}$ Gramm). Der Wirkstoff, der in der entsprechenden

Konzentration in Flüssigkeit gelöst ist, wird auf ein Trägermaterial (Zuckerwürfel, saugfähiges Papier, Filz) getropft.
LSD ähnelt in seiner Molekülstruktur dem Transmitter **Serotonin**, der in Synapsen der Stammhirnbereiche vorkommt, die für die Filterung und Bewertung der Sinneseindrücke zuständig sind. Deshalb treten bei einem LSD-Rausch meistens intensive optische Visionen auf. Auch das Gehör und der Tastsinn reagieren unter LSD-Einwirkung wesentlich stärker und es kommt zu starken Verzerrungen des Zeitempfindens. Eine Überdosis kann zu psychoseähnlichen Zuständen führen. Weil nach LSD-Einnahme viele unbewusste Konflikte, Probleme und Kindheitserlebnisse, die oft aufgrund unangenehmer Empfindungen verdrängt wurden, wieder bewusst werden, entstehen in zahlreichen Fällen sog. Horror-Trips, die bis zu Todesgefühlen reichen können. Auch bei LSD-Einnahme kann es nach längerem Absetzen der Droge zu einem *flash back* bzw. Echorausch kommen. Physische Abhängigkeit tritt bei LSD nicht auf.

Kokain

Reines Kokain wird aus den Blättern des Coca-Strauches gewonnen. Es wird geschnupft oder gespritzt und ist, neben Morphium und Heroin, eines der gefährlichsten Rauschgifte. Obwohl es nach dem Absetzen selten zu körperlichen Entzugserscheinungen kommt, führt Kokainkonsum zu einer starken psychischen Abhängigkeit. Nach dem Absetzen fällt der Kokainkonsument in tiefe Depressionen, er kann auch nicht mehr konzentriert arbeiten.
Kokain wirkt ebenfalls auf das Belohnungssystem des Gehirns. Durch Kokain wird die Freisetzung des Transmitters **Dopamin** vermehrt und zusätzlich der Rücktransport des Dopamins in die Endknöpfchen gehemmt. Das Belohnungssystem wird aktiviert, ohne dass ein körperliches Bedürfnis befriedigt wurde. Das Gehirn spiegelt äußerstes Wohlbehagen vor, auch wenn der Körper schon nahe am Verfall ist. Kokain hebt kurzzeitig das Selbstbewusstsein, beseitigt Ermüdung und verdrängt das Hungergefühl.
Bei länger andauerndem Gebrauch kommt es oft zu Eindrücken von Verfolgungswahn sowie aggressiven Gewalttätigkeiten. Längerer Gebrauch von Kokain führt auch unweigerlich zu irreparablen Zerstörungen des Nervensystems, eine Überdosis zum Tod durch Lähmung des Atemzentrums. Häufig stirbt ein Langzeitkonsument an körperlicher Entkräftung.

Ecstasy

Viel zu lange galt die Designerdroge Ecstasy als Glückspille, die einen Rausch ohne Reue verhieß. Die Droge aus der Gruppe der Aufputschmittel führt zu

übersteigerter Sinneswahrnehmung und körperlicher Aktivität, gleichzeitig werden wichtige Schutzmechanismen wie Müdigkeit, Durst oder Hunger unterdrückt, was zu Hitzschlag, Kreislaufkollaps und Herzversagen führen kann. Der Wirkstoff MDMA, ein Amphetaminderivat, verstärkt ähnlich wie LSD die Wirkung des Transmitters **Serotonin** und zusätzlich die **Dopaminwirkung** (vgl. Kokain). Bei Ecstasy besteht die Gefahr, stark psychisch abhängig zu werden, und durch die ungewisse und unkontrollierte Zusammensetzung (z. B. Beimengung von LSD, Heroin) ein hohes Risiko, auch physisch abhängig zu werden oder eine Überdosis einzunehmen.
Als Folgen eines Langzeitkonsums werden immer häufiger Gedächtnisstörungen, Wahnvorstellungen und Depressionen sowie eine Abnahme der Zahl funktionsfähiger Gehirnzellen festgestellt.

Heroin

Heroin gehört zur Gruppe der **Opiate** und somit zu den Drogen mit dem höchsten Suchtpotenzial. Es ist ein Abkömmling des Morphiums (Morphinderivat). Da viele Leute auch legal, in Form von verordneten Medikamenten, mit Opiaten in Berührung kamen und zahlreiche Patienten dadurch süchtig wurden, forschte man nach einem ähnlichen Wirkstoff, der nicht wie das Opium süchtig macht. Bei dieser Suche entdeckten Chemiker einen Abkömmling des Morphins, indem sie Morphin mit Essigsäure reagieren ließen. Dabei entstand Heroin, das das Morphin in der Wirkung weit übertraf. Leider übertrifft es das Morphin nicht nur in seiner Wirksamkeit, sondern auch in seiner Gefährlichkeit. Es ist das gefährlichste Rauschgift überhaupt, da es für einen Heroinsüchtigen fast kein Zurück mehr aus der körperlichen Abhängigkeit gibt. In manchen Fällen genügt schon der erste „Schuss“, um vom Heroin abhängig zu werden. Nach vier bis fünf Spritzen ist praktisch jeder Heroinkonsument stark psychisch und physisch abhängig.

Angriffspunkte und neurophysiologische Wirkung von Opiaten im Organismus

Anfang der siebziger Jahre entdeckte man spezielle Rezeptoren für Opiate in den Membranen bestimmter Nervenzellen, vor allem im Gehirn (limbisches System) und im Rückenmark. Bei Einnahme von Opiaten können sich diese an die erwähnten Rezeptoren anlagern und somit die Funktion des Enzyms Adenylatcyclase blockieren. Dieses Enzym bewirkt normalerweise die Umwandlung von ATP in zyklisches Adenosinmonophosphat cAMP, das auf viele Stoffwechselreaktionen stimulierend wirkt. Wird eine bestimmte Menge an Enzymen durch Opiate blockiert, sinkt die cAMP-Konzentration so stark ab, dass die Nervenzelle nicht mehr in der Lage ist, Erregung weiterzuleiten. Auf diesem Wirkmechanismus beruht wahrscheinlich die schmerzstillende Wirkung von Opiaten durch Hemmung von schmerzleitenden Neuronen des Rückenmarks.

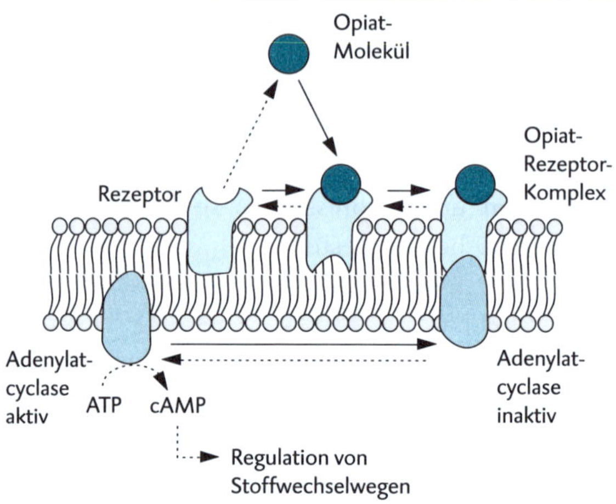

Abb. 108: Wirkung von Opiaten auf spezielle Rezeptoren

Viele Menschen betreiben das Bungee-Springen, weil sie während des Sturzes aus großer Höhe und kurz danach eine Art von Rauschgefühl erleben. Schwerstverletzte berichten, dass sie erst einige Zeit nach dem Unfall die starken Schmerzen ihrer Verletzung gespürt haben. Aufgrund solcher und ähnlicher Beobachtungen nahm man an, dass es auch körpereigene Drogen geben müsse, die in bestimmten Situationen die vorhandenen Rezeptoren besetzen und eine ähnliche Wirkung wie die Opiate zeigen.
Gegen Ende der siebziger Jahre wurden tatsächlich solche körpereigenen „Drogen“ entdeckt. Aufgrund ihrer morphinähnlichen Wirkung bezeichnete man sie als endogene Morphine (abgekürzt: **Endorphine**). Bei den Endorphinen handelt es sich um Überträgerstoffe an Synapsen (Neurotransmitter), die natürlicherweise von den Opiatrezeptoren gebunden werden. Dies erklärt die Schmerzunempfindlichkeit nach Unfallsituationen, in denen das Unfallopfer unter Schock steht. Opiatrezeptoren befinden sich auch an verschiedenen Stellen des Belohnungssystems. Die in angenehmen oder Extremsituationen ausgeschütteten Endorphine erzeugen so Euphorie und Rausch. Die Endorphine werden schon kurz nach dem Besetzen der Rezeptoren durch spezielle Enzyme abgebaut. Aus diesem Grund machen sie, im Gegensatz zu den Opiaten,

auch körperlich nicht abhängig bzw. süchtig. Die Opiate besetzen dagegen über einen längeren Zeitraum die Rezeptoren und blockieren somit das Enzym Adenylatcyclase, was zum Absinken des cAMP-Spiegels führt. Der Organismus sucht dies durch eine vermehrte Produktion von Adenylatcyclase auszugleichen. Es erfolgt eine Steigerung der Produktion von cAMP und damit ein Nachlassen der euphorisierenden Wirkung. Erneute Opiatzufuhr blockiert wiederum das Enzym usw. Um die ursprüngliche euphorisierende Wirkung zu erzeugen, müssen dem Körper mehr Opiate zugeführt werden, es kommt zur Toleranzbildung. Wird nun dem Körper plötzlich kein Opiat mehr zugeführt, steigt der cAMP-Spiegel sehr schnell an, und der Organismus reagiert mit schweren Entzugserscheinungen wie Schweißausbrüchen, Muskelkrämpfen, Schüttelfrost, Schlaflosigkeit, Übelkeit, Erbrechen, Durchfall u. a.

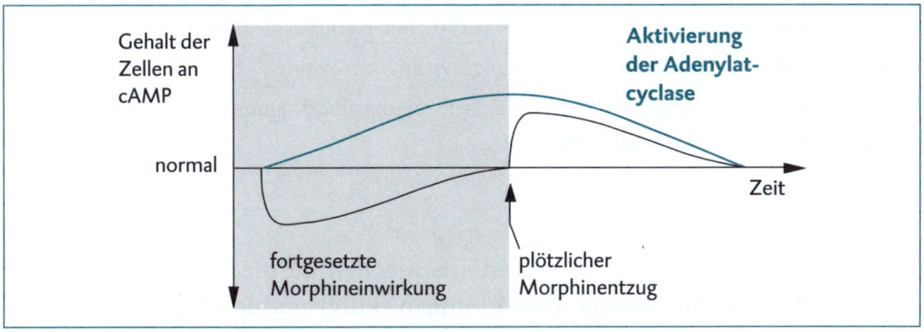

Abb. 109: Reaktion des Körpers bei Morphinentzug

Zusammenfassung

- Eine Schaltstelle zwischen einer Nervenzelle und einer Muskelfaser wird als neuromuskuläre Synapse bezeichnet.
- In neuromuskulären Synapsen wird die Erregung durch einen Transmitter, also chemisch übertragen.
- Im Endknöpfchen der Nervenzelle ankommende Aktionspotenziale bewirken die Ausschüttung des Transmitters in den synaptischen Spalt.
- Die Transmittermoleküle binden an Rezeptoren der subsynaptischen Membran der Muskelfaser. Dadurch werden Permeabilitätsänderungen dieser Membran ausgelöst, die zu Änderungen des Membranpotenzials führen.
- Erregende Synapsen erzeugen eine Depolarisation der postsynaptischen Membran (EPSP), hemmende Synapsen eine Hyperpolarisation (IPSP).

- Wird eine Synapse durch Aktionspotenziale mit hoher Frequenz erregt, können sich die kurz nacheinander entstehenden PSPs überlagern (zeitliche Summation).
- Durch räumliche Summation werden die PSPs gleichzeitig erregter Synapsen an einem Neuron verrechnet.
- Gifte und Drogen können die synaptische Übertragung beeinflussen.
- Synapsengifte greifen an der präsynaptischen Membran an, verbinden sich mit den Rezeptoren der postsynaptischen Membran oder beeinflussen das Enzym Acetylcholinesterase.
- Drogen sind psychoaktive Stoffe, die als Rauschmittel missbraucht zur Sucht, also zu einer psychischen und/oder physischen Abhängigkeit führen.
- Die Drogenwirkstoffe verändern die chemische Informationsübertragung in den Synapsen.
- Die Drogenwirkstoffe besetzen bestimmte Rezeptoren in zentralen Synapsen des Gehirns und verstärken die Wirkung der natürlichen Neurotransmitter.
- Viele Suchtstoffe aktivieren das Belohnungssystem des Gehirns.
- Opiate wirken schmerzhemmend, da sie die Erregungsübertragung in den Synapsen der Schmerzfasern unterdrücken.

Aufgaben

131 Das Schädlingsbekämpfungsmittel E 605 hemmt die Acetylcholinesterase. Erläutern Sie, welche Auswirkungen (kurz- und langfristig) Sie bei einer Vergiftung mit E 605 auf die Erregungsübertragung an der neuromuskulären Synapse erwarten.

132 Der Saft der Tollkirsche führt u. a. auch zur Erweiterung der Pupillen. Dieser Effekt wurde in früheren Zeiten von Frauen genutzt, die sich Tollkirschensaft in die Augen tropften, um sie geheimnisvoll dunkel erscheinen zu lassen. Der wissenschaftliche Name der Tollkirsche *Atropa belladonna* spielt darauf an. Das im Tollkirschensaft enthaltene Atropin wirkt auf Synapsen, die als Transmitter Acetylcholin besitzen.
Entwickeln Sie eine Hypothese, die die Pupillenerweiterung durch Atropin erklärt.
Hinweis: Die Öffnungsweite der Pupillen wird durch zwei Muskeln reguliert: Die Kontraktion des Speichenmuskels (Radialmuskel) der Iris vergrößert die Pupille, die Kontraktion des Ringmuskels der Iris verkleinert sie. In den neuromuskulären Synapsen des Speichenmuskels kommt als Transmitter Noradrenalin vor, in den Synapsen des Ringmuskels Acetylcholin.

133 Die Erreger des Wundstarrkrampfes (Tetanusbakterien) bilden das Tetanustoxin. Dieses Gift verhindert die Freisetzung von Transmittern aus den synaptischen Bläschen von hemmenden Synapsen. Erklären Sie, welche Folgen dadurch auftreten.

134 Beschreiben und erklären Sie die Wirkung von Kokain im Gehirn und die Auswirkungen auf die Körperfunktionen.

135 Erklären Sie, warum Endorphine im Gegensatz zu Opiaten nicht süchtig machen.

136 In der Drogentherapie werden Medikamente eingesetzt, deren Moleküle eine ähnliche Struktur aufweisen wie der Drogenwirkstoff. Medikamente, die auch die gleiche Wirkung haben, werden als Agonisten bezeichnet.

a Beschreiben Sie kurz, wie der Opiat-Agonist Methadon im Gehirn wirkt.

b Methadon als Substitutionsdroge wirkt schwächer als Heroin, hat jedoch eine längere Verweildauer im Gehirn. Beurteilen Sie, welche Vorteile eine Verabreichung von Methadon an Heroinabhängige durch einen Arzt haben könnte.

12 Erkrankungen des menschlichen Nervensystems

Das Zentralnervensytem des Menschen (Gehirn und Rückenmark) dient der Informationsverarbeitung und Steuerung der Körperfunktionen. Das periphere Nervensystem gliedert sich in die afferenten Nerven, die Nervenerregungen von den Sinnesorganen zum Zentralnervensystem transportieren, und in die efferenten Nerven, die Nervenimpulse zu den ausführenden Organen wie Muskeln und Drüsen tragen.
An drei Beispielen sollen die Auswirkungen von Erkrankungen des Nervensystems aufgezeigt werden.

12.1 Multiple Sklerose (MS)

Diese relativ häufige neurologische Erkrankung (1 von 1 000 Mitteleuropäern) tritt überwiegend bei Frauen auf. Häufig treten die ersten Symptome wie Kribbeln und Taubheitsgefühle in den Gliedmaßen zwischen dem 20. und 40. Lebensjahr auf. Später kommen Ausfallserscheinungen im sensorischen Bereich, Muskelschwäche, Sprach- und Persönlichkeitsstörungen dazu. Eine Heilung ist bis heute nicht möglich.
Bei der MS werden die Myelinscheiden der Neuronen im ZNS von Immunzellen des eigenen Körpers angegriffen **(Autoimmunreaktion)**. Diese Angriffe verlaufen in Schüben und verursachen heftige Entzündungen. Mit der Zeit sterben die Schwannschen Zellen ab und mit ihnen die Neuronen. Dadurch wird die Erregungsleitung im Nervensystem immer stärker eingeschränkt. Als Ursache der Autoimmunreaktion werden erbliche Faktoren und/oder Virusinfektionen angesehen.

12.2 Parkinson-Syndrom

Bei der Parkinson-Krankheit (Schüttellähmung) ist die Steuerung von Körperbewegungen durch das Gehirn gestört. Im späten Stadium der Erkrankung sind ein Zittern vor allem der Hände, Schwierigkeiten beim Ausführen willkürlicher Bewegungen, ein schleppender Gang, stark angespannte Skelettmuskeln und ein starrer Gesichtsausdruck typisch.
Die Ursache der Parkinson-Erkrankung ist vermutlich das Absterben von bestimmten Neuronen des Großhirns (in den Basalganglien), die den Transmitter **Dopamin** herstellen. Dadurch wird das Abrufen der Bewegungsprogramme, die in den Basalganglien niedergelegt sind, gestört. Durch Verabreichung

einer chemischen Vorstufe des Dopamins können viele Symptome der Parkinson-Erkrankung behandelt werden; eine Heilung ist jedoch nicht möglich.

12.3 Alzheimer-Krankheit

Von der Alzheimer-Krankheit, die meist erst nach dem 50. Lebensjahr auftritt, sind in Deutschland schätzungsweise fast eine Million Menschen betroffen. Die Krankheit führt über Jahre hinweg zum Verlust der geistigen Fähigkeiten und des Gedächtnisses, zu schwerwiegenden Verhaltensänderungen und zuletzt zum Versagen der Körperfunktionen.

Im Gehirn verstorbener Alzheimer-Patienten lassen sich in und um die Nervenzellen Ablagerungen bestimmter unlöslicher Proteine in großer Menge nachweisen, die **Amyloid-Plaques**. Sie führen dazu, dass der Stoffwechsel der Neuronen entgleist, die Verknüpfungen zwischen Nervenzellen gestört werden und Neuronen absterben. Als Ursache dieser Erkrankung werden vor allem genetische Faktoren angesehen.

13 Lernen und Gedächtnis auf neuronaler Ebene

Anatomische Voraussetzung für jede Art von Lernen ist der Besitz eines Gedächtnisses, in dem Erfahrungen gespeichert und bei Bedarf wieder abgerufen werden können.

13.1 Gedächtnis als Leistung des Gehirns

Die Untersuchungen zu Gedächtnisleistungen führten zu mehrstufigen Modellen der Gedächtnisfunktion, die z. B. nach der Speicherdauer gegliedert sind. In der Informatik wird als Maßeinheit der Informationen das bit verwendet. Ein bit entspricht einer Entscheidung zwischen 0 und 1 (Binärcode).

Die Flut von Reizen, die unsere Sinne erreicht, entspricht einem Informationsgehalt von mehreren Milliarden bit pro Sekunde. Die Informationen werden im **sensorischen Gedächtnis** (Ultrakurzzeitgedächtnis) für weniger als eine Sekunde gespeichert. In dieser kurzen Zeitspanne erfolgt ein Vergleich mit vorhandenen Gedächtnisinhalten und eine individuelle Auswahl von Informationen. Der größte Teil der Informationen wird nicht bewusst wahrgenommen, z. B. gewohnte Geräusche und Gerüche. Nur etwa 15–20 bit/s erreichen die Großhirnrinde, werden uns bewusst und können bis 25 s lang abgerufen werden. Wegen der kurzen Speicherdauer wird dieser Speicher als **Kurzzeitgedächtnis** bezeichnet. Seine maximale Speicherkapazität liegt bei etwa 160 bit. Wir benutzen den Kurzzeitspeicher beispielsweise, um uns eine Telefonnummer aus dem Telefonbuch so lange zu merken, bis wir sie gewählt haben. Danach wird die Nummer vergessen.

Durch Wiederholen und Üben (z. B. von Vokabeln) oder bei entsprechender Motivationslage werden Informationen ins **Mittelzeitgedächtnis** überführt, das eine längere Speicherdauer von Minuten bis zu einigen Tagen aufweist. Die Speichergeschwindigkeit ist geringer (0,1–1 bit/s); die Speicherkapazität beträgt ca. 1 000 bis 10 000 bit. Da die Aufnahmefähigkeit begrenzt ist, werden gespeicherte Informationen durch neue verdrängt, also vergessen.

Nur ein sehr geringer Anteil der Gesamtinformation erreicht das **Langzeitgedächtnis** mit einer Speicherdauer von vielen Jahren. Bei Lernstoff wie Vokabeln gelingt dies nur durch häufiges Üben. Die Speichergeschwindigkeit liegt bei 0,03 – 0,1 bit/s, die Speicherkapazität bei mehreren Milliarden bit.

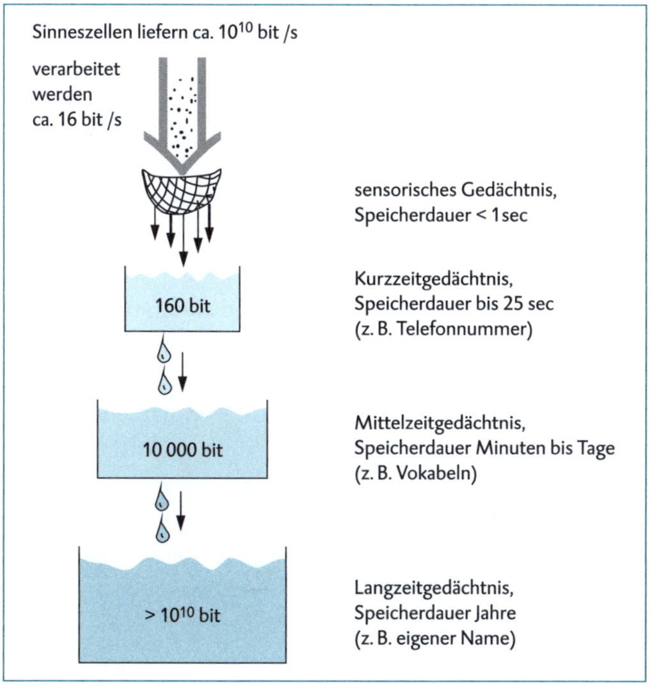

Abb. 110: Stufen-Modell zum Gedächtnis

13.2 Lernen durch Langzeitpotenzierung

Die Langzeitpotenzierung ist einer der Mechanismen, die für das kognitive Lernen (bewusstes Lernen, bei dem die Lerninhalte sprachlich wiedergegeben werden) bedeutsam sind. Bei all diesen Lernvorgängen ändert sich auf neuronaler Ebene die Aktivität der Synapsen:

- Wird das präsynaptische Axon schwach gereizt, kommen nur wenige Aktionspotenziale in der Synapse an und erzeugen im postsynaptischen Neuron nur ein kleines EPSP. Wird das Axon mehrfach so stark gereizt, dass Aktionspotenziale mit hoher Frequenz die Synapse erreichen, erhöht sich das EPSP jedes Mal entsprechend. Erfolgt danach eine Reizung in der ursprünglichen geringen Stärke, fällt das EPSP viel höher aus.
- Werden zwei Neurone, die mit dem gleichen Neuron Synapsen bilden, mehrmals gleichzeitig gereizt, ist das resultierende EPSP im postsynaptischen Neuron höher als der Wert, der bei Summation der einzelnen Potenziale zu erwarten wäre. Wird das postsynaptische Neuron danach nur über eine der beiden Synapsen (mit gleicher Intensität wie im ersten Schritt) erregt, fällt das EPSP in der Postsynapse ebenfalls stärker aus.

Diese Effekte können über Stunden oder Tage anhalten. Die Versuche zeigen, dass eine intensive Benutzung von Synapsen ihre Wirksamkeit erhöht. Damit eine Anpassung der Neuronen an neue Reize stets möglich ist, gibt es auch einen entgegengerichteten Mechanismus, die Langzeitdepression. Wird eine Synapse nur selten benutzt, sinkt die Erregbarkeit der postsynaptischen Zelle.

Lösungen

1 Zellorganellen mit einer einfachen Membran: ER, Golgi-Apparat, Zellsaftvakuole
Zellorganellen mit Doppelmembran: Zellkern, Mitochondrien, Chloroplasten
Zellorganellen ohne Membran: Ribosomen

2 Die Zellwände lösen sich auf, die Bakterienzellen „laufen aus". Da die Zellen des Menschen keine Zellwände aufweisen, werden sie nicht geschädigt.

3 Wasser dringt durch Osmose in die roten Blutkörperchen ein. Die Zellmembran ist selektiv permeabel. Für die sehr kleinen Wassermoleküle stellt die Zellmembran der Blutkörperchen kein Hindernis dar. Die Ionen und geladenen Proteinmoleküle des Zytoplasmas dagegen können die Zellmembran nicht durchdringen. Aufgrund des hohen Konzentrationsgefälles für Wasser (um die Blutkörperchen reines Wasser – in der Zelle Salzlösung) diffundieren die Wassermoleküle in die Blutkörperchen, bis die Zellmembran dem Druck nicht mehr stand hält.

4 Die Nahrungsbläschen in den Pantoffeltierchen entstehen durch Endozytose. Die Zellmembran des Einzellers stülpt sich um einige Hefezellen und ein Vesikel schnürt sich ins Zytoplasma ab. Da in diesem Fall Feststoffe aufgenommen werden, nennt man den Vorgang auch Phagozytose. Nach der Verdauung der Hefezellen in den Nahrungsbläschen erfolgt eine Exozytose. Die Membran der Vesikel verschmilzt mit der Zellmembran und das Bläschen entleert unverdauliche Reste nach außen.

5 Übereinstimmende Merkmale bei Chloroplasten und Mitochondrien: Doppelmembran, die innere Membran bildet zahlreiche Einstülpungen nach innen; eigene ringförmige DNA; Ribosomen, die sich von den Ribosomen im Zytoplasma unterscheiden.
Die Stoffwechselvorgänge, die in den beiden Organellen ablaufen, sind gegenläufig: In den Chloroplasten wird mit (Licht-)Energie aus Kohlenstoffdioxid und Wasser energiereiche Glucose aufgebaut, in den Mitochondrien

erfolgt der Abbau von Glucose zur Energiegewinnung unter Bildung von Kohlenstoffdioxid und Wasser.

6 Die Speicherung von chemischer Energie durch den Aufbau von ATP ist unabhängig von Zeitpunkt und Ort der Energiegewinnung.

7 Biokatalysatoren sind zelleigene organische Bestandteile. Sie setzen die Aktivierungsenergie einer chemischen Reaktion herab und beschleunigen die Reaktion. Sie werden dabei nicht verbraucht und wirken bereits in geringen Mengen.

8 Die Aktivität der Enzyme ist temperaturabhängig. Im Temperaturbereich bis 60 °C nimmt die Enzymaktivität bzw. Reaktionsgeschwindigkeit entsprechend der RGT-Regel bei einer Temperaturerhöhung um 10 °C auf das Doppelte bis Dreifache zu. Oberhalb dieser Temperatur werden die Proteinanteile der Enzyme denaturiert. Die Bindungen, die die Tertiärstruktur stabilisieren, werden gelöst; das Protein bildet ein Knäuel. Da die Enzymaktivität aufgrund der speziellen Struktur des aktiven Zentrums an die Tertiärstruktur geknüpft ist, geht sie verloren (grafische Darstellung wie Abb. 16, S. 18).

9

	Kompetitive Hemmung	Nicht-kompetitive (allosterische) Hemmung
Gemeinsamkeiten	Das Substrat wird nicht umgesetzt. Die Hemmung ist reversibel.	
Unterschiede	Hemmstoff und Substrat strukturell ähnlich	keine strukturelle Ähnlichkeit zwischen Hemmstoff und Substrat
	Anlagerung des Hemmstoffs am aktiven Zentrum	Anlagerung des Hemmstoffs an einer zweiten Bindestelle (allosterisches Zentrum)
	Konkurrenz zwischen Substrat und Hemmstoff am (unveränderten) aktiven Zentrum.	Konformation des aktiven Zentrums wird verändert
	Erhöhung der Substratkonzentration hebt die Hemmung auf	keine Aufhebung der Hemmung durch Erhöhung der Substratkonzentration

10 Bei der Probe mit der geringsten Konzentration an Amylose (= Substrat) wird die niedrigste Reaktionsgeschwindigkeit zu messen sein. Eine kontinuierliche Steigerung der Substratkonzentration in den Proben bewirkt ei-

ne direkt proportionale Zunahme der Reaktionsgeschwindigkeit. Bei hohen Substratkonzentrationen führt eine vermehrte Zufuhr von Substrat zu keiner weiteren Zunahme der Reaktionsgeschwindigkeit (Sättigungswert); Michaelis-Menten-Diagramm (Abb. 18, S. 20).
Erklärung: Zu Beginn der Versuchsreihe (hohe Enzym-, geringe Substratkonzentration) sind nicht alle Enzymmoleküle gleichzeitig mit Substrat beladen. Wenn im Verhältnis mehr Substrat angeboten wird, wird es von den noch freien Enzymmolekülen sofort umgesetzt. Bei hohen Substratkonzentrationen sind alle Enzyme mit Substrat beladen. Auch wenn mehr Substrat angeboten wird, kann nichts mehr davon umgesetzt werden.

11 Aufgrund ihrer ähnlichen Struktur können Sulfonamide wie die para-Aminobenzoesäure am aktiven Zentrum des Enzyms gebunden werden. Sie werden jedoch nicht umgesetzt. Die Bildung einer für die pathogenen Bakterien lebensnotwendigen Substanz unterbleibt; die Bakterien vermehren sich nicht weiter bzw. sterben ab.
Modellhafte Schemazeichnung: Schema zur kompetitiven Hemmung siehe Abb. 19, S. 21.

12 **a** K_M-Wert: Substratkonzentration, bei der die Enzymreaktion mit halbmaximaler Geschwindigkeit abläuft. Die Hälfte der Enzymmoleküle liegt als Enzym-Substrat-Komplex vor.

b Die Affinität des Enzyms Hexokinase ist gegenüber Glucose größer als gegenüber Fructose, die Enzymaktivität ist mit Glucose größer.

c Substratspezifität: Ein Enzym setzt nur ein bestimmtes Substrat bzw. eine Gruppe von Substraten um, in diesem Fall verschiedene Hexosen; Hexokinase ist gruppenspezifisch.

13 Die Enzymaktivität ist am höchsten bei Temperaturen um 35 °C, einem für das Enzym optimalen pH-Wert und bei Abwesenheit von Schwermetallionen.
Bei Temperaturen über 50 °C werden Bindungen gelöst, die die Tertiärstruktur des Enzymproteins stabilisieren. Ein zu saures oder zu basisches Milieu führt dazu, dass die Ladungen des Proteinanteils verändert werden. Schwermetallionen reagieren mit den Aminosäureresten zu Komplexen. Alle diese Reaktionen bewirken eine Veränderung der Tertiärstruktur des Eiweißanteils des Enzyms, sodass die Bindung des Substrats unmöglich wird.

14 a Enzymmoleküle (Hexokinase) und Substratmoleküle reagieren zu einem Enzym-Substrat-Komplex. Die Molekülstrukturen sind so aufeinander abgestimmt, dass sie wie Schlüssel (Substrat) und Schloss (Enzym) zusammenpassen. Man spricht von Substratspezifität des Enzyms. Enzyme, die mehrere strukturell ähnliche Substrate umsetzen können, werden als gruppenspezifisch bezeichnet. Die Geschwindigkeit, mit der sich der Enzym-Substrat-Komplex bildet, bestimmt die Umsatzgeschwindigkeit der Gesamtreaktion.

b Im angegebenen Versuch wird Glucosamin mit fast der gleichen Geschwindigkeit umgesetzt wie Glucose. Die Aminogruppe am C 2-Atom des Glucosamins (anstelle der Hydroxygruppe bei Glucose) beeinflusst die Substratbindung nur sehr geringfügig. Bei Galaktose dagegen liegt die Umsatzgeschwindigkeit bei einem Hundertstel der Umsatzgeschwindigkeit der Glucose. Galaktosemoleküle passen wegen der Stellung der Hydroxygruppe am C 4-Atom nur sehr schlecht in das aktive Zentrum der Hexokinase.

15 a Bei Landpflanzen eignet sich zur experimentellen Bestimmung der Fotosyntheserate am besten die Messung der Glucose- bzw. der Stärkezunahme. Die Messung der Sauerstoffproduktion bzw. der Verbrauch an Kohlenstoffdioxid ist aufwendiger, da es schwierig ist, in der Luft Volumenänderungsmessungen durchzuführen.

b Auch während des Tages wird ein Teil der Glucose von den Pflanzen veratmet. Aus diesem Grund ist der gemessene Wert immer geringer als der tatsächliche Wert der Fotosyntheserate.

16 a

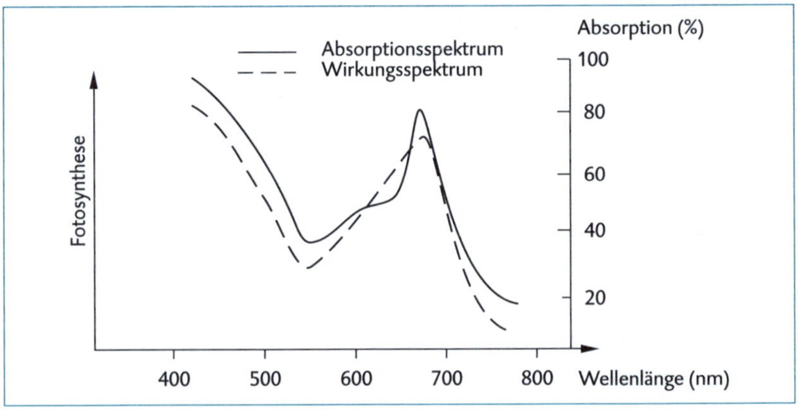

b Da Chlorophyll grün gefärbt ist, reflektiert es in diesem Bereich die einfallenden Lichtstrahlen. Neben Chlorophyll gibt es aber noch akzessorische Pigmente (Carotinoide und Xanthophylle), die im Bereich von 500–600 nm (grün/gelb) Lichtquanten absorbieren und dem Chlorophyll zuführen. Daher kann eine grüne Pflanze auch in diesem Spektralbereich des sichtbaren Lichts Fotosynthese betreiben.

17 Durch die Besucher wird die Kohlenstoffdioxidproduktion erhöht und die Temperatur geringfügig gesteigert. Beide Faktoren steigern die Fotosyntheserate und damit das Wachstum der Algen.
Reduzierung des Algenwachstums wäre möglich durch:
- Absenkung der Lichtintensität;
- Verwendung von Grünfiltern vor den Lampen, die nur grünes Licht durchlassen, das von Chlorophyll nur minimal absorbiert wird.

18 Die Blätter erscheinen dem Auge grün, weil Chlorophyll mit Ausnahme von Grün alle Farben des sichtbaren Lichts absorbiert. Die Wellenlänge des grünen Lichts dagegen wird reflektiert.

19 Vor dem Laubfall im Herbst wird zunächst Chlorophyll zersetzt. (Kälte fördert die Bildung von pflanzlichen Hormonen, die Alterungs- und Abbauprozesse steuern.) Neben Chlorophyll gibt es aber noch andere Blattfarbstoffe, z. B. Carotinoide und Xanthophylle. Diese gelben Farbstoffe sind für die herbstliche Färbung der Laubblätter verantwortlich.

20 Die Fotosyntheserate der Pflanze in der dunklen Ecke ist aufgrund der geringen Lichtverhältnisse relativ niedrig. Die Pflanze produziert daher nur wenig Glucose. Gleichzeitig betreibt die Pflanze aber auch Atmung und verbraucht dabei Glucose. Wenn sie nicht wächst, aber auch nicht eingeht, bedeutet dies, dass sie durch Atmung genauso viel Glucose verbraucht wie sie herstellt (Licht-Kompensationspunkt).

21 Bei der Lichtsammelfalle handelt es sich um ein System von Blattpigmenten (Carotinoide und Chlorophylle), die durch ihre spezielle Anordnung in der Lage sind, dem zentralen Chlorophyll a die Energie der Lichtquanten zuzuführen (siehe Abb. 27, S. 36).

22

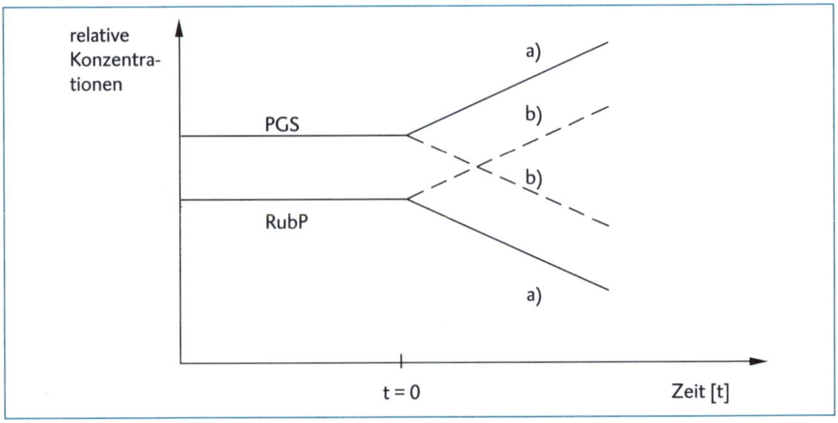

- a PGS wird nicht mehr verarbeitet und sammelt sich an, da Reduktionsäquivalente und ATP aus den Lichtreaktionen fehlen; der Zyklus der Dunkelreaktionen ist unterbrochen. RubP wird bei der Fixierung des Kohlenstoffdioxids verbraucht, kann aber nicht mehr regeneriert werden, seine Konzentration sinkt.
- b An RubP kann kein Kohlenstoffdioxid mehr gebunden werden, RubP häuft sich an. Die vorhandene PGS wird weiterverarbeitet, da aber keine Kohlenstoffdioxidfixierung mehr erfolgt, sinkt ihre Konzentration.

23 Chloroplasten: Die Lichtreaktionen der Fotosynthese laufen an den Thylakoidmembranen ab, die Dunkelreaktionen im Stroma.
Mitochondrien: Die Atmungskette läuft an der inneren Membran ab, der Zitronensäurezyklus in der Matrix.

24
- a Durch die Milchsäuregärung wird Milchsäure produziert, die durch ihre saure Wirkung das Wachstum von Fäulnisbakterien unterdrückt (Konservierung).
- b Ein Teil der bei der Gärung freigesetzten Energie wird als Wärme abgegeben.
- c Durch die Konservierung mit Milchsäure bleiben viele pflanzeneigene Stoffe, z. B. Vitamine, erhalten, die bei langer Lagerung abgebaut werden würden.
- d Dann könnten sich Schimmelpilze ansiedeln, die eine saure Umgebung vertragen, aber auf Sauerstoff für die Zellatmung angewiesen sind. Viele Schimmelpilze erzeugen Giftstoffe, sodass das Sauerkraut verdirbt.

25 **a** Herstellen einer Suspension aus Hefe, Wasser und Glucose, Verschluss des Gefäßes mit einem Gärröhrchen.
Der Luftabschluss ist notwendig, da Hefen nur bei Sauerstoffmangel von der Zellatmung zur alkoholischen Gärung übergehen.
Die Wassermenge muss so bemessen sein, dass der Gehalt an Ethanol bei vollständiger Vergärung unter 16 bis 18 % bleibt, da Ethanol in höherer Konzentration die Hefen abtötet.

b $C_6H_{12}O_6 \longrightarrow 2\,CO_2 + 2\,C_2H_5OH$

c Bei der Veratmung von Glucose kann wesentlich mehr ATP gebildet werden (Zellatmung: 38 ATP/Glucose, Gärung 2 ATP/Glucose).
Damit steht den Hefen mehr Energie für Wachstumsprozesse zur Verfügung.

26 **a** Bildung von Ethanol und Kohlenstoffdioxid, da bei Sauerstoffmangel Glucose vergoren wird (alkoholische Gärung).

$$C_6H_{12}O_6 + 2\,ADP + 2\,Ⓟ \longrightarrow 2\,C_2H_5OH + 2\,CO_2 + 2\,ATP$$

b Keine Reaktion, da ein Energie liefernder Stoff fehlt und Hefen keine Fotosynthese betreiben können.

c Bildung von Kohlenstoffdioxid und Wasser, da bei Sauerstoffzufuhr die Gärung unterdrückt wird und die Hefe Glucose veratmet.

$$C_6H_{12}O_6 + 6\,O_2 + 6\,H_2O + 38\,ADP + 38\,Ⓟ \longrightarrow 6\,CO_2 + 12\,H_2O + 38\,ATP$$

27 Durch Kühlung und weniger Sauerstoff in der Umgebung wird die Zellatmung verlangsamt. Dadurch verringert sich der Zuckerverbrauch durch das lebende Gewebe des Obsts. Auch Alterungsprozesse verlangsamen sich. Das Obst bleibt länger frisch und verliert weniger an Gewicht.

28 **a** Die Lösung aus Versuch 1 enthält die geringere Menge Zucker.
b Da bei der Gärung (Versuch 1) pro Molekül Glucose weniger ATP gewonnen wird als bei der Zellatmung (Versuch 2), müssen die Hefen mehr Glucose vergären als veratmen, um die für ihre Lebensvorgänge notwendige Energie zu gewinnen.
c Brenztraubensäure (BTS)
d Der Zuckerverbrauch dürfte etwa so hoch sein wie bei Versuch 1.

Begründung: Wenn die Atmungskette durch Kaliumcyanid blockiert ist, kann der Abbau der Glucose nur bis zur BTS erfolgen. BTS wird anschließend in der alkoholischen Gärung zu Ethanol und Kohlenstoffdioxid abgebaut.
Genauer: Hohe Konzentrationen an ATP aus der Atmungskette drosseln die Aktivität des Phosphofructokinase der Glykolyse, bei wenig oder fehlendem ATP ist sie sehr aktiv und setzt viel Substrat (Glucose) um. Wenn die Prozesse der Atmungskette nicht mehr ablaufen können, fehlt im Zitronensäurezyklus NAD^+, der Zyklus kann nicht mehr weiterlaufen. Einziger verbleibender Abbauweg ist dann die alkoholische Gärung.

29 a

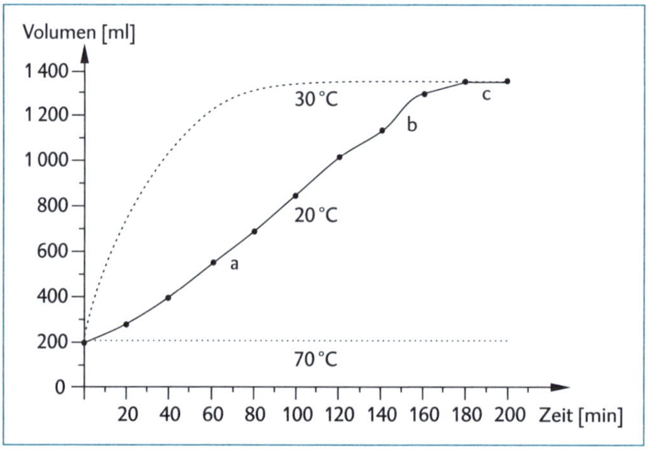

Interpretation des Kurvenverlaufs bei 20 °C:
Zunächst ergibt sich ein linearer Anstieg der Kurve aufgrund des konstanten Glucose-Umsatzes in den Hefezellen (a). Mit abnehmender Glucose-Konzentration sinkt auch die Gärungsrate und damit die Kohlenstoffdioxidbildung (b). Nach Verbrauch der Glucose erfolgt keine weitere Bildung von Kohlenstoffdioxid mehr (c: Plateauphase).

b (Kurven bei 30 °C und 70 °C siehe Teilaufgabe a)
Abhängigkeit des Teigvolumens von der Zeit bei 30 °C:
Der Kurvenverlauf wird steiler sein, sodass das Plateau in kürzerer Zeit erreicht wird. Eine Temperaturzunahme steigert auch die Geschwindigkeit enzymatischer Reaktionen. Es gilt die RGT-Regel (Reaktionsgeschwindigkeits-Temperatur-Regel): Bei einer Temperaturerhöhung um 10 °C verdoppelt bis verdreifacht sich die Reaktionsgeschwindigkeit.

Das Endvolumen des Teigs wird nahezu gleich sein, da die Volumenzunahme des Kohlenstoffdioxidgases durch die Temperaturerhöhung relativ gering ist und die Masse an vergärbarer Glucose gleich ist.

Abhängigkeit des Teigvolumens von der Zeit bei 70 °C:
Das Teigvolumen wird sich nicht verändern, da es zu keiner Kohlenstoffdioxidentwicklung kommt. Bei dieser Temperatur werden die Enzyme der Hefe hitzedenaturiert.

30 a 1:1
b verschieden; kann nicht angegeben werden
c verschieden; kann nicht angegeben werden
d 1:1

31 28 %.
Begründung: Gibt es 22 % Adenin-Nukleotide, so existieren auch 22 % Thymin-Nukleotide. Cytosin- und Guanin-Nukleotide haben folglich zusammen einen Anteil von 56 %, wobei die Cytosin-Nukleotide mit den Guanin-Nukleotiden in einem Verhältnis von 1:1 vorkommen. D. h., der Cytosin-Nukleotidanteil allein entspricht der Hälfte von 56 %.

32 Lösung siehe Abb. 44, S. 64.

33 Mithilfe der sog. Röntgenstrukturanalyse (Bestrahlung der DNA mit Röntgenstrahlen). Diese werden durch die Moleküle gebeugt; auf lichtempfindlichem Papier entsteht ein typisches Beugungsmuster. Anhand dieses Beugungsmusters lassen sich räumliche Strukturen des Moleküls berechnen.

34 Die RNA enthält anstelle der Base Thymin die Base Uracil.
Die RNA enthält anstelle des Zuckers Desoxyribose den Zucker Ribose.
Die RNA liegt meist einsträngig vor, die RNA-Stränge sind kürzer.

35 Im Verhältnis 1:4.
(Von acht Bakterien in der F_3-Generation enthalten zwei Bakterien halbschwere DNA.)

36 Schwere (^{15}N)- und leichte (^{14}N)-DNA stünden im Verhältnis von 1:7. (Von acht Bakterien in der F_3-Generation enthielten sieben die leichte und eine die schwere DNA).

37 In der 2. Generation.

38 Theoretisch ja, in der Praxis aber nicht. Radioaktive und nichtradioaktive DNA würden sich nicht im spezifischen Gewicht unterscheiden und könnten daher nicht durch Zentrifugieren voneinander getrennt werden. Im Gemisch ließen sich in der Praxis radioaktive und nichtradioaktive DNA nicht voneinander unterscheiden.

39 Der Doppelfaden der DNA enthält (wenn auch komplementär) die gleiche Information zweifach. Auf diese Weise ist gesichert, dass ein Fehler in der genetischen Information wieder repariert werden kann. Durch komplementäre Basenpaarung wird auf einfache Weise eine identische Replikation der DNA ermöglicht.

40 a siehe Abb. 51, S. 74.

b Der angegebenen Basensequenz des codogenen Strangs entspricht folgende Sequenz des Codestrangs der DNA:
TGT TTT GAC TCC CGA AGA TAA
Da die mRNA statt Thymin Uracil enthält, lautet die Basensequenz:
UGU UUU GAC UCC CGA AGA UAA
Entsprechend der Code-Tabelle ergibt sich folgende Aminosäure-Sequenz: Cys – Phe – Asp – Ser – Arg – Arg – *Stopp*

c Die Basensequenz der mRNA lautet nun, da entsprechend der komplementären Basenpaarung der Base Thymin die Base Adenin entspricht:
AUG UUU UGA CUC CCG AAG AUA A
Daraus ergibt sich folgende Aminosäure-Sequenz: Met – Phe – *Stopp*
In Bakterienzellen würde diese Basensequenzänderung zu einem verkürzten Polypeptid führen.

41 a

Aminosäure-Sequenz:	Phe –	His –	Met –	Ala –	Leu –	Gly –
Basensequenz der mRNA:	UUU	CAU	AUG	GCG	CUA	GGG
oder:	UUC	CAC		GCA	CUU	GGU
oder:				GCC	CUG	GGC
oder:				GCU	CUC	GGA
oder:					UUA	
oder:					UUG	

b veränderte

Aminosäure-Sequenz:	Phe –	Leu –	Trp –	Arg –	Ile –	Gly –
Basensequenz der mRNA:	UUU	CUA	UGG	CGC	AUA	GGG
oder:	UUC	CUU		CGU	AUU	GGU
oder:		CUG		CGG	AUC	GGC
oder:		CUC		CGA		GGA
oder:		UUA		AGA		
oder:		UUG		AGG		

c Das 2. Nukleotid des 2. Tripletts (mit Base A) ging verloren, vor das erste Nukleotid des vorletzten Tripletts wurde ein Adenin-Nukleotid eingefügt.

d Das linke Ende der Aminosäure-Sequenz entspricht dem 5'-Ende der mRNA.

42 a Bei der Proteinbiosynthese wird der codogene Strang des Gens für die Bildung der β-Ketten des Hämoglobins transkribiert. Die RNS-Polymerase katalysiert die Ablesung in 3'-5'-Richtung. Wenn die angegebene DNA-Sequenz den codogenen Strang darstellt, ergibt sich folgende mRNA, wobei die Base Thymin durch Uracil ersetzt wird:

Ausschnitt aus dem Gen für normale Hämoglobinbildung:

DNA-Sequenz:	3' TAC	CAG	GTA	AAT	TGA	GGG	**CTC**	CTC ... 5'
mRNA-Sequenz:	5' AUG	GUC	CAU	UUA	ACU	CCC	**GAG**	GAG ... 3'

Da die gebildete mRNA-Sequenz als erstes Triplett das Startcodon AUG aufweist, stellt die angegebene DNA-Sequenz den codogenen Strang dar.
Nach der Translation liegt folgende Aminosäuresequenz vor:

AS-Sequenz:	Met	Val	His	Leu	Thr	Pro	**Glu**	Glu ...

Für die Bildung von Sichelzell-Hämoglobin ergibt sich:

DNA-Sequenz:	3' TAC	CAG	GTA	AAT	TGA	GGG	**CAC**	CTC ... 5'
mRNA-Sequenz:	5' AUG	GUC	CAU	UUA	ACU	CCC	**GUG**	GAG ... 3'
AS-Sequenz:	Met	Val	His	Leu	Thr	Pro	**Val**	Glu ...

b Die DNA-Sequenzen für normales und Sichelzell-Hämoglobin stimmen bis auf eine Base im vorletzten angegebenen Triplett überein. Durch Punktmutation wurde die Base Thymin durch Adenin ersetzt. Der Basenaustausch führt bei der Translation des Sichelzellgens zum Einbau der Aminosäure Valin in das Polypeptid (β-Kette) anstelle der Aminosäure Glutaminsäure. Der Rest der Aminosäure Valin ist relativ klein und unpolar, während der Glutaminsäurerest größer und negativ geladen ist. Dadurch verändern sich die räumliche Struktur und Löslichkeit des Sichelzell-Hämoglobins. Bei homozygoten Kranken bildet sich unter Sauerstoffmangel die Sichelform der roten Blutkörperchen aus.

43 Falsch sind die Aussagen a, c, d.

44 a Ein Gen ist der DNA-Abschnitt, dessen primäres Genprodukt ein Polypeptid oder Protein ist (siehe S. 70 f.).

b Eine Ausnahme stellen die Operatorgene dar, da sie zur Regulation der Genaktivität beitragen und nicht für bestimmte Eiweißstoffe codieren.

45 Bei Experimenten, die die DNA zum Gegenstand haben, wird Thymidin als Marker verwendet, weil Thymin als Base nur in der DNA und nicht in den Ribonukleinsäuren vorkommt.

46 a Eine Punktmutation ist eine Genmutation, bei der nur ein einziges Basenpaar verändert wird.

b Sichelzellenanämie. Durch den Austausch einer einzigen Base wird anstelle der Aminosäure Glutamin die Aminosäure Valin in das Hämoglobinmolekül eingebaut.

47 Ein Enzym besteht aus einigen hundert Aminosäuren. Wird das 4. Nukleotid herausgebrochen, ändert sich ab der 2. Aminosäure die gesamte Sequenz der folgenden Aminosäuren. Die Folge ist eine totale Veränderung der Tertiärstruktur dieses Enzyms. Wird die 4. Base ausgetauscht, wird nur die 2. Aminosäure dieses Enzyms verändert. Dies bedingt keine oder nur eine geringe Änderung der Tertiärstruktur und damit keine oder nur eine geringe Veränderung der Wirksamkeit dieses Enzyms.

48 Ein Basenanalogon ist eine chemische Verbindung, deren Struktur einer Pyrimidin- oder Purinbase ähnelt und eine solche ersetzen kann.
Konkretes Beispiel: Bromuracil; es wird in seiner Ketoform anstelle der Base Thymin eingebaut. Durch Umlagerung in die Enolform ähnelt Bromuracil der Base Cytosin und wird mit Guanin gepaart. Nach der Replikation enthält der eine Tochterstrang das Basenpaar bU–A, der andere an dieser Stelle das ausgetauschte Basenpaar C–G.

49 (1) Doppelstrangbruch der DNA
(2) Einzelstrangbruch der DNA
(3) Punktmutation (nur eine Base der DNA wird verändert.)
Strahl 1 hat die schwerwiegendsten Folgen, da hier ein Doppelstrangbruch der DNA vorliegt. Die Information wird in beiden Strängen verändert, wenn z. B. Fehler bei der Replikation auftreten.

50 Direkte Einwirkung radioaktiver Strahlung auf die DNA führt zu Einzel- oder Doppelstrangbrüchen der DNA oder zu chemischen Veränderungen der Basen.
Durch Einwirkung radioaktiver Strahlung auf die Wassermoleküle einer Zelle kommt es zur Radiolyse des Wassers. Die dabei frei werdenden Radikale reagieren mit den Bausteinen der DNA und führen ebenfalls zur Veränderung der genetischen Information.

51 Eine Genmutation in einer somatischen Zelle kann zur Bildung eines bösartigen Tumors führen. Vielfach sterben solche Zellen aber auch ab und es zeigt sich keine äußerliche Wirkung. Ist eine Keimzelle von einer Genmutation betroffen, so tritt diese Mutation bei den Nachkommen auf, vorausgesetzt, diese Keimzelle kommt auch zur Befruchtung. Ist die Urkeimzelle von einer Genmutation betroffen, werden alle sich daraus entwickelnden Keimzellen diese Mutation tragen. Mit jeder Keimzelle, die zur Befruchtung kommt, wird diese Mutation an die Nachkommen weitergegeben. Am folgenschwersten ist daher eine Genmutation in einer Urkeimzelle.

52 Die Ozonschicht stellt einen Filter für die energiereichen UV-Strahlen dar. UV-Strahlen wirken mutagen, d. h. sie können die Erbinformation verändern, z. B. durch Dimerisierung von Thyminbasen. Krebszellen entstehen sehr wahrscheinlich durch Veränderung des genetischen Materials. Mehr UV-Strahlen bedingen mehr DNA-Veränderungen und erhöhen dadurch die Wahrscheinlichkeit der Entstehung von Krebszellen.

53 Fotoreaktivierung; Exzisions- und Postreplikations-Reparatur (Beschreibung siehe S. 87).

54 a Regulatorgen, Operatorgen, Strukturgene

b Regulatorgen: Sein Genprodukt ist ein allosterisches Enzym, das in seiner aktiven Form das Operatorgen besetzt (Schlüssel-Schloss-Prinzip) und dadurch eine Transkription der Strukturgene verhindert.
Operatorgen: Es ist den Strukturgenen vorangestellt und kontrolliert ihre Aktivität. Eine Bindestelle ermöglicht die Anlagerung des aktiven Repressors.
Strukturgene: Ihre Genprodukte sind Enzyme, die die Umsetzung bestimmter Stoffe katalysieren.

c Das Regulatorgen ist vom Operon (Promotor, Operatorgen und Strukturgene) räumlich getrennt, da es über den Repressor mit dem Operatorgen in Kontakt treten kann. Operatorgen und Strukturgene müssen räumlich verbunden sein, um die Ablesung durch die RNA-Polymerase zu ermöglichen.

d Inaktivierung des Regulatorgens: Der Repressor fehlt oder ist funktionslos, das Operon ist ständig aktiv, die Enzyme zum Laktoseabbau werden laufend gebildet, gleichgültig, ob Laktose vorhanden ist oder nicht.
Inaktivierung des Operators: eine Bindung des Repressors ist nicht mehr möglich; Folgen wie oben.
Inaktivierung eines Strukturgens: Es wird z. B. durch Mutation ein fehlerhaftes Enzym gebildet, der Abbau der Laktose ist unmöglich oder gestört (Stoffwechselblock).

55 richtig: c, e, f, g, h
falsch: a, b, d, i

56 Es können vier verschiedene Spermien entstehen.

57 a Mitose: Findet in allen Körper- oder Somazellen statt.
Meiose: Findet in den Keimdrüsen (Gonaden) bei der Bildung der Geschlechtszellen statt.

b Mitose: Aus einer Mutterzelle entstehen zwei identische Tochterzellen. Meiose: Aus einer Mutterzelle (Urkeimzelle) entstehen vier nicht identische Tochterzellen mit jeweils halbiertem (haploidem) Chromosomensatz (beim Mann vier Spermazellen; bei der Frau eine Eizelle und drei Richtungskörperchen).

c Mitose: Erzeugung von erbgleichen Zellen. Meiose: Erzeugung von erbungleichen Zellen (mit unterschiedlicher genetischer Information) durch zufällige Verteilung von väterlichen und mütterlichen Chromosomen und Stückaustausch von Chromosomen durch Crossing-over.

58

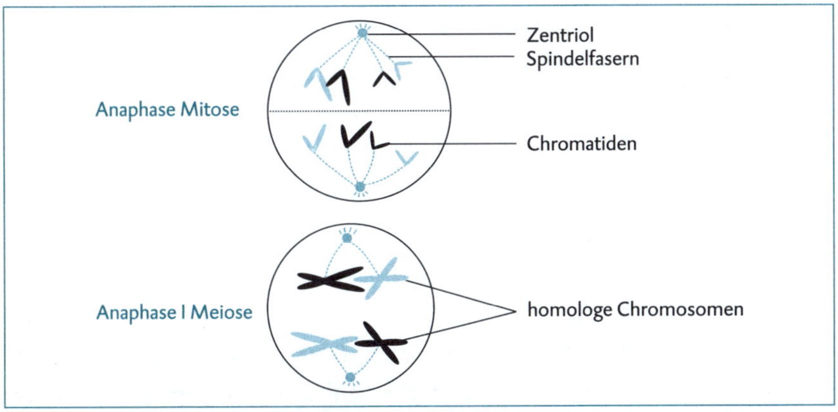

59 Das Anaphasechromosom besteht nur aus einem Chromatid.

60
- Ungünstige rezessive Gene treten im Phänotyp nicht gleich in Erscheinung.
- Bei diploiden Organismen kommt es zu einer Neukombination von Genen, was bei haploiden Organismen nicht möglich ist.
- Genetische Information bzgl. eines Merkmals ist doppelt vorhanden. Bei der Schädigung eines Gens kann das homologe Gen die Funktion noch teilweise aufrechterhalten.

61 Sie erhöht die genetische Variabilität durch
- zufällige Verteilung der Chromosomen während der Reduktionsteilung in der Meiose,
- zufällige Neukombination von väterlichen und mütterlichen Chromosomen bei der Befruchtung,

- Trennung von gekoppelten Genen beim Crossing-over während der Keimzellenbildung.

62

Spermatogenese	Oogenese
Bildung von vier gleich großen Spermien	Bildung von einer großen Eizelle und drei Richtungskörperchen
Reduzierung des Zytoplasmas	ungleichmäßige Verteilung des Zytoplasmas

63 Der Spindelapparat während der Äquationsteilung (2. Reifeteilung) wird nicht ausgebildet, sodass die Chromosomen in Chromatiden getrennt, aber nicht zu den Polen gezogen werden. Die Eizelle enthält die doppelte Anzahl von Chromosomen.

64 a Im Karyogramm ist zu erkennen, dass nur 45 Chromosomen vorhanden sind und ein X-Chromosom fehlt. Das Mädchen weist den Karyotyp 45, X0 auf. Diese Genommutation wird als Turner-Syndrom bezeichnet. Typisch dafür sind eine geringe Körpergröße, ein breiter Hals und Unfruchtbarkeit.

b Das eine X-Chromosom in den Zellen des Mädchens muss von ihrer Mutter stammen, da es keinen Gendefekt auf dem X-Chromosom aufweist und die Erbkrankheit des Vaters nicht hat. Die Ursache der Chromosomenaberration ist also ein Fehler bei der Spermienbildung des Vaters. In der Meiose trat ein Nondisjunction ein: entweder wurde bei der Reduktionsteilung das homologe XY-Chromosomenpaar nicht getrennt oder bei der Äquationsteilung die beiden Chromatiden des X-Chromosoms zwar getrennt, aber nicht auf verschiedene Zellen verteilt (Skizzen siehe Lösung Aufgabe 65). In beiden Fällen entstehen Spermien ohne Gonosom (X-Chromatid). Ein solches Spermium befruchtete eine normale Eizelle mit einem X-Chromatid.

65 Nondisjunction (N!) in der Reduktions- (R) und Äquationsteilung (Ä) der Meiose (Spermienbildung):

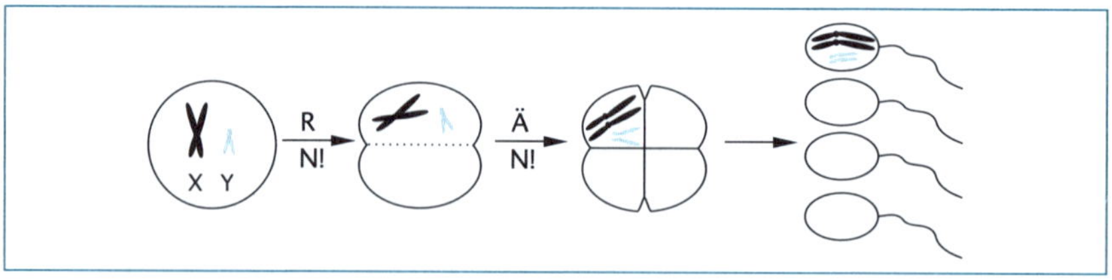

66 Bei der Spermatogenese:

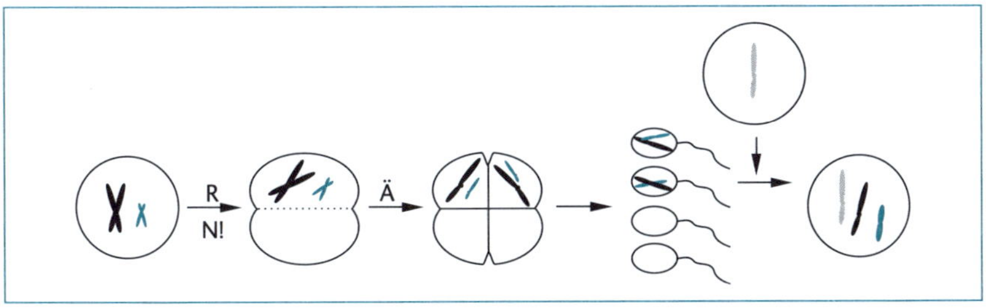

Bei der Oogenese:

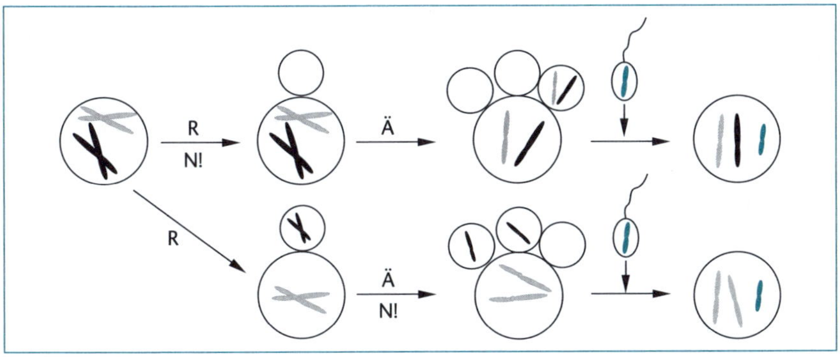

67 a z. B. überdurchschnittlich groß, fruchtbar, fast normaler IQ

b

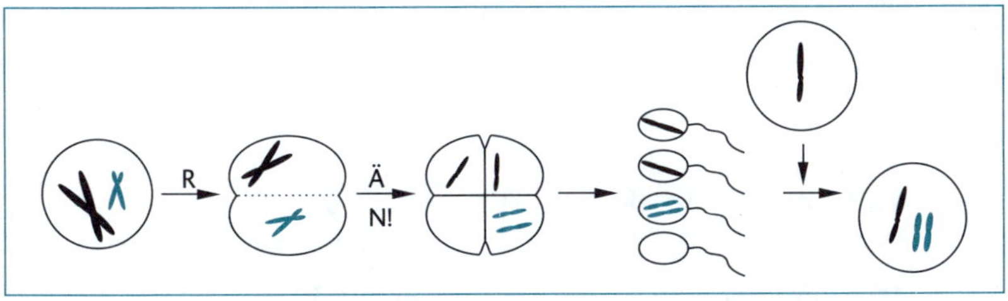

68 Nondisjunction eines Chromosoms 21 bei der 1. Zellteilung der Zygote führt zu einer Zelle mit drei Chromosomen Nr. 21 und zu einer Zelle mit einem Chromosom Nr. 21. Die letztgenannte Zelle ist nicht lebensfähig (autosomale Monosomie). Aus der trisomen Zelle werden durch normale mitotische Teilungen immer nur trisome Zellen entstehen. Wenn alle Zellen des Körpers das Chromosom 21 dreimal enthalten, führt dies zur Ausbildung des Down-Syndroms.

69 a Es handelt sich um einen dihybriden, intermediären (Farbe) bzw. dominant-rezessiven (Blütenrand) Erbgang.

b Wortlaut der 1. mendelschen Regel: siehe S. 113
Die F_1-Generation ist untereinander gleich: violette, glatte Blütenblätter.

c Eltern: RRFF × BBff; F_1-Generation: RBFf

d Es treten sechs verschiedene Phänotypen auf: violett-glatt; rot-glatt; blau-glatt; violett-fransig; blau-fransig; rot-fransig.

e Am häufigsten vorhanden ist der Phänotyp: violett-glatt (6mal)
Am seltensten vorhanden sind die Phänotypen: rot-fransig und blau-fransig (je 1mal).

f Phänotypenverhältnis: rot-glatt : violett-glatt : blau-fransig = 1 : 2 : 1

Erbschema:

P-Generation:	R/F R/F		B/f B/f	
Keimzellen (P):	R/F	R/F	B/f	B/f
F_1-Generation:	R/F B/f		R/F B/f	
Keimzellen (F_1):	R/F	B/f	R/F	B/f
F_2-Generation:	R/F R/F	R/F B/f	R/F B/f	B/f B/f
Phänotypen:	rot-glatt	violett-glatt		blau-fransig
	1	: 2 :		1

70 a P-Generation: AABB × aabb
F_1-Generation: AaBb

b Nur zwei, AB und ab, da die Gene für Farbe und Stielform auf einem Chromosom liegen (Möglichkeit des Crossing-overs ausgenommen):

$\begin{vmatrix} A \\ B \end{vmatrix}$ und $\begin{vmatrix} a \\ b \end{vmatrix}$

c Diese Pflanzen können nur durch Crossing-over in der Meiose entstanden sein. Dadurch wurden die gekoppelten Gene entkoppelt, was zur Bildung der Ausnahmefälle führte.

71 Wortlaut der 3. mendelschen Regel: siehe S. 117. Diese Regel gilt nicht, wenn die zu untersuchenden Gene gekoppelt sind, d. h. auf einem Chromosom liegen.

72 Man muss diese rot blühenden Pflanzen untereinander kreuzen und die Nachkommen auf die Blütenfarbe untersuchen. Treten (bei einer genügend hohen Anzahl von Nachkommen) immer nur rot blühende Pflanzen auf, kann man davon ausgehen, dass die Pflanze reinerbig ist.

73 a Dominant sind die Merkmale schwarz und einfarbig.

b Allel für schwarz: A   Allel für einfarbig: B

Allel für braun: a   Allel für gescheckt: b

Rasse 1: AaBb, Rasse 2: aabb

c Es handelt sich um eine dihybride Rückkreuzung.

d

	ab	ab	Phänotypen:
AB	AaBb	AaBb	schwarz-einfarbig
ab	aabb	aabb	braun-gescheckt
Ab	Aabb	Aabb	schwarz-gescheckt
aB	aaBb	aaBb	braun-einfarbig

74 Wortlaut der 2. mendelschen Regel: siehe S. 116. Jedes Beispiel eines monohybriden intermediären Erbgangs ist geeignet, bei dem die F_1-Generation untereinander gekreuzt wird: so ergibt z. B. die Kreuzung von zwei rosa blühenden Pflanzen (bei intermediärer Vererbung der Farben rot und weiß) in der Folgegeneration: rot : rosa : weiß = 1 : 2 : 1

75 a Zeilkarpfen AaBb × aabb Spiegelkarpfen

	ab	Phänotyp
AB	AaBb	Zeilkarpfen
Ab	Aabb	Schuppenkarpfen
aB	aaBb	Lederkarpfen
ab	aabb	Spiegelkarpfen

b Lederkarpfen aaBb × aaBb

	aB	ab	Phänotyp
aB	**aaBB**	aaBb	Lederkarpfen
ab	aaBb	*aabb*	Spiegelkarpfen

aaBB: letale Genkombination (mit $\frac{1}{4} = 25\,\%$ Wahrscheinlichkeit)

76 a Am wahrscheinlichsten ist: Das Kind ist kurzfingrig oder schwerhörig. *Begründung:* Da die beiden von den Eltern geerbten Gene der Frau auf verschiedenen Chromosomen liegen müssen (eines stammt vom Vater und eines von der Mutter), werden die Gene normalerweise auch getrennt weitervererbt.

b Nur wenn es zu einem Crossing-over in der Meiose kommt. Die Gene für Kurzfingrigkeit und Schwerhörigkeit können dadurch in einem Chromosom gekoppelt werden. Da die beiden Genorte aber sehr eng beieinander liegen, ist dies sehr unwahrscheinlich.

77 Der Mann besitzt Blutgruppe A/rhesuspositiv die Frau die Blutgruppe A/rhesusnegativ. Durch die Bluttransfusion erhielt die Frau Blutkörperchen mit Antigen D, was die Sensibilisierung (Bildung von Antikörpern D) der Mutter auslöste. Das gemeinsame Kind ist, wie der Vater, rhesuspositiv. Während der Schwangerschaft diffundierten die Antikörper aus dem mütterlichen Blut zum Kind und führten zur Verklumpung der roten Blutkörperchen, die Antigene D tragen. Als Folge der Zerstörung von roten Blutkörperchen trat Gelbsucht auf (siehe Abb. 77, S. 131).

78 Bei der Geburt können geringe Mengen kindlichen Bluts in den Kreislauf der Mutter gelangen. Die normalerweise zu erwartende Sensibilisierung der rhesusnegativen Frauen durch die kindlichen Antigene D unterbleibt, weil die Antigene A, die sich ebenfalls auf den roten Blutkörperchen des Kindes befinden, durch die Antikörper A des mütterlichen Bluts angegriffen werden. Es kommt zur unschädlichen Verklumpung der wenigen kindlichen Blutkörperchen im Blut der Mutter und die ca. vier Wochen dauernde Antikörper-D-Bildung tritt nicht ein.

79 a

Genotyp Vater:	$I^A i$/Dd	(oder A0/Rh^+rh^-)
Mutter:	ii/dd	(oder 00/rh^-rh^-)
Kind:	ii/dd	(oder 00/ rh^-rh^-)

Begründung: Da das Kind das rezessive Merkmal rhesusnegativ reinerbig besitzen muss, damit es phänotypisch auftritt, muss der Vater bezüglich des Rhesusfaktors mischerbig sein.
Weil das Antigen A über 0 dominiert, muss das Kind bei Blutgruppe 0 das Antigen 0 auch vom Vater erhalten haben; dieser muss also den Genotyp A0 haben.

b

Eltern:	Vater A0 Rh^+ rh^-		Mutter 00 rh^- rh^-	
Keimzellen:	A Rh^+, 0 Rh^+, A rh^-, 0 rh^-		0 rh^-	
Kinder:	A0 Rh^+ rh^-,	00 Rh^+ rh^-,	A0 rh^- rh^-,	00 rh^- rh^-
	25 % :	25 % :	25 % :	25 %

Wahrscheinlichkeit für ein Kind mit Blutgruppe 0/rhesuspositiv: 25 %.

80 Alle drei Kinder können von diesem Elternpaar abstammen, da der Blutgruppe A des einen Elternteils der Genotyp A0 entsprechen kann. Dieser kann sein Allel 0 z. B. an das Kind mit Blutgruppe B (Genotyp dann B0) weitergegeben haben. Das Kind mit der Blutgruppe AB erhielt das Allel A vom Elternteil mit Blutgruppe A und das Allel B vom Elternteil mit AB. Das Kind mit Blutgruppe A kann den Genotyp AA oder A0 aufweisen.

81 a Es handelt sich um ein autosomal-rezessives Erbleiden:

- dominant-rezessiver Erbgang: Aus der Ehe der phänotypisch gesunden Frau Nr. 3 mit einem ebenfalls phänotypisch gesunden Mann geht ein krankes Kind hervor. Das Ehepaar ist mischerbig, das Kind reinerbig rezessiv.

- autosomaler Erbgang: Aus der Ehe der phänotypisch gesunden Frau Nr. 2 und ihrem gesunden Mann geht eine kranke Tochter hervor. Bei einem gonosomalen Erbgang wäre nur ein kranker Sohn möglich.

Genotypen: 1: AA oder Aa; 2: Aa; 3: Aa; 4: aa

b Der genetische Defekt bewirkt einen Enzymmangel: Phenylalanin kann nicht in Tyrosin umgewandelt werden. Es kommt zu Phenylalaninüberschuss und Tyrosinmangel. Die Folgen davon sind ein verändertes Zellmilieu, die Veränderung des Nervengewebes und Schwachsinn. Phenylalanin wird teilweise in Phenylbrenztraubensäure umgewandelt und im Harn ausgeschieden.

c Wird der Defekt am Neugeborenen 4 festgestellt (Nachweis des Phenylalaninüberschusses im Blut), erhält es bis zum Alter von 10 Jahren eine phenylalaninarme, tyrosinreiche Diät. Danach ist das Gehirn ausgereift und es sind keine Schädigung mehr zu erwarten.

82 Stammbaum A: Die Eltern (1 und 2) sind phänotypisch gesund und haben Kinder (3 und 6), die Merkmalsträger sind. ⇒ Die Personen 1 und 2 haben den Genotyp Aa, ihre Kinder 3 und 6 den Genotyp aa. ⇒ Weil die Personen 1 und 2 keine Merkmalsträger, aber Konduktoren sind, wird das Merkmal rezessiv vererbt. Ein X-chromosomaler Erbgang kann ausgeschlossen werden, weil die Person 5 gesund (X_AY) ist und als Vater sein X_A an Selina vererbt haben müsste. Das Mädchen wäre folglich gesund.

Stammbaum B: Die Eltern (1 und 2) sind phänotypisch Merkmalsträger und haben Kinder (4 und 7), die phänotypisch gesund sind. ⇒ Die Personen 1 und 2 haben den Genotyp Aa, ihre Kinder 4 und 7 den Genotyp aa ⇒ Weil die Personen 1 und 2 Merkmalsträger sind, zeigt Stammbaum B einen dominanten Erbgang.

⇒ für Selina kommt nur der Stammbaum A in Frage.

83 a dominantes Allel für normale Muskeln: A
rezessives Allel für Muskeldystrophie: a
dominantes Allel für Farbtüchtigkeit: B
rezessives Allel für Rotgrünblindheit: b

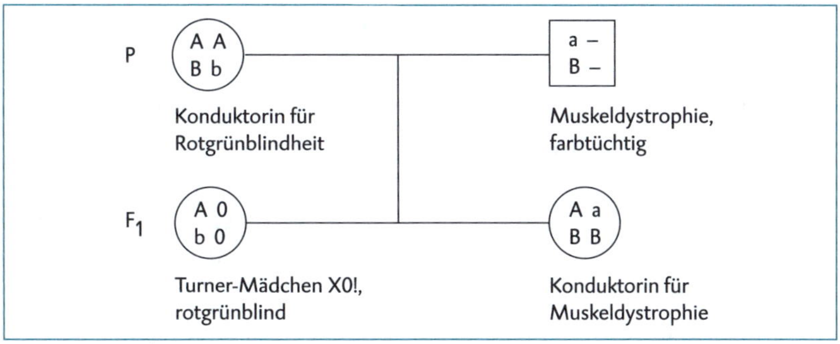

b

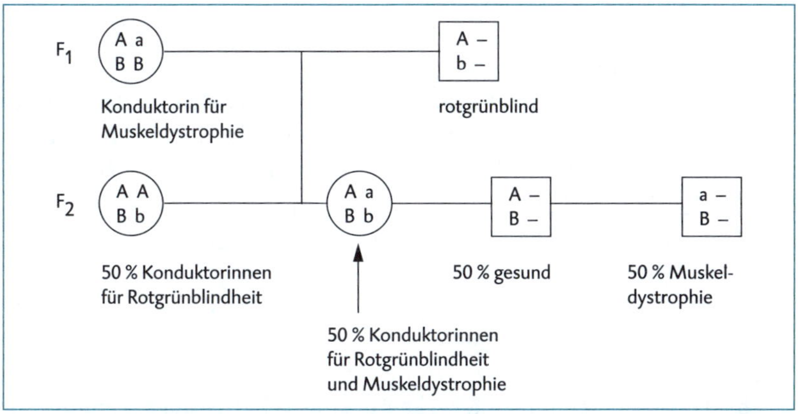

84 a Der Sohn hat die Rotgrünblindheit von der Mutter geerbt. Der Vater ist hemizygot, d. h. das Y-Chromosom trägt kein Allel für Farbtüchtigkeit oder Rotgrünblindheit. Die Mutter muss also Konduktorin der Rotgrünblindheit sein.

b Die Tochter hat von beiden Elternteilen das defekte Allel, das auf den X-Chromosomen lokalisiert ist, geerbt.

85 Tochter reinerbig gesund, ihr Partner ebenfalls reinerbig gesund ⇒ alle Kinder phänotypisch gesund.

Tochter reinerbig gesund, der Partner mischerbig gesund ⇒ alle Kinder phänotypisch gesund, aber 50 % Überträger.

Tochter reinerbig gesund, ihr Partner reinerbig krank ⇒ alle Kinder phänotypisch gesund, aber alle Überträger.

Tochter mischerbig gesund, der Partner reinerbig gesund ⇒ alle Kinder phänotypisch gesund, aber 50 % Überträger.

Tochter mischerbig gesund, ihr Partner mischerbig gesund ⇒ 25 % der Kinder werden an Phenylketonurie erkranken.

Tochter mischerbig gesund, der Partner leidet an Phenylketonurie ⇒ 50 % der Kinder werden an Phenylketonurie erkranken.

86 Heterozygotentest: Injektion einer gewissen Menge Phenylalanin ins Blut. Nach einer bestimmten Zeit wird die Konzentration von Phenylalanin im Blut mithilfe des Guthrie-Tests gemessen. Bei homozygot Gesunden: niedrige Konzentration an Phenylalanin, bei heterozygot Gesunden: hohe Konzentration an Phenylalanin.

87 **a** Die Wahrscheinlichkeit beträgt 25 %.
Begründung: Phenylketonurie wird rezessiv vererbt. Beide Eltern müssen Überträger für das rezessive Gen sein, das die PKU bedingt.
A = Gen für gesund; a = Gen für krank
Genotyp der Eltern: Aa × Aa
Genotypen der Nachkommen (entsprechend dem Kombinationsquadrat):

Genotypen der Nachkommen	AA (1×)	Aa (2×)	aa (1×)
Phänotypen:	reinerbig gesund	mischerbig gesund	reinerbig krank
	25 %	50 %	25 %

b Die Wahrscheinlichkeit für das erste Kind beträgt $\frac{1}{4}$, die Wahrscheinlichkeit für das zweite Kind ebenfalls $\frac{1}{4}$. Die Wahrscheinlichkeit, dass beide Kinder an Phenylketonurie erkranken, ist somit:
$\frac{1}{4} \cdot \frac{1}{4} = \frac{1}{16} = 0{,}0625 = 6{,}25\,\%$

88 **a** Die Wahrscheinlichkeit beträgt 0 % (!).
Begründung: Es entstehen zur Hälfte Eizellen mit zwei Chromosomen 21 (‖) und solche ohne Chromosom 21 (–). Das gleiche trifft für die Samenzellenbildung zu.
Kombinationsquadrat:

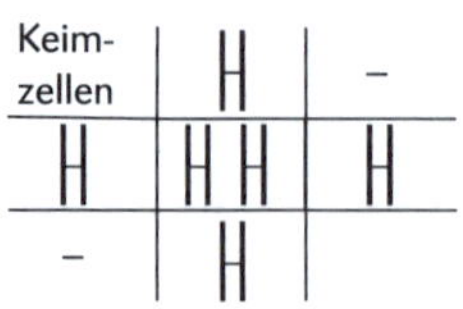

Die Nachkommen mit vier Chromosomen 21 sind nicht lebensfähig, ebenso die Nachkommen ohne Chromosom 21. Die lebensfähigen Nachkommen besitzen alle zwei Chromosomen 21 und sind daher phänotypisch gesund.

b Die Wahrscheinlichkeit beträgt 100 % (!).
Begründung: Es entstehen zur Hälfte Eizellen mit zwei Chromosomen 21 und solche ohne Chromosom 21. Die Samenzellenbildung erfolgt normal, d. h. alle Samenzellen enthalten ein Chromosom 21.
Kombinationsquadrat:

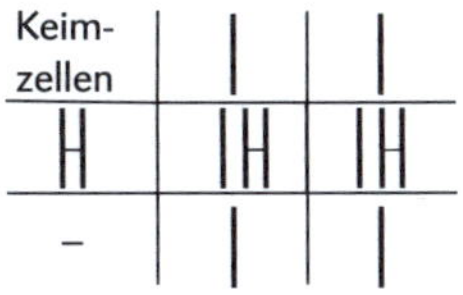

Die beiden Nachkommen mit einem Chromosom 21 sind nicht lebensfähig (autosomale Monosomie ist letal). Daher besitzen alle lebenden Nachkommen drei Chromosomen 21. Sie haben alle Trisomie 21.

89 Die Wahrscheinlichkeit beträgt 50 %. Begründung: 50 % der Eizellen der Frau mit Down-Syndrom enthalten ein Chromosom 21, 50 % zwei Chromosomen 21. Die Hälfte der befruchteten Eizellen enthält folglich drei Chromosomen, die andere Hälfte zwei Chromosomen 21.
Kombinationsquadrat:

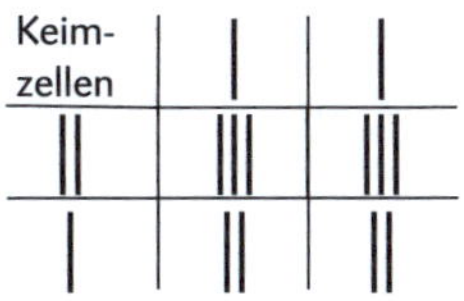

50 % der Nachkommen haben Trisomie 21.
50 % der Nachkommen sind gesund.

90 Es gibt zwei Möglichkeiten:
1 Die beiden Gene liegen gekoppelt auf einem X-Chromosom.
Wahrscheinlichkeit für Jungen = 50 %
Wahrscheinlichkeit für Mädchen = 0 % (aber 50 % Überträgerinnen)
2 Die beiden Gene liegen getrennt auf zwei X-Chromosomen.
Wahrscheinlichkeit für Jungen = 100 % (50 % Bluter; 50 % rotgrünblind)
Wahrscheinlichkeit für Mädchen = 0 % (aber alle Überträgerinnen)

91 a Die Mutter, denn das Bluter-Gen auf dem X-Chromosom des Großvaters kann nur über eine Tochter des Großvaters weitergegeben worden sein.
b Ja. Das Bluter-Gen muss von beiden Eltern vererbt sein. Der hemizygote Mann ist phänotypisch bluterkrank.
c 50 %, da sie das Bluter-Gen von der heterozygoten Mutter haben.

92 • Ultraschalluntersuchung, Amniozentese, Chorionzottenbiopsie, Nabelschnurpunktion, Chromosomenanalyse und biochemische Untersuchungen (z. B. des Fruchtwassers).
• Heterozygotentest und Stammbaumanalyse.

93 Restriktionsenzyme haben die Aufgabe, die DNA der Spenderzellen in kleine DNA-Abschnitte zu zerlegen, die dann in die Empfängerzelle übertragen werden können. Die DNA wird durch das Enzym so geschnitten, dass an den Enden kurze, überstehende Einzelstränge entstehen *(sticky ends* bzw. „klebrige Enden").

94 a Ein Basenpaar-Palindrom ist eine Reihenfolge von Basenpaaren, bei denen die obere Basenfolge von links nach rechts gelesen der unteren Basenfolge von rechts nach links gelesen entspricht.
Beispiel: TAGCTA
ATCGAT

b Spezielle Basensequenzen (Basenpaar-Palindrome) der DNA werden von den Restriktionsenzymen erkannt und (meist) mit überstehenden Enden aufgeschnitten.

95 • Ein geeignetes Plasmid in einem Bakterium wird gesucht und isoliert.
• Ein Restriktionsenzym schneidet ein Plasmid (kleines, zusätzliches, ringförmiges DNA-Molekül in der Bakterienzelle) an einer bestimmten Stelle auf. An der Schnittstelle entstehen sog. *sticky ends* („klebrige Enden").
• Aus der DNA wird mit demselben Restriktionsenzym ein Stück mit dem gewünschten Gen (z. B. Y) herausgeschnitten. Es entstehen die gleichen „klebrigen Enden".
• Das herausgeschnittene DNA-Stück wird in das Plasmid eingebaut und mittels Enzymen (Ligasen) mit den *sticky ends* des Plasmids verbunden. Das Plasmid besitzt jetzt zusätzlich das Gen Y (rekombinante DNA). Ein solches Plasmid wird als Hybridplasmid bezeichnet und dient als Vektor (Genfähre).
• Das Plasmid wird in eine Bakterienzelle übertragen (Transformation).
• Die genetisch veränderten Bakterienzellen werden kloniert (identisch vervielfacht). Sie realisieren nun die Erbinformation des Plasmids (Genexpression).

96 Gentechnische Methoden werden heute vor allem bei der Herstellung von Medikamenten angewendet. Insulin (Hormon der Bauchspeicheldrüse, das den Blutzuckerspiegel regelt), Interferon (verstärkt die Immunabwehr und ist ein Antikrebsmittel) und der Blutgerinnungsfaktor VIII werden bereits gentechnisch hergestellt.

97 Mithilfe der Gentechnik können „genetische Fingerabdrücke" hergestellt werden, die für jeden Menschen (mit Ausnahme von eineiigen Zwillingen) unterschiedlich sind. Blut- oder Spermaproben enthalten häufig nur geringe Mengen verwendbarer DNA, die zuerst durch eine PCR vervielfältigt werden müssen. In der Rechtsmedizin werden repetitive Sequenzen analysiert, das sind nicht codierende DNA-Abschnitte, in denen sich kurze Basenfolgen unterschiedlich häufig wiederholen. Diese Sequenzen sind von Mensch zu Mensch verschieden, für einen bestimmten Menschen aber typisch. DNA-Spuren lassen sich bei einem DNA-Abgleich so einer Person zuordnen.

98 Antwort siehe S. 160, 161, 162.

99 **a** Sie dient der Identifizierung eines bestimmten DNA-Strangs, der eine Basensequenz enthält, die der DNA-Sonde komplementär ist.

b Eine DNA-Sonde dient zum Auffinden von Bakterien, die ein bestimmtes Hybridplasmid enthalten. Die Bakterien (ohne Plasmid, mit Plasmid und mit dem gesuchten Hybridplasmid) wachsen auf einem Nährboden zu Kolonien heran. Man überträgt das Koloniemuster auf eine Folie. Dort werden die Bakterien abgetötet und ihre DNA wird in Einzelstränge zerlegt. Die zugegebene radioaktiv markierte DNA-Sonde verbindet sich mit den Einzelsträngen, die die zu ihr komplementäre Basensequenz aus dem Hybridplasmid aufweisen. Durch Autoradiografie können nun die Bakterienkolonien erkannt werden, die das gesuchte Hybridplasmid enthalten.

100 Mithilfe dieses Enzyms kann mRNA in DNA übersetzt werden.

101 Das Ti-Plasmid (tumorinduzierendes Plasmid) stammt aus *Agrobacterium tumefaciens*. Bakterien mit Ti-Plasmid lösen am Wurzelhals einer Pflanze Tumore aus. Die tumorinduzierenden Gene können gegen

Fremd-DNA und Marker-Gene ausgetauscht werden. Das Ti-Plasmid dient dann als Vektor zur Übertragung pflanzlicher Gene.

102 Abschnitte der DNA können durch die Polymerase-Kettenreaktion vervielfältigt werden:

- Trennung des Doppelstrangs (Denaturierung durch Erhitzen) des zu untersuchenden DNA-Abschnitts in die Einzelstränge, die als Matrize zur Synthese neuer DNA dienen,
- Anlagerung eines Primers (künstliches Oligonukleotid) am 3'-Ende der Einzelstränge, sodass durch komplementäre Basenpaarung ein kurzes Doppelstrangstück entsteht,
- DNA-Replikation durch eine DNA-Polymerase (die das Doppelstrangstück als Ansatzstelle benötigt) mit zugegebenen Nukleotidtriphosphaten.

Eine Wiederholung dieser drei Schritte (bis zu 40-mal) führt zu einer exponentiellen Vermehrung des DNA-Abschnitts.

103 Dendriten: Aufnahme von Erregung von anderen Neuronen über Synapsen und Weiterleitung an den Zellkörper.
Zellkörper (Soma): Verarbeitung der Erregung, die über die Dendriten ankommt, und Ausbildung von Nervenimpulsen, die über das Axon geleitet werden können.
Axon (Neurit): Weiterleitung der Impulse bis in die Endknöpfchen, die Synapsen mit anderen Neuronen bilden.

104 Gliazellen stützen und schützen die Nervenzellen und versorgen sie mit Sauerstoff und Nährstoffen. Als Schwannsche Zellen umhüllen sie die Axone.

105 Myelin enthält vor allem Lipoide und Proteine. Lipoide (fettähnliche Substanzen) besitzen nur eine sehr geringe elektrische Leitfähigkeit. Myelin wirkt deshalb isolierend.

106 Die Schwannschen Zellen wickeln sich während ihres Wachstums um das Axon. Dabei befindet sich das Zytoplasma mit den Zellorganellen immer in der äußersten Windung. Die inneren Windungen bestehen aus aufeinander liegenden Zellmembranen (= Myelinscheide).

107 Unter dem Ruhepotenzial versteht man die elektrische Spannung in Höhe von –70 mV zwischen dem Membraninneren und dem Membranäußeren einer nicht erregten Nervenfaser.

108 siehe Abb. 95, S. 175: Außenelektrode, Messgerät, Innenelektrode und Axon

109 Richtige Aussagen: b, c, e

110 **a** Das Ruhepotenzial wird positiver.
Begründung: Positive Kaliumionen wandern ins Innere und neutralisieren negative organische Anionen. Negative Chloridionen strömen in sehr geringem Ausmaß ein und haben daher kaum Einfluss auf das Ruhepotenzial.

b Das Ruhepotenzial wird etwas negativer.
Begründung: Na+ und Cl– wandern in geringem Maß ins Zellinnere (etwas mehr Na+ als Cl–). Die Natriumionen werden aber durch die Natrium-Kalium-Pumpe wieder nach außen befördert.

c Das Ruhepotenzial wird geringfügig positiver.
Begründung: Weniger Chloridionen wandern ins Zellinnere und erhöhen die negative Ladung weniger stark.

111 Der Betrag des Ruhepotenzials ändert sich nicht, das Ruhepotenzial wird sich aber langsamer aufbauen.
Begründung: Bei niedriger Temperatur laufen chemisch-physikalische Vorgänge langsamer ab, auch die Wanderung der Ionen durch die Axonmembran.

112 Das Messgerät wird eine andere Spannung als –70 mV anzeigen.
Begründung: Cyanidionen CN^- der Blausäure hemmen die ATP-Bildung in der Atmungskette der Zellatmung (in den Mitochondrien). Steht keine Energie in Form von ATP zur Verfügung, kann die Na-K-Pumpe nicht arbeiten. In die Zelle einströmende Natriumionen werden daher nicht mehr ins Außenmedium transportiert. Das Ruhepotenzial sinkt laufend ab (wird positiver).

113 Alle Konzentrationen im Außenmedium werden verdünnt. Die Kaliumionenkonzentration im Außenmedium sinkt. Es wandern mehr Kaliumionen von innen nach außen. Folge: Das Ruhepotenzial wird negativer, da mehr organische Anionen im Vergleich zu positiven Kaliumionen übrigbleiben.

114 Bei Abwesenheit von Sauerstoff wird im Organismus keine Energie freigesetzt. Aus diesem Grund kann kein ATP aufgebaut werden. Fehlt das ATP, kann auch die Na-K-Pumpe nicht funktionieren. In diesem Fall werden die einströmenden Natrium- und Kaliumionen nicht mehr aus dem Zellinneren gepumpt, das Ruhepotenzial wird deshalb positiver.

115 a

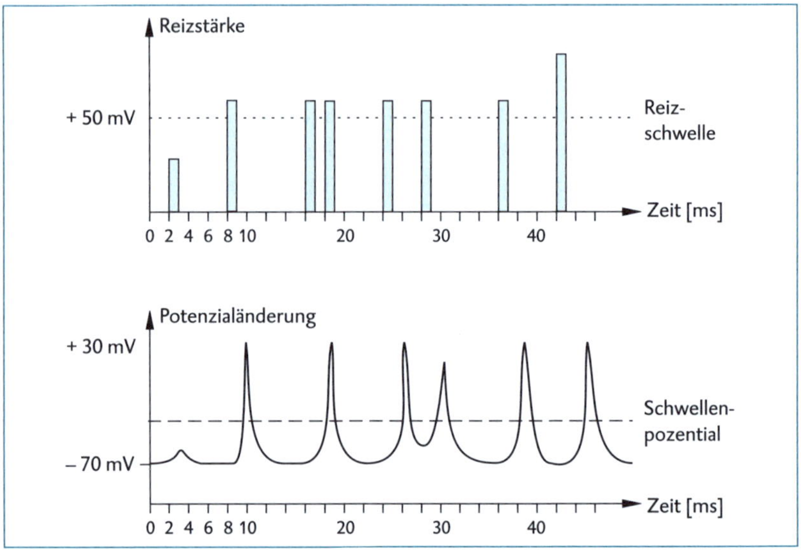

b Die intrazelluläre Reizelektrode muss mit dem positiven Pol der Reizquelle verbunden sein, um eine Depolarisation der an der Innenseite negativen Membran zu erzeugen.
Die Messelektrode muss in unmittelbarer Nähe zur Reizelektrode eingestochen werden, damit ein lokales Potenzial, das mit der Ausbreitung rasch schwächer wird, registriert werden kann.

116 a Das Ruhepotenzial wird positiver.
Begründung: Im Ruhezustand ist die Membran gut durchlässig für Kaliumionen. Da das Außenmedium jetzt mehr Kaliumionen enthält, verringert sich das Konzentrationsgefälle zwischen außen und innen.

Es strömen mehr Kaliumionen ein, die die negativen Ladungen von organischen Anionen aufheben, und das Potenzialgefälle sinkt.

b Das Aktionspotenzial erreicht nicht mehr den Spitzenwert von +30 mV.
Begründung: Durch die künstliche Reizung wird die Permeabilität der Membran für Natriumionen kurzfristig erhöht. Da die Natriumionen-Konzentration geringer ist, erfolgt ein geringerer Natriumionen-Einstrom. Die Depolarisation ist weniger stark.

117
- Sie isolieren besser, dadurch schnellere Erregungsleitung.
- Sie sind dünner, daher Materialeinsparung.
- Energieeinsparung, da Energie verbrauchende Vorgänge der Na-K-Pumpe seltener ablaufen.

118 Die Ranvierschen Schnürringe sind nicht weiter voneinander entfernt, da sonst das Aktionspotenzial im Axon nicht weitergeleitet werden würde. Wäre der Abstand zwischen zwei Schnürringen zu groß, würde beim nächsten Ranvierschen Schnürring die Reizschwelle zur Auslösung eines neuen Aktionspotenzials nicht überschritten.

119 Die saltatorische Erregungsleitung erfolgt durch plötzlichen Einstrom von Natriumionen an den Ranvierschen Schnürringen aufgrund eines ankommenden Aktionspotenzials. Die dadurch ausgelöste Depolarisierung reicht überschwellig bis zum nächsten Ranvierschen Schnürring und löst dort erneut ein Aktionspotenzial aus. Das Aktionspotenzial springt von Schnürring zu Schnürring. Saltatorische Erregungsleitung findet man bei myelinisierten Nervenfasern. Ihr funktioneller Wert liegt in der Materialeinsparung und in der größeren Fortpflanzungsgeschwindigkeit des Aktionspotenzials.

120 a Es kommt zu einer Depolarisierung (lokales Potenzial).
b Es kommt zur Ausbildung eines Aktionspotenzials. Das Aktionspotenzial breitet sich sowohl zum Axonanfang als auch in Richtung Axonende aus.
c Es kommt zu einer Hyperpolarisierung.

121 An beiden gereizten Stellen entsteht ein Aktionspotenzial. Die beiden Aktionspotenziale wandern aufeinander zu. Beim Aufeinandertreffen löschen sie sich wegen der absoluten Refraktärzeit gegenseitig aus.

122 a Die Depolarisierung reicht so weit, dass auch noch der auf die blockierten Schnürringe folgende Schnürring überschwellig depolarisiert wird.

b Ob es zu einem AP kommt, hängt zwar davon ab, ob der Schwellenwert überschritten wird (Alles-Oder-Nichts-Reaktion), wie schnell das AP sich aber ausbildet hat mit der Stärke des überschwelligen Reizes zu tun. Je stärker überschwellig der Reiz ist, desto mehr Na^+-Ionenkanäle werden geöffnet und desto schneller nimmt die Na^+-Permeabilität der Membran zu. Die Leitungsgeschwindigkeit verringert sich dementsprechend, da bei der Ausbreitung des elektrischen Feldes über drei blockierte Schnürringe hinweg die Depolarisierung nur noch schwach überschwellig ist. Es dauert also länger, bis sich das Aktionspotenzial aufbaut (Na^+-Aufschaukelungsprozess).

123 Da das Na^+-Konzentrationsgefälle zwischen außen und innen geringer wird, strömen beim Auslösen eines Aktionspotenzials weniger Na^+-Ionen nach innen. Es entsteht wahrscheinlich kein volles Aktionspotenzial, sondern eventuell nur ein lokales Potenzial.

124 Ein Aktionspotenzial kann, aufgrund der absoluten Refraktärzeit, nur in eine Richtung weitergeleitet werden. Nach der Auslösung eines Aktionspotenzials kann der soeben erregte Axonabschnitt etwa 2 ms lang nicht mehr erregt werden. Aus diesem Grund können auch nicht gleichzeitig oder kurz hintereinander zwei Aktionspotenziale in entgegengesetzte Richtungen geleitet werden. Der Organismus benötigt daher zwei eigene Leitungsstränge für die Erregungsleitung vom und zum Gehirn, nämlich die efferenten und die afferenten Nervenfasern.

125 Das Ruhepotenzial des linken Axons (1) ändert sich nicht, das des rechten Axons (3) ändert sich. *Begründung:* Durch die überschwellige Depolarisierung entsteht im mittleren Axon (2) ein Aktionspotenzial, das sich nach beiden Seiten ausbreitet. Am Axonende wird es durch die Synapse auf das rechte Neuron (3) übertragen und kann in diesem nachgewiesen werden.

Das Aktionspotenzial, das in Richtung des Somas des mittleren Neurons wandert, wird am Soma gestoppt bzw. nicht auf das Axon (1) übertragen.

126 Bei der Erregungsleitung wird zunächst ein Abschnitt der Axonmembran überschwellig depolarisiert. Dies führt zu einer Konformationsänderung der Membranproteine. Dadurch strömen Natriumionen ein. Dies führt zu weiterer Depolarisierung, weiterer Konformationsänderung und somit zu erneutem Einstrom von Natriumionen usw.

127 Das lokale Potenzial ist schwächer ausgebildet als das Aktionspotenzial. Es kommt hierbei noch zu keiner Umpolung an der Axonmembran. In beiden Fällen handelt es sich um eine aktive Antwort (überproportionale Depolarisierung) des Neurons.

128 Durch Kaliumcyanid wird die ATP-Bildung in der Atmungskette der Zellatmung gehemmt. Da die Na-K-Pumpe ohne den Energieträger ATP nicht mehr arbeiten kann, wird das Konzentrationsgefälle von Na^+ und K^+ geringer. Die Amplitude des Aktionspotenzials wird immer kleiner.

129 Richtig sind die Aussagen b und c.

130 Die Leitungsgeschwindigkeit wird durch die Faktoren a, b und c erhöht.

131 Wenn die Acetylcholinesterase durch E 605 gehemmt wird, kann Acetylcholin im synaptischen Spalt nicht mehr gespalten werden und besetzt dauerhaft die Rezeptoren der subsynaptischen Membran. Die Na^+-Kanäle bleiben offen, der Na^+-Einstrom hält weiter an. Es kommt zu einer ständigen Depolarisation der subsynaptischen Membran und zur Auslösung von Muskelaktionspotenzialen an der postsynaptischen Membran (Dauererregung). Wenn sich der Na^+-Konzentrationsunterschied an der Membran ausgeglichen hat, wird die Membran unerregbar. Dies führt zum Tod durch Lähmung.

132 Atropin wirkt nur auf Synapsen mit Acetylcholin als Transmitter, im Beispiel also auf die Synapsen des Ringmuskels. Da die Kontraktion des Ringmuskels zur Pupillenverkleinerung führt, muss Atropin die Erregungsübertragung auf diesen Muskel blockieren. Nach dem Gegenspielerprinzip überwiegt dann die Wirkung des Speichenmuskels, der die Pupille erweitert.

Atropin könnte sich an die Acetylcholin-Rezeptoren der postsynaptischen Membran anlagern, aber ein Öffnen der Ionenkanäle verhindern. Die Erregungsübertragung unterbleibt (Anmerkung: entspricht der tatsächlichen Wirkung). Denkbar wäre auch, dass die Transmitterausschüttung aus dem Endknöpfchen verhindert wird.

133 Durch die fehlende Freisetzung von Transmittern an hemmenden Synapsen kommt es zur Übererregung, da der hemmende Einfluss dieser ausgeschalteten Synapsen fehlt. Dies äußert sich in sehr starken Krämpfen, die zum Tode führen können (sog. starre Lähmungen).

134 Durch Kokain wird die Freisetzung des Transmitters Dopamin in zentralen Synapsen gesteigert und zusätzlich der Rücktransport des Dopamins in die Endknöpfchen verhindert. Da Dopamin ein Transmitter in den Synapsen des Belohnungssystems des Gehirns ist, wird dieses aktiviert. Durch das Belohnungssystem entstehen unter natürlichen Bedingungen Gefühle des Wohlbefindens, wenn Verhaltensweisen ausgeführt werden, die der Selbst- oder Arterhaltung (z. B. Essen, Trinken, Sexualverhalten) dienen.
Kokain wirkt deshalb stark anregend und aufputschend, Hemmungen werden abgebaut, Selbstüberschätzung nimmt zu. Kennzeichnend sind auch ein hoher Rede- und Bewegungsdrang. Hunger, Durst und Müdigkeit werden unterdrückt. Langzeitfolgen sind ein körperlicher und geistiger Verfall.

135 Endorphine werden kurz nach dem Besetzen der Opiat-Rezeptoren in den Synapsen enzymatisch abgebaut. Im Gegensatz dazu besetzen die Opiate die Rezeptoren eine längere Zeit. Dieser Opiat-Rezeptor-Komplex blockiert das Enzym Adenylatcyclase, was zum Absinken des cAMP-Spiegels führt.
Außerdem lässt sich eine Endorphin-Ausschüttung im Körper nicht bewusst und jederzeit herbeiführen wie bei der Einnahme eines Opiats.

136 a Als Agonist hat Methadon die gleiche Wirkung wie Morphin oder Heroin, wirkt also euphorisierend und schmerzlindernd.

b Durch die kontrollierte Einnahme von Methadon liegt eine etwa gleichbleibende Konzentration der Ersatzdroge im Körper vor. Eine große Zahl an Opiat-Rezeptoren ist dadurch ständig besetzt. Da Methadon länger an die Rezeptoren gebunden bleibt, können Entzugserscheinungen vermieden werden. Wird Heroin aufgenommen, sind zu wenig freie Rezeptoren vorhanden, um einen Rausch auszulösen. Aus der Heroinsucht wird eine Methadonsucht, bei der die Drogenbeschaffungsproblematik wegfällt.

Glossar

Absorptionsspektrum
grafische Darstellung der Lichtabsorptionsfähigkeit eines Farbstoffs: die Lichtabsorption (in %) wird gegen die Wellenlänge des Lichts aufgetragen

Acetylcholin
einer der wichtigsten → Transmitter (Überträgerstoff) in zentralen (z. B. Gehirn, Rückenmark, vegetatives Nervensystem) und neuromuskulären → Synapsen mit erregender Wirkung

Adenin
stickstoffhaltige organische Base; Baustein der DNA/RNA; paart mit → Thymin (DNA) bzw. → Uracil (RNA)

ADP
Adenosindiphosphat; aufgebaut aus der stickstoffhaltigen organischen Base → Adenin, dem Zucker Ribose und zwei Phosphatresten

Adrenalin
→ Transmitter in bestimmten zentralen Synapsen, z. B. des → Sympathicus; Hormon des Nebennierenmarks, das stoffwechselsteigernd wirkt (Stresshormon)

aerober Abbau
Abbau von energiereichen Stoffen (z. B. Glucose) zur Energiegewinnung mithilfe von Luftsauerstoff

afferente Nerven
→ sensorische Nerven; Nervenbahnen, die die Erregung von den Rezeptoren bzw. Sinnesorganen zum Rückenmark oder zum Gehirn leiten

Afferenzen
Nervenbahnen, die Erregungen von Sinnesorganen oder inneren Organen zum → Zentralnervensystem leiten

Aktionspotenzial
kurzfristige Umpolung der Spannung an der erregten Nervenzelle von – 70 mV auf + 30 mV

aktives Zentrum
Bereich eines Enzymmoleküls, in dem Bindung und Reaktion des → Substrats erfolgen

Aktivierungsenergie
Energie, die zur Auslösung einer chemischen Reaktion erforderlich ist

alkoholische Gärung
→ anaerober Abbau von Glucose zu Ethanol und Kohlenstoffdioxid durch Hefepilze

Allele
verschiedene Zustandsformen einander entsprechender → Gene → homologer Chromosomen

allosterische Hemmung
der Hemmstoff bindet an ein zweites → aktives Zentrum des Enzyms (allosterisches Zentrum) und verhindert durch Veränderung der räumlichen Struktur des Enzyms Anlagerung und Umsetzung des → Substrats

Aminosäuren
Bausteine (Monomere) der Eiweißstoffe (Proteine): an einem C-Atom sind eine Carboxyl-, eine Aminogruppe, ein organischer Rest und ein Wasserstoffatom gebunden

Anabolismus
aufbauender Stoffwechsel: aus einfachen anorganischen, energiearmen Stoffen werden komplexe organische, energiereiche Stoffe hergestellt, z. B. Fotosynthese

anaerober Abbau
Abbau von energiereichen Stoffen (z. B. Glucose) zur Energiegewinnung ohne Luftsauerstoff

Aneuploidie
→ Genommutation, bei der sich die Anzahl der Chromosomen verändert (→ Monosomie; → Trisomie)

Apoenzym
Eiweißanteil eines → Enzyms

Atmosphäre
Gasschicht, die die Erde umgibt

Atmungskette
letzter Abschnitt des → aeroben Abbaus von Glucose: Wasserstoff, der von den → Reduktionsäquivalenten $NADH/H^+$ und $FADH_2$ abgespalten wird, reagiert mit Luftsauerstoff zu Wasser; die dabei frei werdende Energie wird zum Aufbau von → ATP verwendet

Atmungsketten-phosphorylierung
oxidative Phosphorylierung: Synthese von → ATP aus ADP und Phosphat in der Atmungskette

ATP
Adenosintriphosphat; aufgebaut aus der stickstoffhaltigen organischen Base → Adenin, dem Zucker Ribose und drei Phosphatresten; universeller Energieträger in der Zelle, der bei Energie liefernden, → exergonischen Prozessen aus → ADP und Phosphat aufgebaut und bei Energie verbrauchenden, → endergonischen Vorgängen in ADP und Phosphat zerlegt wird

Autosomen
→ Chromosomen mit Ausnahme der Geschlechtschromosomen (→ Gonosomen)

autotrophe Organismen
Organismen, die organische Stoffe selbst herstellen können durch Fotosynthese (fotoautotroph), z. B. grüne Pflanzen, oder durch Chemosynthese (chemoautotroph), z. B. Nitritbakterien

Axon
langer Fortsatz einer Nervenzelle, über den die Erregung zur nächsten Nervenzelle fortgeleitet wird

Barr-Körperchen
anfärbbarer → Chromatinkörper, der dem zweiten inaktivierten X-Chromosom in weiblichen Körperzellen entspricht. Für anormale Zellen mit mehreren X-Chromosomen gilt: Alle X-Chromosomen bis auf eines werden zu Barr-Körperchen

Bastard
(Hybride), Mischling: Produkt der Kreuzung von Eltern mit verschiedenem Erbgut

Boten-RNA
→ mRNA

Brenztraubensäure (BTS)
Ketopropansäure, ein C_3-Körper; Endprodukt der → Glykolyse.

Chiasma
nach dem griech. Buchstaben „Chi" benannte sichtbare Struktur der Überkreuzung von zwei → Chromatiden während des Tetradenstadiums der Meiose

Chloroplasten
Zellorganellen in grünen Pflanzenzellen, Orte der Fotosynthese

Chromatiden
→ Schwesterchromatiden

Chromatin
Gerüstsubstanz des Zellkerns während der Interphase, vorwiegend aus DNA und Proteinen (die im Interphasekern weitgehend entspiralisierten Chromosomen liegen als Chromatinfäden vor)

Chromosomen
färbbare Strukturen des Zellkerns, die während der Zellteilung im Lichtmikroskop sichtbar werden; sind Transportform des genetischen Materials, Form und Anzahl sind arttypisch

Chromosomenaberration
strukturell: Veränderung in der Chromosomenstruktur durch Verlust, Austausch oder Verdopplung eines Chromosomenstücks innerhalb eines Chr., zwischen → homologen, aber auch nicht homologen Chromosomen
numerisch: → Genommutation, bei der sich die Anzahl der Chromosomen ändert

Chromosomenmutation
im Mikroskop sichtbare Veränderung der Struktur eines Chromosoms

Coenzym
Nicht-Protein-Bestandteil eines Enzyms

Colchicin
Alkaloid der Herbstzeitlose. Mitosegift; verhindert die Ausbildung des Spindelapparats, bewirkt dadurch → Genommutationen

Crossing-over (Crossover)
Vorgang der Überkreuzung zweier → Chromatiden

während der → Meiose, bei Bakterien: Überkreuzung zweier DNA-Stücke.

Cytosin
eine der vier Basen der → DNA und → RNA; paart mit → Guanin

Deletion
→ Chromosomenmutation, bei der ein Stück des Chromosoms verloren geht

Denaturierung
irreversible Veränderung der Raumstruktur von Proteinen durch Erhitzen, Schwermetallionen oder starke pH-Wert-Änderung, → Enzyme verlieren dadurch ihre katalytische Wirksamkeit

Dendrit
verzweigter Fortsatz einer Nervenzelle, über den Erregungen zum Zellkörper einer Nervenzelle geleitet werden

Depolarisation
Abschwächung der Polarisation der Membran (innen negativ; außen positiv) einer Nervenzelle; die Membraninnenseite wird positiver

Desoxyribose
Zucker mit fünf Kohlenstoffatomen; Bestandteil der DNA

Diffusion
Wanderung von Teilchen in einem Konzentrationsgefälle aufgrund der Molekularbewegung; dadurch erfolgt ein selbstständiges Vermischen von Flüssigkeiten oder Gasen

dihybrider Erbgang
Erbgang, bei dem die Weitergabe von zwei Merkmalen untersucht wird

diploide Zelle
Zelle mit doppeltem Chromosomensatz

DNA (DNS)
Desoxyribonukleinsäure; hochmolekulares, kettenförmiges Makromolekül, das aus → Nukleotiden aufgebaut ist und schraubenförmige Struktur (→ Helix) aufweist, Träger der genetischen Information

Dominanz
Eigenschaft von Erbfaktoren, sich gegenüber → rezessiven Erbfaktoren im → Phänotyp durchzusetzen

Drosophila
(Fruchtfliege, Taufliege); kleinwüchsige Fliegenart, deren Larven sich in faulenden Früchten entwickeln; wichtiges Versuchstier der genetischen Forschung

Dunkelreaktionen der Fotosynthese
Reaktionsfolge der Fotosynthese, die sich an die → Lichtreaktionen anschließt und die Fixierung und Reduktion von Kohlenstoffdioxid und die Bildung von Glucose (unter Verbrauch von → ATP und → Reduktionsäquivalenten NADPH/H^+) umfasst

Duplikation
strukturelle → Chromosomenmutation, bei der ein Chromosomenabschnitt verdoppelt wird

efferente Nerven, Efferenzen
→ motorische Nerven; Nervenbahnen, die die Erregung vom → Zentralnervensystem zu den Erfolgsorganen (Muskeln, Drüsen) leiten

endergonischer Prozess
Reaktion, bei der Energie zugeführt werden muss; läuft nicht freiwillig ab

Enzymaktivität
Leistungsfähigkeit eines Enzyms in Abhängigkeit von den Reaktionsbedingungen; angegeben als die von einem Enzym pro Zeiteinheit umgesetzte Stoffmenge an → Substrat

Enzyme
Biokatalysatoren; → Proteine, die im Organismus biochemische Reaktionen starten oder beschleunigen

Erbanlage
→ Gen

Erregungsleitung, kontinuierliche
Weiterleitung von Nervenimpulsen in marklosen Nervenfasern; → Aktionspotenzial am Anfang des → Axons löst im direkt benachbarten Axonabschnitt durch → Depolarisation ein neues Aktionspotenzial aus usw.

Erregungsleitung, saltatorische
Weiterleitung von Nervenimpulsen in markhaltigen Nervenfasern: → Aktionspotenzial am Anfang des → Axons löst am nächsten → Ranvierschen Schnürring

durch → Depolarisation ein neues Aktionspotenzial aus

Escherichia coli
weltweit verbreitete Bakterienart, die in der Dickdarmflora der Wirbeltiere vorkommt; wichtiges Forschungsobjekt in Genetik und Molekularbiologie

Eukaryoten
Organismen, deren Zellen einen echten Zellkern besitzen

Euploidie
→ Genommutation, bei der sich die Zahl kompletter Chromosomensätze vermehrt oder vermindert

exergonischer Prozess
freiwillig ablaufende Reaktion, bei der Energie freigesetzt wird

F_1-Generation
(von lat.: *filia,* Tochter); erste Tochtergeneration

F_2-Generation
zweite Tochtergeneration

Faltblattstruktur
Sekundärstruktur (Raumstruktur) von Proteinen, die einer Ziehharmonika ähnelt

Fotolyse
Spaltung des Wassers mithilfe von Lichtenergie während der → Lichtreaktionen der Fotosynthese

Fotophosphorylierung
Synthese von → ATP aus ADP und Phosphat während der → Lichtreaktionen der Fotosynthese

Fotosystem
Einheit von bis zu 300 Blattfarbstoffmolekülen in einer speziellen Anordnung, eingelagert in die → Thylakoide der → Chloroplasten, dient der Lichtabsorption

Gärung
→ anaerober Abbau von energiereichen Stoffen zur Energiegewinnung

Gameten
→ Keimzellen

Gen
Erbanlage; früher: Erbeinheit eines „mendelnden Merkmals"; heute: begrenzter DNA-Abschnitt, der die genetische Information zur Bildung eines Proteins enthält

Gendiagnostik (Gendiagnose)
Teilgebiet der Genetik, das sich mit der Aufklärung der Struktur (Sequenzanalyse) und der Lokalisation von Genen befasst

Genetik
Vererbungslehre; Wissenschaft von der Vererbung

genetischer Code
Schlüssel für die Übertragung genetischer Information von den Nukleinsäuren auf die Proteine bei der → Proteinbiosynthese. → ein Triplett der DNA und RNA codiert eine Aminosäure

Genexpression
Verwirklichung der genetischen Information der DNA durch die Bildung von Proteinen. In der Gentechnik: Anregung von Bakterien (nach erfolgtem Einbau von Fremd-DNA), fremde Proteine zu produzieren

Genkopplung
Lokalisation von Genen auf ein- und demselben Chromosom; Entkopplung ist durch → Crossing-over möglich

Genmutation
spontane Änderung der Basensequenz und damit der genetischen Information eines Gens; ist nur ein Basenpaar verändert, spricht man von einer → Punktmutation

Genom
Gesamtheit der Gene einer Zelle

Genommutation
Änderung in der Anzahl der Chromosomen; → Aneuploidie, → Euploidie, → Polyploidie

Genotyp
Summe bestimmter Gene bzw. Erbbild einer bestimmten Genkombination eines Individuums

Genpool
Gesamtheit aller in einer Population vorhandenen Gene und ihrer → Allele

Gentechnik, Gentechnologie
Forschungszweig der Genetik, der sich mit der Erforschung der Methoden zur Herstellung → transgener Lebewesen beschäftigt

Gentherapie
Austausch von defekten durch gesunde Erbanlagen

Gliazelle
neben den Nervenzellen im Nervengewebe vorkommender Zelltyp, der seine Teilungsfähigkeit behält;

schützen, stützen und ernähren Nervenzellen und umhüllen und isolieren sie als → Schwannsche Zellen

Glykolyse
erster Abschnitt des → aeroben sowie des → anaeroben Abbaus von Glucose: Spaltung der Glucose in zwei C_3-Körper und Oxidation mithilfe von NAD^+, Endprodukt: → Brenztraubensäure

Gonosomen
Geschlechtschromosomen (beim Menschen: X und Y)

Guanin
eine der vier Basen der → DNA und → RNA; paart mit → Cytosin

haploid
einfacher Chromosomensatz

Helix
Molekül mit schraubiger Struktur; → DNA und viele → Proteine besitzen Helixstruktur

Heterosomen
Geschlechtschromosomen; → Gonosomen

heterotrophe Organismen
Organismen, die komplexe organische, energiereiche Verbindungen für ihren Bau- und Energiestoffwechsel benötigen, z. B. Tiere, Bakterien, Pilze

Heterozygotie
Mischerbigkeit; in einem Chromosomenpaar liegen die beiden entsprechenden Gene nicht in gleichen → Allelen vor

Histon
Protein, das nur in Verbindung mit → DNA auftritt

homologe Chromosomen
paarweise zusammengehörende Chromosomen eines → diploiden Chromosomensatzes mit einander entsprechender Erbinformation; das eine Chromosom des Paares stammt von der Mutter, das andere vom Vater des Individuums

Homozygotie
Reinerbigkeit; in einem Chromosomenpaar liegen die beiden entsprechenden Gene in gleichen → Allelen vor

Hybridplasmid
→ Plasmid, das ein Stück Fremd-DNA enthält

Hyperpolarisation
Verstärkung der Polarisation der Membran einer Nervenzelle; die Membraninnenseite wird negativer

Immunglobulin
Sammelbegriff für alle Klassen von Antikörpern

induzierte Mutation
spontane Erbänderung aufgrund experimenteller Eingriffe mithilfe von Strahlen, Chemikalien oder Temperaturschocks

intermediäre Vererbung
Erbgang, bei dem der Einfluss der → Allelen auf die Merkmalsausbildung etwa gleich stark ist

Inversion
→ strukturelle Chromosomenmutation, bei der ein Stück eines Chromosoms abbricht und sich umgekehrt mit demselben Chromosom wieder verbindet

in vitro
„im Reagenzglas“; Untersuchung biologischer Vorgänge außerhalb des Organismus; i. e. S. die Reaktion in einem zellfreien System, im Gegensatz zur Reaktion in der lebenden Zelle *(in vivo)*

Inzuchtstamm
Population, die durch fortgesetzte Geschwister- bzw. Selbstbefruchtung (Inzucht) genetisch weitgehend einheitlich geworden ist

Ionenpumpe
aktiver Transportmechanismus in der Zellmembran, um Ionen durch die Membran unter ATP-Verbrauch zu befördern; in Nervenzellen Na-K-Pumpe

Karyogramm
im Bild dargestellte geordnete Gesamtheit der Chromosomen eines Chromosomensatzes nach Zahl, Größe und Form

karzinogen
krebserregend

Katabolismus
abbauender Stoffwechsel: Umwandlung energiereicher organischer Stoffe in energiearme anorganische Stoffe unter Energiefreisetzung, z. B. Zellatmung, Gärungen

Katalysator
beschleunigt eine chemische Reaktion, indem er die Aktivierungsenergie herabsetzt; wird bei der Reaktion

nicht verbraucht und wirkt in geringen Mengen

Keimzellen
die der Fortpflanzung dienenden Zellen; Geschlechtszellen (Ei- und Samenzelle)

Kinetochor
Spindelfaseransatzstelle; → Zentromer

klassische Genetik
Teildisziplin der Genetik, die sich mit den Regeln der Weitergabe der Gene von Generation zu Generation und deren Auftreten als Merkmale in den Folgegenerationen befasst

Klon
Population genetisch völlig einheitlicher Organismen (entsteht z. B. durch ungeschlechtliche Vermehrung)

Klonierung
Verfahren zur Herstellung erbgleicher (identischer) Organismen

Kollaterale
Verzweigungen des → Axons

Kompartimentierung
Unterteilung des Innenraums von Zellen oder Zellorganellen in mehr oder weniger abgeschlossene Räume durch Membranen

Kompensationspunkt
Punkt, an dem Atmung und die Fotosyntheserate gleich groß sind; an diesem Punkt ist weder CO_2-Aufnahme noch -Abgabe zu messen; es findet weder Gewinn noch Verlust an Biomasse statt

kompetitive Hemmung
Hemmstoff und → Substrat weisen eine ähnliche Molekülgestalt auf.; der Hemmstoff bindet sich an das → aktive Zentrum des Enzyms, wird jedoch nicht umgesetzt und blockiert die Umsetzung des Substrats

Konsumenten
Organismen, die auf organische Nahrung angewiesen sind, da sie diese nicht selbst herstellen können

Lichtreaktionen der Fotosynthese
Reaktionsfolge der Fotosynthese, in der Lichtenergie zum Aufbau von → ATP und → Reduktionsäquivalenten $NADPH/H^+$ verwendet wird

Lichtsammelfalle
trichterförmige Anordnung von Chlorophyllen und Carotinoiden in einem → Fotosystem, die Licht absorbieren und die Energie auf ein spezielles Chlorophyll-Molekül im Reaktionszentrum übertragen

Ligase
Enzym, das DNA-Fragmente miteinander verknüpft; schließt die Lücken in den Zucker-Phosphat-Ketten der DNA durch Ausbildung kovalenter Bindungen

Markscheide
isolierende Hülle um das → Axon einer markhaltigen Nervenzelle; eine → Schwannsche Zelle wickelt sich während des Wachstums mehrmals um das Axon

Meiose
Vorgang der Bildung von → Keimzellen

Membranpotenzial
Spannung, die durch Diffusion bestimmter Ionen durch eine semipermeable Membran entsteht

mendelsche Regeln
Zusammenfassung von Gesetzmäßigkeiten im zahlenmäßigen Auftreten von Erbmerkmalen bei der Vererbung in den Folgegenerationen

Michaelis-Menten-Konstante
Substratkonzentration, bei der die Hälfte der Maximalgeschwindigkeit der Enzymreaktion erreicht wird da die Hälfte der Enzymmoleküle ein Substratmolekül gebunden hat

Milchsäuregärung
→ anaerober Abbau von Glucose zu Milchsäure

Mitochondrien
Zellorganellen, in denen wichtige Abschnitte des → aeroben Abbaus von Glucose zur Energiegewinnung ablaufen (→ oxidative Decarboxylierung, → Zitronensäurezyklus, → Atmungskette)

Mitose
Zellteilung mit identischer Verdopplung der genetischen Information

Molekulargenetik
Teildisziplin der Genetik, die die molekularen Ursachen des Vererbungsgeschehens erforscht (z. B. Bau, Struktur, Verdopplung und

Veränderung der Erbsubstanz oder Realisierung genetischer Information)

monohybrider Erbgang
Erbgang, bei dem die Weitergabe *eines* bestimmten Merkmals untersucht wird

Monosomie
→ Chromosomenmutation, bei der im → diploiden Chromosomensatz ein Chromosom fehlt

motorische Nerven
→ efferente Nerven

mRNA (mRNS)
messenger-RNA, Boten-RNS; einsträngiges Makromolekül, das einen Teil der genetischen Information der DNA zu den Ribosomen transportiert

multiple Allelie
Vorliegen eines Gens in mehr als zwei → Allelen (z. B. Blutgruppenallele: A, B, 0)

Mutagene
mutationsauslösende Faktoren, z. B. chemische Substanzen und Strahlen

Mutation
spontan auftretende oder experimentell erzeugte, vererbbare Änderung des Erbguts

Mutationsrate
Mutationshäufigkeit; Häufigkeit, mit der in einem bestimmten Gen innerhalb einer Population (bzw. einer Generation) eine Mutation auftritt

Myelinscheide
→ Markscheide

Nerv
mehrere Hundert von parallel liegenden → Nervenfasern

Nervenfaser, markhaltig
→ Axon einer Nervenzelle, das von → Schwannschen Zellen umgeben ist, die eine → Markscheide ausbilden

Nervenfaser, marklos
→ Axon einer Nervenzelle, das von → Schwannschen Zellen nur einfach umwickelt ist, sodass keine Markscheide entsteht

Nervensystem, peripheres
Gesamtheit der → Afferenzen und → Efferenzen

Nettofotosynthese
Differenz zwischen Bruttofotosynthese (gesamte Fotosynthese) und Atmung

Neurit
→ Axon

Neuron
Nervenzelle

Nondisjunction
Nichttrennung von → homologen Chromosomen bzw. → Chromatiden

Nukleinsäuren
Kernsäuren; Makromoleküle (DNA, RNA), die aus → Nukleotiden aufgebaut sind

Nukleolus
Kernkörperchen; Produktionsstätte von → RNA

Nukleotide
Bausteine der DNA und RNA; Verbindungen aus organischen Basen und einem Pentosezucker, der mit einem Phosphorsäurerest verknüpft ist

Nukleus
Zellkern

Osmose
selektive → Diffusion durch eine semipermeable (selektiv durchlässige) Membran

oxidative Decarboxylierung
Reaktionsschritte während des → aeroben Abbaus von Glucose, die sich an die → Glykolyse anschließen: von → Brenztraubensäure wird Kohlenstoffdioxid abgespalten, bei der anschließenden Oxidation entsteht → aktivierte Essigsäure, die in den → Zitronensäurezyklus eingeschleust wird

Palindrom
punktsymmetrische Buchstabenfolge, die in beiden Richtungen gelesen denselben Sinn ergibt (z. B. REGALLAGER)

Parasympathicus
Teil des vegetativen Nervensystems, der die Funktionen fördert, die zu Entspannung und Erholung des Körpers führen

Permeabilität, selektive
Durchlässigkeit einer Membran für bestimmte Stoffe
Beispiel: Durch die Membran einer Nervenzelle können Kaliumionen fast ungehindert diffundieren, Natriumionen nur geringfügig.

P-Generation
Parental-/Elterngeneration (lat. *parentes,* Eltern)

Phänotyp
Erscheinungsbild; Merkmalskombination eines Individuums

Plasmide
kleine ringförmige DNA-Moleküle in Bakterien mit einer begrenzten Anzahl von Genen (2 000–1 0000 Nukleotide)

Pleiotropie
gleichzeitiger Einfluss eines Gens auf die Ausbildung mehrerer Merkmale

Polygenie
Einflussnahme mehrerer Gene auf die Ausbildung eines Merkmals

polyhybrider Erbgang
Erbgang, bei dem die Weitergabe vieler Merkmale untersucht wird

Polyphänie
→ Pleiotropie

Polyploidie
Vervielfachung des gesamten Chromosomensatzes → Euploidie

Produzenten
alle autotrophen Pflanzen und Bakterien, die ihre Nahrung selbst herstellen können; fotoautotroph: Nahrung wird mithilfe des Sonnenlichts erzeugt; chemoautotroph: Nahrung durch chemische Reaktionen hergestellt

Prokaryoten
Bezeichnung für Lebewesen mit einfachem Zellaufbau; ihr genetisches Material liegt frei im Zellplasma und ist nicht von einer Kernmembran umgeben

Proteinbiosynthese
Aufbau von Proteinen (speziell → Enzymen) an den → Ribosomen in einer Zelle

Proteine
Eiweißstoffe; Makromoleküle, die aus 20 verschiedenen Aminosäuren aufgebaut sind

Psychopharmaka
chemische Stoffe, die das Gehirn beeinflussen

Punktmutation
→ Genmutation, bei der nur ein Basenpaar verändert wird

Ranviersche Schnürringe
Einschnürungen der → markhaltigen Nervenfasern im Abstand von 1–3 mm; Grenze zwischen zwei → Schwannschen Zellen

Reduktionsäquivalent
chemischer Stoff, der als Reduktionsmittel dient, also Elektronen abgeben kann; bei Stoffwechselreaktionen häufig Coenzyme, z. B. $NAD(P)H/H^+$

Reduktionsteilung
Vorgang, bei der der → diploide Chromosomensatz während der → Meiose halbiert wird

Refraktärphase, absolute
Zeitspanne (bis 2 ms) nach der Auslösung eines → Aktionspotenzials, in der die Nervenzelle unerregbar ist

Refraktärphase, relative
Zeitspanne nach der Auslösung eines → Aktionspotenzials, in der das neue Aktionspotenzial nur abgeschwächt ausgebildet wird

reinerbig
→ homozygot

Reiz
Veränderung der Umwelt, die von Rezeptoren (Sinneszellen) wahrgenommen wird und als Auslöser für eine bestimmte Verhaltensweise dient

Reizschwelle
Mindestwert einer Reizstärke, die überschritten werden muss, um eine bestimmte Verhaltensweise auszulösen

Reizsummation
gleichzeitige Wirkung mehrerer Reize (z. B. Farbe, Form, Größe), die bei der Auslösung einer bestimmten Reaktion zusammenwirken

rekombinante DNA
neu kombinierte DNA; DNA mit eingebauten fremden DNA-Stücken

Rekombination
Neukombination von Genen durch → Crossing-over und bei der → Meiose

Replikation
(Reduplikation); identische Verdopplung der DNA

Repolarisation
Vorgänge in einer erregten Nervenzelle, die zur Wiederherstellung des → Ruhepotenzials nach einem Aktionspotenzial führen

Restriktionsenzyme
Enzyme, die den DNA-Doppelstrang an bestimmten Stellen (→ Palindrome) in bestimmter Form zerschneiden (Restriktionsendonukleasen)

Rezeptor
Sinnesorgan mit Sinneszellen, die → Reize aufnehmen

und in Erregung umwandeln können

rezessives Gen
(lat. *recedere*, zurückweichen) Gen, das sich bei Vorhandensein eines dominanten Allels phänotypisch nicht auswirkt

RGT-Regel (Reaktionsgeschwindigkeits-Temperatur-Regel)
bei einer Temperaturerhöhung um 10 °C verdoppelt bis verdreifacht sich die Geschwindigkeit einer chemischen Reaktion

Ribose
Baustein der → RNA; zu den Pentosen (Zuckermolekül mit fünf C-Atomen) gehörendes Monosaccharid (Einfachzucker)

Ribosomen
Zellorganellen, die für die → Proteinbiosynthese verantwortlich sind

RNA (RNS)
Ribonukleinsäure; mittel- bis langkettige, meist einsträngige Polynukleotide von ähnlichem Aufbau wie die DNA; anstelle von Thymin Uracil, anstelle von Desoxyribose Ribose; spielt eine wichtige Rolle bei → Transkription und → Translation

Rückkreuzung
Erbgang, bei der die F_1-Generation mit dem Elternteil, der Träger der rezessiven Anlagen ist, gekreuzt wird

Ruhepotenzial
Spannungsdifferenz einer nicht erregten Nervenzelle zwischen der Innenseite der Zellmembran und der extrazellulären Flüssigkeit, durchschnittlich -70 mV

Schlüssel-Schloss-Prinzip
zwei Strukturen passen in ihrer Form zueinander; im molekularen Bereich: → Enzym und → Substrat, Hormon und Rezeptor

Schwannsche Zelle
→ Gliazelle, die ein → Axon umhüllt; je nachdem, wie oft sie ein Axon umwickelt, entstehen → markhaltige oder marklose Nervenfasern

Schwesterchromatiden
identische Hälften eines Chromosoms, die durch die Spindelfaseransatzstelle (→ Zentromer → Kinetochor) zusammengehalten werden

sensorische Nerven
→ afferente Nerven

Somazellen
Körperzellen (mit Ausnahme der Keimzellen und deren Vorstufen)

Soma
Zellkörper einer Nervenzelle

Spontanmutation
sprunghafte, vererbbare Änderung des Erbguts ohne experimentellen Eingriff

sticky ends
„klebrige Enden" der DNA; überstehende Einzelstrangabschnitte der DNA, die beim Zerschneiden des DNA-Doppelstrangs durch → Restriktionsenzyme entstehen

Substrat
chemischer Stoff, der von einem → Enzym umgesetzt wird

Substratspezifität
Eigenschaft eines → Enzyms, nur einen bestimmten Stoff, sein → Substrat, umzusetzen

Sympathicus
Teil des vegetativen Nervensystems, der die Organe aktiviert, die zu einer Leistungssteigerung des Körpers beitragen, und die Verdauungs- und Geschlechtsorgane hemmt

Synapse
Verbindungsstelle zwischen zwei Nervenzellen (zentrale Synapse) oder einer Nervenzelle und einer Muskelfaser (neuromuskuläre Synapse); besteht aus Endknöpfchen und subsynaptischer Membran der nachfolgenden Zelle, dazwischen befindet sich der synaptische Spalt

Syndrom
durch dieselbe Ursache ausgelöstes Krankheitsbild mit verschiedenen Symptomen

Tetrade
Vierstrangstadium der gepaarten → homologen Chromosomen während der → Meiose

Thylakoide
bilden ein Membransystem im Inneren eines → Chloroplasten, in dem die Blattfarbstoffe eingelagert sind

Thymin
eine der vier Basen der DNA (in der RNA durch Uracil ersetzt); paart mit Adenin

Transduktion
Übertragung bakterieller Gene durch Phagen (auf Bakterien spezialisierte Viren)

Transformation
Übertragung von genetischer Information durch reine DNA

transgene Organismen
Lebewesen, in die fremde Gene übertragen wurden

Transkription
Ablesung der genetischen Information bei der Bildung von → mRNA an der → DNA während der → Proteinbiosynthese

Translation
Übersetzung der Information der → mRNA in eine spezifische Aminosäuresequenz bei der → Proteinbiosynthese

Translokation
→ Chromosomenmutation, bei der ein Chromosomenstück abbricht und sich mit einem anderen, nicht homologen Chromosom verbindet

Transmitter
chemischer Überträgerstoff in den Endknöpfchen, der, durch ein → Aktionspotenzial ausgelöst, in den synaptischen Spalt ausgeschüttet wird und an der subsynaptischen Membran zur Ausbildung eines neuen Aktionspotenzials führt

Triplett
aus drei → Nukleotiden bestehende Informationseinheit der DNA und RNA, die eine Aminosäure codiert

Trisomie
meist durch → Nondisjunction entstehende → Genommutation, bei der ein Chromosom dreifach vorhanden ist

tRNA (tRNS)
transfer-RNA; RNA-Molekül, das bei der → Translation für die Bildung der Proteine mit verantwortlich ist.; transportiert Aminosäuren zu den Ribosomen

Uracil
eine der vier Basen der → RNA; ersetzt die Base Thymin der DNA; paart mit der Base Adenin

vegetative Vermehrung
ungeschlechtliche Vermehrung

Vektor
Transportmittel zur Übertragung von DNA; (DNA-Trägermolekül)

Wirkungsspezifität
Eigenschaft eines → Enzyms, an seinem Substrat nur eine bestimmte chemische Veränderung zu katalysieren

Zentralnervensystem
Ansammlung von Nervenzellen, die zu Funktionseinheiten zusammengefasst sind; beim Menschen Gehirn und Rückenmark

Zentromer
→ Spindelfaseransatzstelle; lichtmikroskopisch sichtbare Einschnürung des Chromosoms, an der bei → Mitose und → Meiose die Spindelfasern ansetzen

Zitronensäurezyklus
zentraler Abschnitt des → aeroben Abbaus von Glucose: Abbau von aktivierter Essigsäure in Kohlenstoffdioxid und Wasserstoff, der an die → Reduktionsäquivalente $NADH/H^+$ und $FADH_2$ gebunden ist

ZNS
Zentralnervensystem bei Wirbeltieren, bestehend aus Gehirn und Rückenmark

Zygote
befruchtete Eizelle

Zytogenetik
Teildisziplin der Genetik, die Struktur, Vermehrung und Verteilung der Chromosomen im Hinblick auf das Erbverhalten untersucht

Literatur- und Quellenverzeichnis

Albert, A.: Monogene Krankheiten. In: Murken/Scholz: 30 Jahre genetische Beratungsstelle (Informationsschrift), München 1993
Bauer, E. (Hrsg.): Biologiekolleg. CVK Verlag, Berlin 1981
Daumer, K.: Genetik. bsv Verlag, München 1993
Deutsches Institut für Fernstudien an der Universität Tübingen (Hrsg.): Molekularbiologie; Grundlagenblock, Einführung in die Molekularbiologie, Heft 1, 4, 5. Tübingen 1980
Deutsches Institut für Fernstudien an der Universität Tübingen (Hrsg.): Molekularbiologie; Aufbaublock I, Genetische Aspekte, Heft 1, 3. Tübingen 1982
Flörke, U., Wolff, R.: Chemie für die Sekundarstufe II. Dümmler Verlag, Bonn 1991
Gassen, H. G.: Der Stoff, aus dem die Gene sind. J. Schweitzer Verlag, München 1986
Hafner, L., Hoff, P.: Genetik. Schroedel Verlag, Hannover 1997
Kaudewitz, F.: Genetik, utb 1992
Klinger, R.: Duden-Abiturhilfen, Stoffwechsel und Energieumsatz. Duden Verlag, Mannheim 1990
Kull, U., Knodel, H.: Genetik und Molekularbiologie. J. B. Metzler Verlag, Stuttgart 1980
Lathe, W.: Duden Abiturhilfen, Nervensystem und Sinnesorgane. Duden Verlag, Mannheim 1991
Linder, H.: Biologie. J. B. Metzler Verlag, Stuttgart 1998
Löwe, B. (Hrsg.): Vita 1 – Genetik, Stoffwechsel, Ökologie. C. C. Buchners Verlag, Bamberg 1994
Miram, W., Scharf, K.-H. (Hrsg.): Biologie heute S II, Neubearbeitung. Schroedel Verlag, Hannover 1997
Moisl, F.: Biologie II. dtv Verlag, München 1974
Moisl, F.: Sucht: Drogen. In: Unterricht biologie, Heft Nr. 47, S. 7 ff., Friedrich Verlag, Seelze 1980
Moisl, F., Knoll, J.: Gefahr durch energiereiche Strahlen. In: Unterricht Biologie, Heft Nr. 120, S. 44 ff., Friedrich Verlag, Hannover 1986
Murken, J.-D., Cleve, H.: Humangenetik. Enke-Reihe zur Ausbildungsordnung für Ärzte, Stuttgart 1996
Preschl, B.: Biochemie der Pflanzen. G. Thieme Verlag, Stuttgart 1995
Richter, G.: Stoffwechselphysiologie der Pflanzen. G. Thieme Verlag, Stuttgart 1976
Schmidt, R. F. (Herausg.): Grundriß der Neurophysiologie. Springer-Verlag, Berlin 1979
Schuler, F., Dunk, K. v. d.: Genetik. Verlag Ludwig Auer, Donauwörth 1984
Schuler, F., Dunk, K. v. d.: Stoffwechselphysiologie, Ökologie. Verlag Ludwig Auer, Donauwörth 1982
Suzuki, D. T., Griffiths, A. J. F., Miller, J. H., Lewontin, R. C.: Genetik. VCH Verlag, Weinheim 1991
Wiese, B., Milde, H.: Abiturwissen Genetik. Ernst Klett Verlag, Stuttgart 1991

Abb. 1a, S. 3: Strasburger, Eduard, Sitte, Peter: Lehrbuch der Botanik für Hochschulen. Heidelberg: Spektrum, Akademischer Verlag 1999
Abb. 1b, Seite 3: © NAS/Don W. Fawcett/OKAPIA
Abb. 34, Seite 46: Sitte, P., Weiler, E. W., Kadereit, J. W.: Lehrbuch der Botanik für Hochschulen. 33. Auflage neubearbeitet, Stuttgart: Urban & Fischer 1991
Abb. 66, Seite 96: Passarge, E.: Taschenatlas der Genetik, Georg Thieme Verlag Stuttgart 1994
Abb. 67, Seite 96: mit freundlicher Genehmigung © Institut für Humangenetik TU München PD Dr. med. Tina Buchholz
S. 111, Karyogramm: © FWU Institut für Film und Bild, Grünwald
S. 145, Albino-Mädchen: © picture alliance/dpa
Kapitelbild 1 (Mitochondrium): © NAS/K. R. Porter/OKAPIA
Kapitelbild 2 (Drosophila): © Jahoo/Dreamstime.com
Kapitelbild 3 (Gehirn): © Sebastian Kaulitzki/Dreamstime.com

Stichwortverzeichnis

(Bitte blättern Sie um)

Sicher durch das Abitur!

Effektive Abitur-Vorbereitung für Schülerinnen und Schüler:
Klare Fakten, systematische Methoden, prägnante Beispiele sowie Übungsaufgaben auf Abiturniveau mit erklärenden Lösungen zur Selbstkontrolle.

Physik

Elektromagnetisches Feld und Relativitätstheorie ..... Best.-Nr. 943028
Mechanik ..... Best.-Nr. 94307
Abitur-Wissen Elektrodynamik ..... Best.-Nr. 94331
Kompakt-Wissen Abitur Physik 1 – Mechanik, Thermodynamik, Relativitätstheorie ..... Best.-Nr. 943012
Kompakt-Wissen Abitur Physik 2 – Elektrizitätslehre, Magnetismus, Elektrodynamik, Wellenoptik ..... Best.-Nr. 943013
Kompakt-Wissen Abitur Physik 3 Atom-, Kern- und Teilchenphysik ..... Best.-Nr. 943011

Erdkunde/Geographie

Erdkunde – Atmosphäre · Relief- und Hydrosphäre · Wirtschaftsprozesse und -strukturen · Verstädterung ..... Best.-Nr. 94909
Geographie 1 – Bayern ..... Best.-Nr. 94911
Geographie 2 – Bayern ..... Best.-Nr. 94912
Geographie – Baden-Württemberg ..... Best.-Nr. 84904
Erdkunde – NRW ..... Best.-Nr. 54902
Abitur-Wissen Entwicklungsländer ..... Best.-Nr. 94902
Abitur-Wissen Die USA ..... Best.-Nr. 94903
Abitur-Wissen Europa ..... Best.-Nr. 94905
Abitur-Wissen Der asiatisch-pazifische Raum ..... Best.-Nr. 94906
Abitur-Wissen GUS-Staaten/Russland ..... Best.-Nr. 94908
Kompakt-Wissen Abitur Erdkunde Allgemeine Geografie · Regionale Geografie ..... Best.-Nr. 949010
Kompakt-Wissen Abitur – Bayern Geographie Q11/Q12 ..... Best.-Nr. 9490108
Lexikon Erdkunde ..... Best.-Nr. 94904

Englisch

Übersetzung ..... Best.-Nr. 82454
Grammatikübungen ..... Best.-Nr. 82452
Themenwortschatz ..... Best.-Nr. 82451
Grundlagen, Arbeitstechniken und Methoden mit Audio-CD ..... Best.-Nr. 944601
Sprachmittlung Deutsch – Englisch Englisch – Deutsch ..... Best.-Nr. 94469
Sprechfertigkeit mit Audio-CD ..... Best.-Nr. 94467
Klausuren Englisch Oberstufe ..... Best.-Nr. 905113
Abitur-Wissen Landeskunde Großbritannien ..... Best.-Nr. 94461
Abitur-Wissen Landeskunde USA ..... Best.-Nr. 94463
Abitur-Wissen Englische Literaturgeschichte ..... Best.-Nr. 94465
Kompakt-Wissen Abitur Themenwortschatz ..... Best.-Nr. 90462
Kompakt-Wissen Abitur Landeskunde/Literatur ..... Best.-Nr. 90463
Kompakt-Wissen Kurzgrammatik ..... Best.-Nr. 90461
Kompakt-Wissen Grundwortschatz ..... Best.-Nr. 90464

Deutsch

Dramen analysieren und interpretieren ..... Best.-Nr. 944092
Erörtern und Sachtexte analysieren ..... Best.-Nr. 944094
Gedichte analysieren und interpretieren ..... Best.-Nr. 944091
Epische Texte analysieren und interpretieren ..... Best.-Nr. 944093
Abitur-Wissen Erörtern und Sachtexte analysieren ..... Best.-Nr. 944064
Abitur-Wissen Textinterpretation Lyrik · Drama · Epik ..... Best.-Nr. 944061
Abitur-Wissen Deutsche Literaturgeschichte ..... Best.-Nr. 94405
Abitur-Wissen Prüfungswissen Oberstufe ..... Best.-Nr. 94400
Kompakt-Wissen Rechtschreibung ..... Best.-Nr. 944065

Natürlich führen wir noch mehr Titel für alle Fächer und Stufen: Alle Informationen unter
www.stark-verlag.de

Bestellungen bitte direkt an:
STARK Verlagsgesellschaft mbH & Co. KG · Postfach 1852 · 85318 Freising
Tel. 0180 3 179000* · Fax 0180 3 179001* · www.stark-verlag.de · info@stark-verlag.de
*9 Cent pro Min. aus dem deutschen Festnetz, Mobilfunk bis 42 Cent pro Min.
Aus dem Mobilfunknetz wählen Sie die Festnetznummer: 08167 9573-0

Lernen · Wissen · Zukunft
STARK

21-VIT_NW